U0261959

— 网络安全技术丛书 —

智能物联安防视频
技术基础与应用 ▶

王豪博　编著 ■

人民邮电出版社
北　京

图书在版编目（ＣＩＰ）数据

　　智能物联安防视频技术基础与应用 / 王豪博编著
． -- 北京 ：人民邮电出版社，2024.11
　　（网络安全技术丛书）
　　ISBN 978-7-115-64152-6

　　Ⅰ．①智… Ⅱ．①王… Ⅲ．①安全监控系统－视频系
统－监视控制－计算机网络管理 Ⅳ．①TP277②X924.3

　　中国国家版本馆CIP数据核字(2024)第070140号

内 容 提 要

　　本书深入浅出地介绍了智能物联安防的相关知识，内容涵盖智能物联安防基础、音视频基础、网络摄像机、网络传输技术、视频存储技术、视频大屏系统、安防云、人工智能安防、视频监控综合管理系统软件、安防安全、物联网与安防监控，以及安防监控工程规范等多个方面。此外，本书探讨了当前热门的物联网与安防监控整合应用，并展望了智能物联未来的发展方向。本书既有理论深度，又有实践应用，旨在帮助读者全面了解智能物联安防领域的动态和技术进展，为相关从业者提供有益的参考和指导。

　　本书内容丰富，案例翔实，适合高等院校相关专业的师生、视频监控系统从业者、安防行业从业者、设计院与政府相关部门工作人员及运维人员阅读。

　　◆ 编　　著　王豪博
　　　　责任编辑　秦　健
　　　　责任印制　王　郁　焦志炜
　　◆ 人民邮电出版社出版发行　　北京市丰台区成寿寺路 11 号
　　　　邮编 100164　电子邮件 315@ptpress.com.cn
　　　　网址 https://www.ptpress.com.cn
　　　　固安县铭成印刷有限公司印刷
　　◆ 开本：787×1092　1/16
　　　　印张：16.5　　　　　　　　2024 年 11 月第 1 版
　　　　字数：408 千字　　　　　　2025 年 4 月河北第 3 次印刷

　　　　　　　　　　定价：79.80 元
读者服务热线：(010)81055410　印装质量热线：(010)81055316
　　　　　　反盗版热线：(010)81055315

推 荐 序

我与本书作者相识已近二十年，在科技领域内我们相互扶持，共同成长。作者凭借其在安防领域的多年深耕，以及对专业知识的深厚积累和丰富的实战经验，逐渐在安防视频技术领域崭露头角，成为一位广受认可的资深专家。他深刻理解理论与实践相结合对安防行业发展的重要性，因此将多年的行业洞察和深刻理解毫无保留地倾注于这本《智能物联安防视频技术基础与应用》，旨在为读者提供一份宝贵的知识财富。

这本书不仅介绍了安防视频技术的基础和应用，更是一本具备实战指导意义的宝典。从声光电物理原理的基础到信号采集、芯片技术的详细介绍，从数据帧处理到网络传输编解码的深入剖析，从视频码率优化到安防系统存储的全面探讨，这本书都进行了详尽而系统的阐述。此外，作者还结合自己多年的实战经验，从安防设备的选型、工程实施与项目管理的角度，为读者提供了宝贵的实践指南。

更值得一提的是，这本书还涉及了平台系统设计、视频数据与人工智能应用的融合，以及多个行业场景的实践案例。从系统架构设计到网络安全等保测评的探讨，这本书展现了极高的专业性和实用性。这种全面而深入的内容安排，使得这本书不仅适合作为视频安防领域爱好者和新入行者的入门教程，也适合作为安防领域的从业人员、分析人员和研究人员的实战指南。

我相信，无论是对于初学者还是有一定经验的从业者，这本书都具有极高的参考价值。它不仅能帮助他们更好地理解和掌握安防视频技术，还能指导他们在实际工作中运用所学，提升工作效率和水平。因此，我强烈推荐这本书给所有对安防视频技术感兴趣或从事相关工作的人。

孙宇

加州州立理工大学计算机系终身教授

范德堡大学计算机系终身教授

Coding Mind 公司创始人

前　言

AIoT（人工智能物联网）融合 AI（Artificial Intelligence，人工智能）技术和 IoT（Internet of Things，物联网）技术，通过物联网产生、收集海量的数据并存储于云端、边缘端，再通过大数据分析，以及更高形式的人工智能应用，实现万物数字化、万物智联化。在安防视频监控系统中，物联网技术主要体现在对视频感知系统的应用方面。视频感知系统是物联网感知体系的重要组成部分。物联网通过前端感知系统的数据采集，经过传输网络的数据汇总，进而实现海量感知数据的应用，同时促进安防系统逐步从单纯的安防视频监控向行业安全和可视化管理方面转变，相应的架构也从简单孤立的系统向与业务密切相关的综合性管理系统演变。

安防 1.0：产品

安防 1.0 时代以硬件产品为核心。这种类型的企业以大规模制造安防产品为主、软件为辅，在整个产品线中硬件所占的比重远高于软件，甚至部分企业以免费提供软件服务的方式来提高硬件的销售量。在这种模式下，产品分散而不集中，一家企业不能生产和制造一个系统需要的所有类型的产品。产品的生产企业各有侧重点，所开发的产品的技术核心仅限于局部的创新或发明。就企业所生产的产品而言，其他企业也可以生产、仿造或者跟进。

安防 2.0：解决方案

➢ 产品与系统解决方案。一家企业可以提供一个系统所需的全部产品，并能够形成一个完整的系统。如果一家企业可以针对一个需求提供对应的所有产品，它就是一家系统解决方案提供商。尽管部分企业无法提供一个系统所需要的全部产品，但系统所缺少的产品可以由第三方提供。

➢ 行业解决方案。针对某种特定的行业或市场而开发的产品或服务称为垂直市场。典型的垂直市场包括平安城市、智能交通、智能建筑、金融、司法、校园、医疗、能源、商业零售等。针对垂直市场，不管有什么样的应用和需求，若一家企业可以提供所需要的全部产品，而且是很有针对性的产品，那么这家企业可以称为行业解决方案提供商。

安防 3.0：一体化的视频服务

安防 3.0 时代是智能时代。人工智能是最具代表性的技术符号，整个安防行业都将围绕感知、识别、筛选、分析来深挖。安防 3.0 时代之前都是被动防范阶段，而安防 3.0 时代正式宣告安防进入主动预警、防范，甚至事中干预阶段。

安防行业已在信息的采集、传输、存储方面做了很多工作，从摄像机、高清联网到大数据中心。安防企业在前 3 个环节已经出色地完成使命，但却在信息的分析与计算及信息反馈关键点投入较少。这两个关键点是人工智能的应用天地，也是人工智能在整个安防行业的核心价值体现。这也是本书将深入探讨的。

本书主要内容

全书分为 14 章。第 1 章主要介绍视频监控系统的发展历程及视频监控技术的发展方向；第 2 章主要介绍音视频的基础知识；第 3 章~第 6 章主要介绍网络摄像机、网络传输技术与视频存储技术等知识；第 7 章介绍安防云的相关知识；第 8 章围绕人工智能的基本概念、技术原理和安防应用进行介绍；第 9 章介绍视频监控综合管理系统软件的相关知识；第 10 章介绍安防安全的相关知识；第 11 章介绍物联网与安防监控结合的相关知识；第 12 章介绍安防监控工程规范；第 13 章介绍与智能物联相关的行业应用案例；第 14 章介绍智能物联未来的发展方向。

本书特色

➢ 系统：本书内容不仅覆盖前端、传输与后端平台系统，而且包含工程实施、国家标准与行业应用案例分析等，可以为行业人员提供完整、系统的技术体系。

➢ 精练：在阐明理论知识的同时辅以相应的实践应用案例，为读者提供系统设计、应用、维护案例参考，力图达到以极简篇幅涵盖智能物联安防的主流应用知识体系的目的。

➢ 新技术、新产品和新方案：本书对高清监控的各个环节，尤其是视频智能分析、视频编解码技术、云计算、物联网和大数据等都有阐述；有针对性地让读者更加深入地了解行业主流产品和发展趋势；相关案例，如智慧工地、智慧森林防火、智慧社区、雪亮工程都是经典应用；对 5G、云原生、数字孪生、数据中台、AR/VR 等新兴技术与安防视频监控的结合应用进行了探讨与发展趋势分析。

本书定位

本书以普及视频监控系统、人工智能基础技术为目的，不涉及具体的技术细节探讨、硬件的具体设计或者编程实践，主要面向高等院校相关专业的学生、视频监控系统从业者、安防行业从业者、设计院与政府相关部门工作人员及运维人员。

勘误和支持

由于作者的水平有限，加上编写时间仓促，书中难免存在疏漏，恳请读者批评指正。如果你有更多的宝贵意见，欢迎通过出版社与作者取得联系，期待能够得到你们的真挚反馈。

王豪博

致　谢

要感谢的公司与个人太多了，没有你们的大力支持和帮助，本书不可能顺利出版。

感谢海康威视、大华股份等企业为本书提供的相关技术、产品和解决方案。尤其是本书最后介绍的案例都是近些年与这些企业合作完成的优秀商业案例。

感谢华为"火花奖"获得者、青年科学家江泽鑫为本书出版提供的非常有建设性的意见与帮助。

感谢人民邮电出版社的编辑团队为本书出版给予的专业指导与帮助。

感谢这些年在一个又一个物联网安防类项目中一起奋斗过的"云视"团队成员，他们分别是陈戈、晏昕、杨建浩、祝庆丰、覃荣华、徐文鑫、彭长生、汤建华、宫艳超、黄家浚、魏利浩和许自超等。

当然，还有一些人是需要特别感谢的。感谢我的家人，没有你们的理解和支持，我无法安静写作。这本书献给你们！

本书引用了大量的图书、论文、行业报告和互联网资料等，凡是能注明出处和引用来源的，作者尽可能在正文中说明或者在参考文献中列出。如果您发现本书引用了贵机构、贵公司或者您个人的文章、技术资料或者作品却没有注明出处，欢迎通过出版社与我联系。

最后，真诚希望本书能够给物联网安防从业者带来帮助。同祝大家平安喜乐，未来可期。

资源与支持

资源获取

本书提供如下资源：

➤ 书中图片文件；

➤ 本书思维导图；

➤ 异步社区 7 天 VIP 会员。

要获得以上资源，您可以扫描下方二维码，根据指引领取。

提交勘误信息

作者和编辑尽最大努力来确保书中内容的准确性，但难免会存在疏漏。欢迎您将发现的问题反馈给我们，帮助我们提升图书的质量。

当您发现错误时，请登录异步社区（https://www.epubit.com），按书名搜索，进入本书页面，点击"发表勘误"，输入勘误信息，点击"提交勘误"按钮即可（见下图）。本书的作者和编辑会对您提交的勘误信息进行审核，确认并接受后，您将获赠异步社区的 100 积分。积分可用于在异步社区兑换优惠券、样书或奖品。

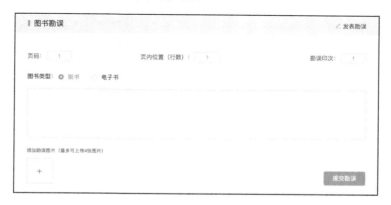

与我们联系

我们的联系邮箱是 contact@epubit.com.cn。

如果您对本书有任何疑问或建议，请您发邮件给我们，并在邮件标题中注明本书书名，以便我们更高效地做出反馈。

如果您有兴趣出版图书、录制教学视频，或者参与图书翻译、技术审校等工作，可以发邮件给我们。

如果您所在的学校、培训机构或企业想批量购买本书或异步社区出版的其他图书，也可以发邮件给我们。

如果您在网上发现有针对异步社区出品图书的各种形式的盗版行为，包括对图书全部或部分内容的非授权传播，请您将怀疑有侵权行为的链接通过邮件发送给我们。您的这一举动是对作者权益的保护，也是我们持续为您提供有价值的内容的动力之源。

关于异步社区和异步图书

"异步社区"是由人民邮电出版社创办的 IT 专业图书社区，于 2015 年 8 月上线运营，致力于优质内容的出版和分享，为读者提供高品质的学习内容，为作译者提供专业的出版服务，实现作者与读者在线交流互动，以及传统出版与数字出版的融合发展。

"异步图书"是异步社区策划出版的精品 IT 图书的品牌，依托于人民邮电出版社在计算机图书领域四十余年的发展与积淀。异步图书面向各行业的信息技术用户。

目　录

第 1 章

智能物联安防综述

人类可以通过视觉、嗅觉、听觉、味觉及触觉来感受外界的信息，其中大约 85% 的外界信息是通过视觉刺激获取的。视频图像技术在现代社会中有广泛的应用，如机器视觉、视频监控、高清广播电视、视频会议等，每种应用都会根据不同的需求衍生出不同的系统。

视频监控系统在传统意义上是安全防范系统的重要子系统，广泛应用在平安城市、智能交通、智慧环保等领域。随着人工智能、物联网、5G/6G 通信、图像压缩等技术的飞速发展，视频监控技术呈现多元化、行业化的发展趋势。

本章首先对安防行业进行介绍，然后回顾视频监控系统的发展历程，最后结合业界主流厂商的技术和解决方案展望视频监控技术未来的发展方向。

1.1 安防行业概述

安防，可以理解为"安全防范"的缩写。所谓安全，就是没有危险、不受侵害、不出事故；所谓防范，就是防备、戒备，而防备是指做好准备以应对攻击或避免受害，戒备是指防备和保护。安防系统其实由多个系统组合而成，根据公安部及全国安全防范报警系统标准化技术委员会（简称全国安防标委会）制定的安防行业国家标准《安全防范工程技术标准》（GB 50348—2018）的定义，安防系统主要包括以安全防范为目的，利用各种电子设备构成的系统。安防系统通常包括入侵和紧急告警、视频监控、出入口控制、停车（库）场安全管理、防爆安全检查、电子巡查、楼宇对讲等子系统。安防系统构成如图 1-1 所示。

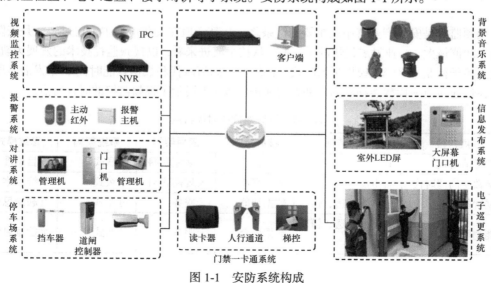

图 1-1　安防系统构成

其中，视频监控系统是社会应用最广泛的安防子系统，它承担现场图像的实时监控、视频存储与取证以及人员与行为的智能分析与识别等功能，是安防系统中重要的构成部分。该子系统与其他子系统紧密结合，如门禁一卡通系统、电子巡更系统、信息发布系统等，构成了一个严密的安全防范系统工程。

常见的安全防范手段有人力防范（简称人防）、物体防范（简称物防）和技术防范（简称技防）3种。其中，人防和物防是传统防范手段，它们是安全防范的基础。随着科学技术的不断进步，这些传统防范手段也不断融入新科技的内容。技防是在近代科学技术用于安全防范领域并逐渐形成独立防范手段的过程中所产生的一种新的防范概念。

安全防范的3个基本要素是探测、延迟与反应，如图1-2所示。探测是指感知显性和隐性风险事件的发生并发出告警信息；延迟是指延长和推延风险事件发生的进程；反应是指组织力量为制止风险事件的发生而采取的行动。

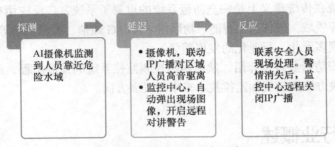

图1-2　安防的3个基本要素

在安全防范的3种手段中，要实现防范的最终目的，都要围绕探测、延迟、反应这3个基本要素开展工作、采取措施，以预防和阻止风险事件的发生。探测、延迟和反应3个基本要素之间是相互联系、缺一不可的关系。探测要准确无误，延迟时间长短要合适，反应要迅速。

1.2 视频监控系统的发展历程

视频监控是安防产业链中最重要的链条之一，其产值在安防产品中占比过半，是安防产业链中产值最大、行业发展最快的子行业。从技术演进来看，以视频监控技术的发展为轨迹，视频监控子行业主要经过模拟标清时代、网络数字高清时代和数据智能时代3个发展阶段，并正在快速向新一代智能物联的发展方向演进。表1-1展示了视频监控的时代特点。

表1-1　视频监控的时代特点

发展阶段	总体特征	核心技术	应用架构	系统架构	思维模式
模拟标清时代	看得见	模拟标清	小规模联网	级联式	项目思维
网络数字高清时代	看得清	数字高清	大规模联网	层级式	系统思维
数据智能时代	看得明、透、懂	数据智能	云服务	分布式	互联网思维
智能物联时代	看得明、透、懂，全方位	数据融合	云服务	分布式	大数据思维

1.2.1 模拟标清时代

视频监控起源于 CCTV（Closed Circuit Television，闭路电视）。最早的视频监控由摄像机通过视频线点对点连到监视器，这一时期视频监控的典型特征是"监视基本靠瞅""存储基本没有"，还不能称其为一个完整的视频监控系统。

随着技术的发展，视频监控系统开始更新换代，逐步形成包含"视频采集—网络传输—控制切换—视频存储—视频显示"的完整系统，这个系统可以称为模拟闭路电视监控系统。

模拟闭路电视监控系统由多种模拟设备组合而成。系统由"前端设备"和"监控中心设备"两部分组成：前端设备包括摄像机、云台、解码器等；监控中心设备包括监视器（电视墙）、视频分割器、切换矩阵、控制键盘、盒式录像机（Video Cassette Recorder，VCR）等。这两部分设备由视频线、控制线等连接，如图 1-3 所示。模拟闭路电视监控系统在当时技术成熟、性能稳定，短距离实时性好且图像清晰，但是由于整个系统采用模拟信号机制，在长距离传输、存储容量等方面存在天然劣势，例如多级级联接力后视频图像质量显著降低（长距离传输信号衰减大）、大规模视频源的控制与管理困难（连接线数量多，施工及维护风险大）、数据存储和调用困难（模拟信号存储量大，磁带易受潮、粘连）、与信息系统无法交换数据（与计算机和网络系统无法结合）。以上劣势导致这个阶段的视频监控系统规模小，主要适用于小范围的区域监控。

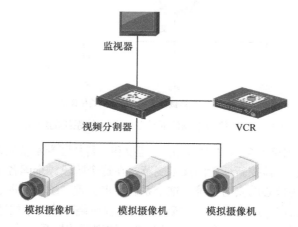

图 1-3 模拟闭路电视监控系统组成

1.2.2 网络数字高清时代

网络数字高清时代，摄像机内置 Web 服务器，并直接提供以太网端口。这些摄像机生成 JPEG或者 MPEG4 数据文件，可以供任何经授权的客户端从网络中任何位置访问、监视、记录，而不是生成连续模拟视频信号形式的图像。网络数字高清时代的视频监控系统具有以下优势。

➢ 简便性。所有摄像机都通过经济高效的有线或者无线以太网简单连接到网络。用户能够利用现有局域网基础设施。用户可采用 5 类网络电缆或者无线网络方式传输摄像机输出图像以及水平、垂直、变倍（PTZ）控制命令（甚至可以直接通过以太网提供）。

➢ 强大的中心控制能力。一台工业标准服务器和一套控制管理应用软件就可以运行整个视频监控系统。

➢ 易于升级及全面可扩展；可以轻松添加更多摄像机。中心服务器能够方便升级到更快速的处理器、更大容量的硬盘驱动器及更大的带宽等。

➢ 全面远程监视。任何经授权的客户端都可以直接访问任意摄像机，也可以通过中心服务器查看监视图像。

➢ 坚固冗余存储器。可同时利用 SCSI、RAID 备份存储技术永久保护监视图像不受硬盘驱动器故障影响。

网络数字高清时代的视频监控系统的组成如图 1-4 所示。

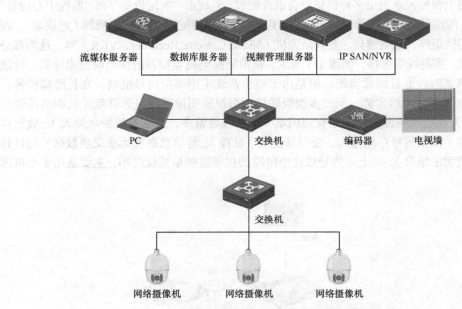

图 1-4　网络数字高清时代的视频监控系统的组成

自 2004 年起，我国启动全国"平安城市"建设和"科技强警示范城市"建设，引爆了网络数字高清时代安防视频监控新一轮的技术变革。在这个阶段，全国各主要城市均开始建设以视频监控指挥中心为核心的安防系统，这个系统要求实现"统一指挥、多级联网、分布式管理、多点监控"等需求。这些需求促使安防视频监控围绕架构技术快速变革，迅速引入 IT 领域成熟的联网、数据集中、SOA 等理念，以 IT 重构视频监控系统的整体架构。

1.2.3　数据智能时代

近些年，随着国内平安城市基础设施建设基本完成，安防视频监控系统迅速进入以数据为核心、情报驱动的信息化应用建设阶段。在这个阶段，如何更高效地收集、分析和使用价值数据成为重点。简单来说，安防视频监控开始由"看得见"（标清、联网）、"看得清"（高清化）向"看得懂"（智能分析）转变。安防应用由事后的调查取证向事前的分析、总结、预警、演练，以及事中的跟踪、指挥、调度、协调、配合、沟通等方面扩展。

此阶段，安防监控行业基本上由信息获取阶段开始进入信息使用阶段。数据智能时代的安防系统已经不仅仅是一个简单的视频监控系统，它已经扩展成集各行业业务管理、数据传输、视频、告警、控制于一体，可以实现海量数据存储、智能分析的智能化综合管理平台。

数据智能时代的安防系统的组成如图 1-5 所示。

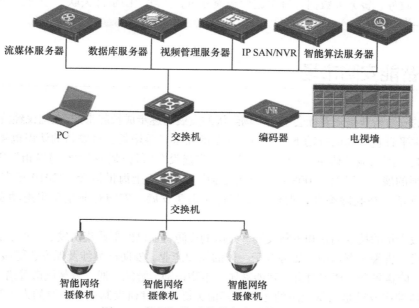

图 1-5 数据智能时代的安防系统的组成

1.2.4 智能物联时代

智能物联时代，以 GPU、图像智能识别算法为核心的智能分析技术使得价值数据能够快速被挖掘和提取。这种方式具有价值数据数量大、格式灵活（如图片、表、元数据等）等优点。物联网技术的应用使视频监控的数据来源更加多元化，从传统的图像、图片信息扩展至 MAC、RFID 等信息。这些变化导致视频监控系统的数据形态发生了重大转变，从非结构化数据演变为海量的结构化、半结构化、非结构化数据混杂的形态，这需要兼容多种数据格式的海量存储系统。

数据存储后，更重要的是对这些数据进行数据挖掘。新一代视频监控系统涉及的信息规模庞大，表面上无序，实则暗含无数人、车、物的行为关系。在利用大数据技术进行数据挖掘的过程中，涉及海量数据的多维度关联分析，如基于时空关系（位置和时间）的分析，未来会利用人工智能进行更深层次的逻辑分析（如人员异常聚集、可疑行为分析等）。

挖掘价值数据的最终目的是为客户所用，因此伴随价值数据而生的是各种业务应用，例如，视频应用、人像应用、车辆应用、多维数据应用等。当前这些应用主要以独立子系统的方式建设，最后通过上层业务进行拉通。这种"烟囱式"的建设模式导致各业务系统独占资源（如计算、存储等）。为了保证业务的运行，在系统建设初期和扩容时均需要按照峰值负荷对各种资源进行配置（业务实际上都存在波峰、波谷），这样就带来了一个问题：在大多数情况下，大部分资源（尤其是计算资源）闲置而没有得到充分利用。智能物联时代利用云计算技术则可以有效解决这一问题，提高资源利用率和管理水平。

总之，智能物联时代视频监控安防的特点是能够全面看、自动看、关联看：全面看，即视频图像一体汇聚、全网共享，大范围内多维数据跨系统、跨区域共享；自动看，即高密度、高算力、多算法框架、千亿级图片秒级检索，算得快、比得准；关联看，即视频大数据与社会、网络、政务、警务大数据等资源进行碰撞分析，实现"图事件关联""人脸、车辆、手机等多轨合一"等应用。

1.3 智能安防市场

我国的安防行业是随着社会主义市场经济的发展而逐步成长起来的,在国民经济迅速发展、人民生活水平日益提高的推动下，人们对安全的需求日益增长，对安防的认识也越来越深。

特别是"国家应急体系""平安城市""平安建设""科技强警""智慧城市"等重大工程项目在全国的展开，以及"2008年北京奥运会""2010年上海世博会""2010年广州亚运会"等重要国际活动在我国举办，促进了安防行业迅速发展，安防行业呈现出蓬勃发展的良好势头。

经过数十年的技术创新和不断发展，我国的安防行业已经形成集研发、生产、销售、工程与系统集成、告警运营与中介服务等于一体的朝阳产业。安防产品涉及保安告警服务、CCTV视频监控、防盗告警、楼宇对讲、智能家居、生物识别、智能交通、智慧城市等诸多领域。

视频监控产业链是指从上游的芯片和其他关键零部件研发制造到中游的人工智能安防软硬件产品设计制造，再到中下游的系统集成、运维服务的产业链条，如图1-6所示。除了上游厂商的角色相对固定以外，中游与下游厂商在产业链中的界限比较模糊，安防厂商、人工智能公司、云服务厂商都可通过集成商渠道或直客模式向客户提供标准化或定制化的产品与服务，部分集成商也可直接向客户提供与人工智能安防相关的部分硬件产品和软件技术乃至后期运维服务，各角色相互之间的合作与竞争关系较为复杂，产业链开放程度较高。

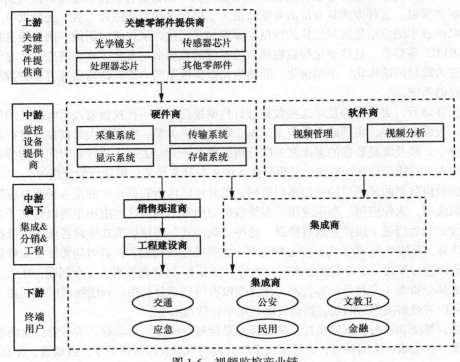

图1-6 视频监控产业链

1.4　视频监控技术未来发展方向

随着技术的进步，视频监控技术围绕"采、传、存、显、控"5个基本功能点不断演进，目前在以下方面的发展速度较快。

1. 超高清

视频监控技术一定会不断地追求更低带宽传输和更高清晰度的视频图像。而视频监控中的超高清应用也是 AI 应用的基础。智能技术的人脸识别、步态识别等生物识别技术受到分辨率的限制。而超清技术的加入可以大大缩小这一领域的缺陷。随着新一代编解码标准的商用，4K/8K 技术在传输、成像方面的突破，特别是对于传感器性能的优化将在很大程度上缓解这一问题。

2. 更高的编码压缩率

视频编码技术沿着更高压缩率的方向发展。在 IP 网络监控系统中，视频以流媒体数据的方式在网络上传输，由于原始视频流占用的网络带宽非常大，因此需要将视频进行压缩，以达到在保持一定清晰度的条件下尽量减少带宽占用的目的。视频编码压缩的标准也由早期的 H.263 标准向 H.264、H.265 标准，以及基于 6G 移动通信，通过 VR（Virtual Reality，虚拟现实）和 AR（Augmented Reality，增强现实）技术构建的超级虚拟世界"元宇宙"时代的 H.266 标准演进。

3. 人工智能化

对于安防行业，人工智能的最大价值在于视频结构化技术为"大量视频进行智能分析并实现事前预警"提供的帮助——这实际上是人工智能企业为安防行业客户提供的主要服务和盈利点。"人工智能＋安防"要解决的将不再是人与人之间、人与车之间的结构联系，而是能自主判断"你是谁"。相信在不久的将来，人工智能技术将会取代众多传统的安防技术，整个安防行业将处于比拼核心技术的关键节点。

4. 标准化与开放性

任何一种技术的成熟都离不开标准化，视频监控技术也不例外。国际/国家公认的协议标准将覆盖整个生态链，实现不同厂家设备、不同应用系统的互联互通、统一管理和统一调度。未来视频监控的标准化会随着时代的发展不断进步和完善。

5. 网络接入手段丰富

由于网络技术不断进步，以及网络视频监控摄像机与视频存储相分离的特点，网络摄像机的接入方式将多种多样，如无线网络 Wi-Fi 6/Wi-Fi 7、4G/5G/6G、EPON/GPON/AON（全光网络）等高性价比"最后一千米"的接入方式将实现视频监控技术的"无处不在"。

6. 国产化

人工智能安防芯片国产化。随着国际芯片出口限制持续加码，国内企业及时做了适应性调整，诸多芯片的国产化替代方案发挥了重要作用，让安防"缺芯"影响减弱，保持产业链的稳定供应。

7. 云边融合

AI 智能处理"云＋边缘节点"将成为业内主流的解决方案，即前端摄像机和后端系统均设有人工智能功能。前端摄像机可以实时对大部分视频数据进行结构化处理，例如，设置在交通路口的摄像机可以提取车牌、车型等汽车信息和乘客数量及是否系安全带等乘客信息并回传数据中心。小部分不容易识别的视频数据才会由后端系统处理。

安防后端系统"云"化，前端产品"端"化。安防系统"端云"架构如图1-7所示。后端系统"云"化，使安防淡化了集成的概念，压缩了中间环节，并催生安防运营服务的新业态；前端产品"端"化，使安防前端产品不再是单纯采集数据的设备，而是依据应用场景的不同从"云"端按需下载服务。人工智能技术促使前后端计算资源快速云化整合，实现基于可视化的全面感知系统、互联互通的视频云平台。虽然前后端融合不是人工智能出现后才带来的变化，但基于人工智能应用，云边融合成为"人工智能＋安防"行业正在发生的趋势之一。

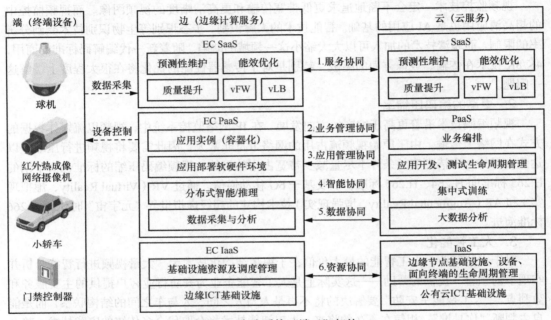

图 1-7　安防系统"端云"架构

8. 解决方案化

早期的安防系统通常是"一套设备及系统通用于各个行业，仅在设备配置及系统架构方面进行优化"。未来安防系统为满足不同行业特殊化、定制化的需求，通常需要在硬件、软件平台和架构方面进行针对性设计、开发与部署，以最大化发挥安防系统的功能。目前在部分行业已经有所体现，部分厂商已经针对不同行业提出真正的行业化解决方案。

9. 3D、AR/VR 深度融合应用

深度融合应用的基础是视频监控联网平台、视频解析平台、视频图像信息数据库及城市管理基础信息数据平台（由这些设施组成的平台也被称为"一标三实"网格化系统），而这些设施中的数据都能够和 3D、AR、VR 相结合。例如，可以将多维数据直接内嵌到三维地图中，通过 AR 方法将视频内嵌到地图中，实现可视化实时城市画面，也可以通过 VR 技术将各类数据直接投射到人眼中，实现信息数据的及时获取。

10. 安全合规性

随着安防行业的发展，视频监控成为各行业和领域广泛采用的工具，并且越来越多的行业将视频用于合规性目的。随着终端智能化的普及、多维数据的融合、"端边云"协同的出现，安全可信的产品和解决方案是未来发展的趋势。

第 2 章

音视频基础

在音视频一体化监控系统中，摄像机扮演着"眼睛"的角色，拾音器则充当"耳朵"。通过光纤、网络等介质，这些"眼睛"捕捉的图像和"耳朵"收集的声音被传输到存储服务器，共同构建了一个完整的音视频监控体系。这一体系为智慧安防和智慧城市的建设提供高品质的基础数据。本章将重点介绍音视频相关的基础知识。

2.1 音频基础

2.1.1 声学基础知识

1. 声音的产生

声音是由物体振动产生的，当振动停止时，声音也随之停止。当振动波传播至人耳时，便引发了听觉体验。声音可以分为乐音和噪声两类。乐音是由规则振动产生的，只包括有限且特定的频率，具有明确的波形。而噪声是由不规则振动产生的，包含一系列不确定的音频，波形不固定。

2. 声音的传播

声音需要介质来传播，真空中不能传播声音。介质是指能够传播声音的物质。声音在所有介质中以声波的形式传播。声音在单位时间内传播的距离叫作声速，其在固体和液体中的传播速度通常快于气体。

3. 声音的感知

外界的声音引起耳膜振动，通过听小骨及其他组织传递给听觉神经，再由听觉神经将信号传递至大脑，这样人便感知到了声音。

人耳能够感知的频率范围为 20 Hz～20 kHz，此频率范围内的声音被称为可听声或者音频。根据频率的不同，声音可进一步进行如下分类。

➢ 频率低于 20 Hz 的声波称为次声波。

➢ 频率在 20 Hz～20 kHz 的声波称为可听声。

➢ 频率在 20 kHz～1 GHz 的声波称为超声波。

➢ 频率大于 1 GHz 的声波称为特超声或微波超声。

4. 声音三要素

声音具有 3 个要素——音调、响度和音色，它们共同决定了声音的特性。

➢ 音调。音调是指音的高低（如高音、低音），由频率决定，频率越高，音调越高。

频率是指声音信号在 1 s 内周期性变化的次数，用赫兹（Hz）表示。例如，20 Hz 表示声音信号在 1 s 内周期性变化 20 次。

> 响度。响度又称音量或音强，是人们主观感受到的声音大小，它由声音的振幅和听者
与声源之间的距离决定。振幅越大，响度越高；听者距离声源越近，响度越高。响度
的度量单位为分贝（dB）。

> 音色。音色又称音品，是由发声体的材料和结构特性决定的。不同的人声、乐器声，
如钢琴、提琴、笛子等，之所以各有特色，正是由它们的音色造成的。

5. 声道

声道是指在声音录制或者播放时独立采集或者回放的音频信号。声道的数量代表了录制
时使用的音源数量或者播放时使用的扬声器数量。

早期的声音重放技术落后，仅支持单声道，只能提供基本的声音输出（如留声机、调幅
广播）。后来有了双声道的立体声技术（如立体声唱片、调频立体声广播、立体声盒式录音带、
激光唱片），利用人耳的双耳效应，为听者带来了声音的纵深感和宽度感，营造出立体的听觉
体验。现在多种多声道环绕声技术（如 4.1、5.1、6.1、7.1 声道），通过在听者周围布置多个扬
声器，使听者感受到被声音包围的现场感，广泛应用于电影院、家庭影院、DVD-Audio、SACD、
DTS-CD、HDTV 等场合。

2.1.2 数字音频简介

1. 音频

音频（audio）指人类可以听到的所有声音，这包括语音、音乐，以及环境声、音效声、
自然声等其他声音类型。

2. 数字音频

从物理学的角度来看，复杂的声波由许多具有不同振幅和频率的正弦波叠加而成。

声音可以表现为一种随时间变化的波形，如图 2-1 所示。

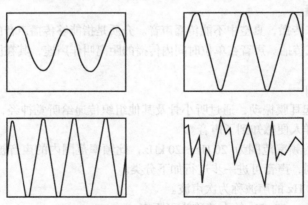

图 2-1　声音的波形图

声音的模拟信息是连续变化的，计算机方法直接处理这种连续量，因此必须将其转换为
数字形式。经过数字化处理的数字音频是利用数字编码的方式（也就是使用 0 和 1）来记录音
频信息的。

数字音频和传统的磁带、广播、电视中的声音就存储和播放方式而言存在本质的区别。
与后者相比，数字音频具有存储便捷、成本低，在存储和传输过程中声音不失真，以及编辑

处理方便等优点。

3. 从模拟信号到数字信号的过程

模拟信号的数字化过程包括 3 个主要步骤。

步骤 1：采样。采样是指在适当的时间间隔内获取不连续的样本值以替代原来的连续信号，又称为取样。

采样就是抽取某点的频率值，显然，在 1 s 内抽取的点越多，所获取的频率信息越丰富。

根据采样定理，为了能够复原波形，至少需要在一次振动中采样 2 个点。由于人耳能够感知的最高频率为 20 kHz，因此要满足听觉需求，至少需要每秒进行 4 000 次采样。

步骤 2：量化。在数字音频技术中，模拟电压的强弱用数字表示，如 0.5 V 电压用数字 20 表示，2 V 电压用数字 80 表示。尽管模拟电压的幅度在某一电平范围内可以有无穷多的值，如 1.2 V、1.21 V 等，但在数字化表示时，必须将无穷多的电压幅度映射到有限数量的数字表示。这个过程称为量化。

步骤 3：编码。由于计算机的基本数制是二进制，因此需要把声音数据转换为计算机可识别的格式，这个过程称为编码。音频数字化编码过程如图 2-2 所示。

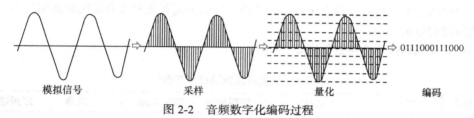

图 2-2　音频数字化编码过程

4. 音频编码技术

一般来说，采样频率和量化位数越高，声音的质量越高，相应地，保存这段声音所需的存储空间也越大。例如，立体声（双声道）的文件大小是单声道文件的两倍。文件大小可以通过如下方式计算。

$$文件大小(B)= 采样频率(Hz)\times 录音时间(s)\times (量化精度/8)\times 声道数$$

例如，录制 1 min 采样频率为 44.1 kHz、量化精度为 16 位的立体声（CD 音质）的声音，文件大小为：$44.1 \times 1000 \times 60 \times (16/8) \times 2$ B = 10 584 000 B，约 10 MB。由此可见，存储空间需求不小，这就需要一定的存储或传输成本。因此，采用音频编码技术来减小文件变得非常有必要。

根据编码方式的不同，音频编码技术分为 3 种——波形编码、参数编码和混合编码。接下来分别介绍。

1）波形编码

波形编码是指不利用生成音频信号的任何参数，直接将时间域的模拟信号变换为数字代码，以确保重构的语音波形与原始语音信号的波形尽可能一致。波形编码的基本原理是在时间轴上对模拟语音信号按一定的速率采样，然后将这些幅度样本分层量化，并用数字代码表示。

波形编码技术具有方法简单、易于实现、适应能力强并且语音质量好的优点。不过因为其压缩方法简单，也带来了一些缺点：压缩比相对较低，编码率较高。一般来说，波形编码的复杂程度比较低，但编码率较高。编码率高于 16 kbit/s 时，音频质量高；当编码率低于 16 kbit/s 时，音频质量会显著下降。

最简单的波形编码方法是 PCM（Pulse Code Modulation，脉冲编码调制），它只对语音信号进行采样和量化处理。优点是编码方法简单、延迟时间短、音质高且重构的语音信号与原始语音信号几乎没有差别；缺点是编码率比较高（通常为 64 kbit/s）且对传输通道中的错误比较敏感。

2）参数编码

参数编码通过从语音波形信号中提取关键参数，并利用这些参数通过语音生成模型来重构语音，目的是使重构的语音信号尽可能地保持原始语音信号的语义内容。也就是说，参数编码基于生成语音的数字模型，计算这些模型的参数，然后根据这些参数还原并合成语音。

参数编码的编码率较低，可以达到 2.4 kbit/s。由于它依赖数字模型的还原，因此重构的语音信号波形与原始语音信号的波形可能会存在较大差异，失真会比较大。此外，受限于语音生成模型，即使增加数据速率，合成语音的质量提升也有限。尽管如此，参数编码因其较高的保密性，在军事领域有着广泛的应用。典型的参数编码方法为 LPC（Linear Predictive Coding，线性预测编码）。

3）混合编码

混合编码结合了两种或两种以上的编码技术，旨在克服波形编码和参数编码各自的局限性，同时吸收它们的优点。混合编码结合了波形编码的高音质和参数编码的低编码率，能够达到比较好的效果。

典型音频编码技术的参数如表 2-1 所示。

表 2-1　典型音频编码技术的参数

编码技术	算法	名称	编码标准	码率/kbit · s⁻¹	质量	应用领域
波形编码	PCM	脉冲编码调制	G.711	64	4.3	PSTN/ISDN
	ADPCM	自适应差分脉冲编码调制	G.721	32	4.1	—
	SB-ADPCM	子带-自适应差分脉冲编码调制	G.722	64/56/48	4.5	—
参数编码	LPC	线性预测编码	—	2.4	2.5	保密语音
混合编码	CELPC	码激励线性预测编码	—	4.8	3.2	
	VSELPC	矢量和激励线性预测编码	GIA	8	3.8	移动通信、语音信箱
	RPE-LTP	规则脉冲激励长时预测	GSM	13.2	3.8	—
	LD-CELP	低时延码激励线性预测	G.728	16	4.1	ISDN
	MPE	多脉冲激励	MPE	128	5.0	CD

5. 音频封装格式介绍

1）有损压缩格式

MP3（MPEG Audio Layer 3）是一种有损数据压缩格式。它通过舍弃掉脉冲编码调制音频数据中对人类听觉影响不大的部分，实现了文件大小的显著减小。MP3 是目前使用最为广泛的音频压缩格式，常用于互联网上高质量声音的传输。MP3 可以实现高达 12 : 1 的压缩比并保持基本可接受的音质。

AAC（Advanced Audio Coding，高级音频编码）于 1997 年问世，是基于 MPEG-2 的音频编码技术，由 Fraunhofer IIS、杜比实验室、AT&T、索尼等公司共同开发。AAC 旨在超越 MP3，并于 2000 年 MPEG-4 标准发布后，集成了 SBR 技术和 PS 技术。为了区别于传统的 MPEG-2 AAC，其又称为 MPEG-4 AAC。AAC 可以在文件大小比 MP3 缩小 30% 的情况下提供更好的音质。

WMA（Windows Media Audio）是微软公司开发的一种数字音频压缩格式。WMA 通过减少数据流量同时保持音质实现了更高的压缩比，一般可达 1 : 18，生成的文件大小约为相应 MP3 文件的一半。

2）无损压缩格式

WAV 是微软公司开发的一种数字音频压缩格式。它将音乐从物理介质（如 CD）转换为数字形式，是最早的数字音频格式之一，并被 Windows 平台及其应用程序广泛支持。WAV 是最接近无损音质的格式，但因其文件相对较大，导致其对存储空间的需求较大，不便于交流和传播。

FLAC（Free Lossless Audio Codec，无损音频编解码器）不会破坏任何原有音频信息，能够还原音乐光盘的音质。FLAC 能节省 WAV 格式约 40% 的码率。此外，在遇到爆音问题时会采用静音处理，相比 APE 等同类格式，FLAC 的解码复杂程度较低，解码速度快，容错率高，不容易损坏。

APE 是一种无损数字音频压缩格式，它以更精练的记录方式来减小文件体积，保证还原后数据与源文件一样，确保文件的完整性。APE 由 Monkey's Audio 软件压制得到，开发者为 Matthew T. Ashland，源代码开放，因其界面上的"猴子"标志而闻名。与 FLAC 相比，APE 具有查错能力但不提供纠错功能，以保证文件的无损和纯正。APE 的另一个特点是其压缩率约为 55%，高于 FLAC，文件大小约为原 CD 的一半，便于存储。

2.2 视频基础

2.2.1 基础知识

1. 光与颜色

光是一种人类肉眼可见（接受）的电磁波，属于可见光谱的一部分。在科学上，光有时泛指所有类型的电磁波，如图 2-3 所示。光由一种称为光子的基本粒子构成，具有粒子性与波动性，即所谓的波粒二象性。

人类肉眼所能感知的可见光仅占整个电磁波谱的一小部分，其波长范围为 390～760 nm（1 nm = 1.0×10^{-9} m）。

颜色是视觉系统对可见光的感知。研究表明，人类的视网膜上有 3 种对红、绿、蓝光敏感程度不同的锥体细胞。这 3 种锥体细胞对不同频率的光有不同的感知反应，同样，它们对不同亮度的光的感知也有所不同。

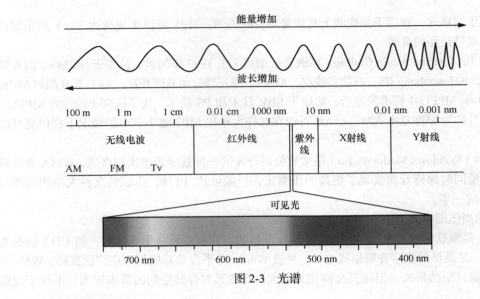

图 2-3 光谱

2. 颜色的度量

可以通过以下量度值来衡量颜色。

- 饱和度（saturation）：指颜色的纯洁程度，即颜色鲜艳程度。完全饱和的颜色是指没有掺杂白光的颜色，例如单一波长产生的光谱色就是完全饱和的。
- 明度（brightness）：是视觉系统对物体辐射或者发光量的感知属性。因为明度很难度量，所以国际照明委员会定义了一个相关的物理量——亮度（luminance）。亮度与辐射的能量有关。明度的一个极端是黑色（无光）和白色，在这两个极端之间是不同深浅的灰色。
- 光亮度（lightness）：是视觉系统对亮度的感知响应。光亮度可用作颜色空间的一个维度。光亮度用于描述反射或者透射表面，而明度则主要用于发光体。

3. 颜色空间

颜色空间是一种表示和生成颜色的数学方法，使颜色得以形象化。颜色通常使用代表 3 个参数的三维坐标来定义，这些参数描述颜色在颜色空间中的位置，但并不告诉我们颜色的类型。颜色的具体类型要取决于所使用的坐标系统。常见的颜色空间如下。

1）RGB 颜色空间

RGB 是一种颜色标准，代表红色（Red，R）、绿色（Green，G）、蓝色（Blue，B）这 3 种颜色。所有颜色都可以通过这 3 种颜色通道的变化及其相互叠加得到。RGB 是目前运用最广泛的颜色系统之一。

RGB 有 256 级亮度，用数字 0~255 表示，能够组合出 256 × 256 × 256（16 777 216）种不同的色彩，也被称为 24 位色（2^{24}）。目前 LCD 和 CRT 显示器大都采用 RGB。

在 RGB 模式下，每种 RGB 成分都可使用从 0（黑色）到 255（白色）的值。例如，亮红色使用 R 值 246、G 值 20 和 B 值 50。当 3 种成分值相等时，产生灰色；当 3 种成分的值均为 255 时，结果是纯白色；当 3 种成分的值均为 0 时，结果是纯黑色。颜色与三基色之间的关系如表 2-2 所示。

表 2-2 颜色与三基色之间的关系

颜色名称	红色（Red）值	绿色（Green）值	蓝色（Blue）值
黑色	0	0	0
蓝色	0	0	255
绿色	0	255	0
青色	0	255	255
红色	255	0	0
亮紫色（洋红色）	255	0	255
黄色	255	255	0
白色	255	255	255

2）CMY 颜色空间

CMY 是青色（Cyan）、品红色（Magenta）和黄色（Yellow）的简写，代表一种相减混色模式。这种方法产生的颜色之所以称为相减色，是因为它通过减少反射光来减少视觉系统识别颜色所需要的光量。由于彩色墨水和颜料的化学特性，仅用 3 种基本色混合得到的黑色并不是纯黑色，因此，在印刷术中，常常会加一种真正的黑色墨水（black ink），形成 CMYK 模型。每种颜色分量的取值范围为[0,100]。CMY 常用于纸张彩色打印。

3）YUV 颜色空间

在彩色电视技术中，亮度信号和两个色差信号分别用 Y、C1、C2 彩色表示。C1 和 C2 的含义与具体的应用有关。例如，在 NTSC 彩色电视制式中，C1、C2 分别表示 I、Q 两个色差信号；在 PAL 彩色电视制式中，C1、C2 分别表示 U、V 两个色差信号；在 CCIR 601 数字电视标准中，C1、C2 分别表示 Cr、Cb 两个色差信号。所谓色差是指基色信号（红 R、绿 G、蓝 B）与亮度信号之差。根据美国国家电视标准委员会的标准，当白光的亮度用 Y 来表示时，它和红、绿、蓝三色光的关系可用下式描述：

$$Y = 0.3R + 0.59G + 0.11B$$

这是常用的亮度公式。色差 U、V 是由 $B\text{-}Y$、$R\text{-}Y$ 按不同比例压缩得到的。如果由 YUV 颜色空间转换为 RGB 颜色空间，只须进行相应的逆运算。与 YUV 颜色空间类似的还有 Lab 颜色空间，它也是用亮度和色差来描述颜色分量的，其中，L 代表亮度，a 和 b 分别代表不同的色差分量。

例如，在 PAL 彩色电视制式中，PAL 的 YUV 颜色空间与 RGB 颜色空间的转换关系如下：

$$Y = 0.299R + 0.587G + 0.114B$$
$$U = -0.147R - 0.289G + 0.436B$$
$$V = 0.615R - 0.515G - 0.100B$$

2.2.2 视频相关术语

1. 视频

当连续的图像变化每秒超过 24 帧时，根据视觉暂留的原理，人眼无法分辨出单独的静态画面，从而感知到的是平滑连续的视觉效果，这种连续的画面序列被称作视频。

2. 帧

帧是影像中的最小单位，相当于电影胶片中的每一格镜头。一帧就是一幅静止的画面，而连续的帧序列构成了视频。

3. 帧速率

帧速率是指每秒传输的图片数量，也可以理解为显示器每秒刷新的次数。帧速率越高，动作的显示越流畅。

4. 转码

转码是将一段多媒体内容，包括音频、视频，从一种编码格式转换为另一种编码格式的过程。

5. 视频编码

视频编码是视频文件中采用的压缩算法，其主要目的是将视频像素数据（如 RGB、YUV 等）压缩为视频码流，从而减少视频的数据量。

6. 视频解码

由于压缩（编码）后的内容不能直接使用，使用（观看）时需要进行解压缩，恢复为原始信号，这个过程被称为"解码"或者"解压缩"。

7. 场频

场频又称为刷新频率，是显示器的垂直扫描频率，指显示器每秒能显示的图像次数，单位为 Hz。场频一般为 60～100 Hz。屏幕刷新频率越高，图像闪烁越少，画面质量越高，观看者的视觉体验也越好。

人眼的视觉暂留为每秒 16～24 次，因此，只要屏幕画面每秒更新 30 次或更频繁，就能创造出画面连续不变的错觉。

8. 视频的构成

一个完整的视频文件由音频和视频两部分组成，它们由封装格式和编码格式构成。常见的视频文件格式如 AVI、RMVB、MKV、WMV、MP4、3GP、FLV 等，其实只是封装标准或者外壳。

外壳的核心是编码文件。编码文件经过封装后，形成常见的 MP4、AVI 等视频文件。例如，H.264、MPEG-4 等是视频编码格式，而 MP3、AAC 等是音频编码格式。

例如，将一个 H.264 视频编码文件和一个 MP3 视频编码文件按 AVI 标准封装，将得到一个以 AVI 为扩展名的视频文件。部分技术先进的容器还可以同时封装多个视频、音频编码文件，甚至封装字幕，如 MKV 封装格式。MKV 文件能够包含多种语言的音轨和字幕，满足不同用户的需求。

封装格式的相关内容如下。

➢ 封装格式（也叫容器）是将编码压缩好的视频和音频轨道按照一定的格式放入一个文件中，相当于为这些轨道提供一个外壳。封装后的文件可以被视为一个包含视频和音频轨道的文件夹。

➢ 通俗来说，视频轨道相当于饭，而音频轨道相当于菜，封装格式则是盛放饭菜的碗或锅。

➢ 封装格式与专利紧密相关，关系到推出封装格式的公司的经济利益。

➢ 封装格式使得字幕、音频和视频组合起来，形成一个完整的视频文件。

➢ AVI、RMVB、MKV、ASF、WMV、MP4、3GP、FLV 等都是常见的封装格式。

图 2-4 展示了视频封装格式。

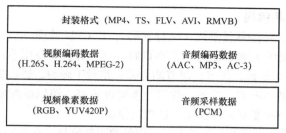

图 2-4　视频封装格式

9. 网络视频的播放过程

通常播放网络视频需要经过如下操作。

➢ 解协议：将流媒体协议的数据解析为标准的封装格式数据。这些协议在传输音视频数据的同时也会传输一些控制信号。在解协议的过程中会去除控制信号，仅保留音视频数据。

➢ 解封装：将输入的封装格式数据分离成音频流编码压缩数据和视频流编码压缩数据。

➢ 解码：将视频流/音频流编码压缩数据解码成非压缩的原始数据。编码压缩的视频数据可以被输出为非压缩的颜色数据，如 RGB、YUV420P 等；编码压缩的音频数据可以被输出为非压缩的音频采样数据，如 PCM 等。

➢ 音视频同步：根据解封装模块在处理过程中获取的参数信息，同步解码出来的视频数据和音频数据。然后将同步后的视频数据和音频数据发送至系统的显卡和声卡进行播放。

网络视频的播放过程如图 2-5 所示。

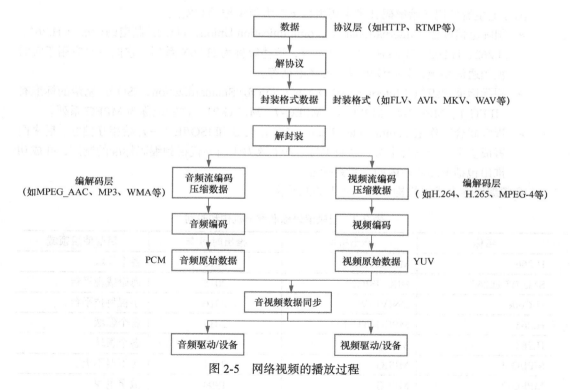

图 2-5　网络视频的播放过程

10. 软件和硬件编解码

软件编码（简称软编）/软件解码（简称软解）：由 CPU 处理。

硬件编码（简称硬编）/硬件解码（简称硬解）：由 GPU 等专用芯片处理。

软编使用 CPU 进行处理，优点是调节能力强。相对于硬编，通过参数调整，软编可以在同一码率下产生更清晰的视频。此外，软编的兼容性更好，可以适配所有设备。然而，软编的缺点是性能差，处理速度不如硬编快，且功耗较高。

目前在移动应用的大部分业务场景中，采用的编码策略是：在移动端优先使用硬编生成高质量的视频流，然后将视频发送到服务器。服务器进行软编，将原视频转码为多路不同码率的视频，并通过 CDN（Content Delivery Network，内容分发网络）将视频分发给播放端。对于某些运行安卓操作系统的低端设备，如果由于硬件问题而对硬编的支持不完善，可以使用软编，或者在硬编出错的情况下切换为软编。当然，针对一些性能较好的高端设备或者编码需求不高的业务场景，也可以优先考虑使用软编。例如，在录制 15 s 短视频的场景中，由于视频录制的时间比较短并且机器的性能比较高，因此不用担心 CPU 的消耗，可以使用软编进一步提高视频的清晰度。

2.3　视频编解码

2.3.1　视频编解码的基础知识

国际上主流的视频编解码技术主要由如下三大组织推动和发展。

➢ 国际电信联盟（International Telecommunication Union，ITU）：制定的标准有 H.261、H.262、H.263、H.263+、H.263++等，这些统称为 H.26X 系列。它们主要应用于实时视频通信领域，如会议电视、可视电话等。

➢ 国际标准化组织（International Organization for Standardization，ISO）：制定的标准有MPEG-1、MPEG-2、MPEG-4、MPEG-7、MPEG-21，这些统称为 MPEG 系列。

➢ 视频联合工作组（Joint Video Team，JVT）：ITU 和 ISO/IEC 一开始相互独立，后来两者成立了一个联合小组，名叫 JVT。JVT 致力于新一代视频编码标准的制定，并成功推出包括 H.264 在内的一系列标准。

视频编码标准推出机构和时间如表 2-3 所示。

表 2-3　视频编码标准推出机构和时间

名称	推出机构	推出时间/年	目前使用领域
H.266	MPEG/ITU-T	2018	各个领域
SMART H.265	HIKVISION	2015	海康威视平台
U-Code	UNIVIEW	2016	宇视科技平台
H.265	MPEG/ITU-T	2013	各个领域
H.264	MPEG/ITU-T	2003	各个领域
MPEG-4	MPEG	2001	（不温不火）
MPEG-2	MPEG	1994	数字电视

名称	推出机构	推出时间/年	目前使用领域
VP9	Google	2013	（研发中）
VP8	Google	2008	（不普及）
VC-1/WMV9	Microsoft	2006	微软平台

视频编码的核心目标是实现数据压缩，以降低数据传输和存储的成本。

以一段分辨率为 1920 像素 × 1080 像素（即 1080P），每个像素由 RGB 三原色组成，每个颜色通道 8 位，总共 24 位，帧率为 30FPS 的视频为例，如果不经过编码压缩，直接传输或存储原始的 RGB 数据，每秒的视频数据量为

$$30 \times 1920 \times 1080 \times 24 = 1\ 492\ 992\ 000\ (\text{b}) = 186\ 624\ 000\ (\text{B})$$

这意味着 1 min 的视频所需要的视频数据量约 11 GB。由于这个数据量很大，存储或传输成本非常高，因此需要采用编码压缩技术以降低码率。

视频编码压缩主要针对视频数据中的冗余信息。视频信息的冗余主要包括如下 4 方面。

➤ 空间冗余。图像中相邻像素之间有较强的相关性，通常相邻像素是渐变而非突变的，因此没必要保存每个像素，可以通过算法计算出中间值。

➤ 时间冗余。视频序列中相邻图像内容相似，连续图像通常也不是突变的，可以根据已有的图像进行预测和推断。

➤ 视觉冗余。人的视觉系统对某些细节不敏感，允许一定程度的数据丢失。

➤ 编码冗余。不同像素出现的概率不同，可以采用类似赫夫曼编码的方法，使高频像素用较少的字节表示，低频像素用较多的字节表示。

总之，虽然用于编码的算法复杂且多样，但是编码过程本质上是类似的。

编码之后，原本生动的图像帧转变成一串难以理解的二进制数字，这些数字可以按照一定的格式保存在一个文件中。

2.3.2 H.264 编码协议

1. H.264 基本概念

1）序列

H.264 编码的方式可以这样理解：在视频中，一段时间内相邻图像的像素、亮度与色温的差别通常很小。所以没必要对这段时间内的每一帧图像都进行编码，而是可以选取这段时间内的第一帧图像进行完整编码，只记录随后的图像与第一帧编码图像在像素、亮度与色温等特征上的差异即可，以此类推。

什么叫序列呢？上述这段时间内图像变化不大的图像集就可以称为一个序列。序列可以理解为有相同特点的一段图像数据。但是，如果某幅图像与之前的图像差异很大，很难参考之前的帧来生成新的帧，那么结束当前序列，并开始一个新的序列。重复这个过程，从而生成新的序列段。

2）帧类型

如图 2-6 所示，在 H.264 码流的层次结构中，编码后视频图像数据叫作一帧。一帧由一个或多个片（slice）组成，每个片又由一个或多个宏块组成，一个宏块由 16 像素×16 像素的 YUV 数据组成。宏块是 H.264 编码的基本单位。

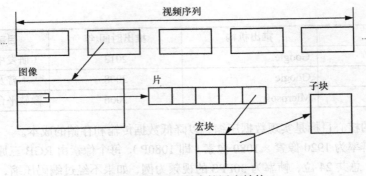

图 2-6 H.264 码流的层次结构

H.264 协议定义了 3 种帧，分别是 I 帧、P 帧与 B 帧，如图 2-7 所示。

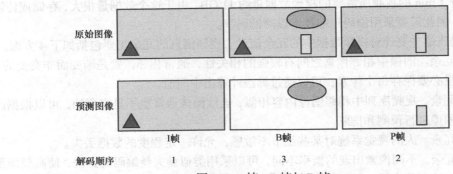

图 2-7 I 帧、P 帧与 B 帧

I 帧，即帧内编码图像帧，进行编码时不参考其他图像帧，只利用本帧的信息。

I 帧的特点如下。

> 它是一个全帧编码压缩帧，将全帧图像信息进行编码压缩及传输。
> 解码时仅用 I 帧的数据就可重构出完整的图像。
> I 帧描述了图像背景和运动主体的详情。
> I 帧不需要参考其他画面而生成。
> I 帧是 P 帧和 B 帧的参考帧，其编程质量直接影响同组中后续各帧的质量。
> 一般地，I 帧是图像组（GOP）的基础帧（第一帧），在一组中只有一个 I 帧。
> I 帧所占数据的信息量比较大。

P 帧，即预测编码图像帧，通过利用之前的 I 帧或 P 帧，并采用运动预测的方式进行帧间预测编码。

P 帧的预测与重构过程是：P 帧以 I 帧为参考，在 I 帧中找出 P 帧中"某点"的预测值和相应的运动矢量（Motion Vector，MV），然后传送预测差值与运动矢量。接收端根据运动矢量从 I 帧中找到相应的预测值，并与差值相加，以得到 P 帧中"某点"的样值，进而得到完整的 P 帧。

P 帧的特点如下。

> P 帧是 I 帧后面相隔 1～2 帧的编码帧。
> P 帧采用运动补偿的方法来传送其与前面的 I 帧或 P 帧的差值及运动矢量（预测误差）。
> P 帧属于前向预测的帧间编码帧，它只参考前面最靠近的 I 帧或 P 帧。
> P 帧可以是其后面 P 帧的参考帧，也可以是其前后 B 帧的参考帧。

➢ P 帧是参考帧，它可能会造成解码错误的扩散。

➢ 由于采用差值传送，P 帧的压缩比较高。

B 帧，即双向预测编码图像帧，具有最高的压缩比，它既需要之前的图像帧（I 帧或 P 帧），也需要后来的图像帧（P 帧），采用运动预测的方式进行帧间双向预测编码。

B 帧的预测与重构过程是：B 帧以前面的 I 帧或 P 帧和后面的 P 帧为参考，找出 B 帧中"某点"的预测值和两个运动矢量，然后传送预测差值和运动矢量。接收端根据运动矢量在两个参考帧中找出预测值，并与差值求和，得到 B 帧中"某点"的样值，进而得到完整的 B 帧。

B 帧的特点如下。

➢ B 帧是根据前面的 I 帧或 P 帧和后面的 P 帧来预测的。

➢ B 帧传送的是它与前面的 I 帧或 P 帧和后面的 P 帧之间的预测误差及运动矢量。

➢ B 帧是双向预测编码帧。

➢ B 帧的压缩比最高，因为它只反映两个参考帧之间运动主体的变化情况，预测比较准确。

➢ B 帧不是参考帧，不会造成解码错误的扩散。

在视频播放过程中，若 I 帧丢失，则后面的 P 帧和 B 帧也将无法正确解码，此时视频画面出现黑屏现象；若 P 帧丢失，则视频画面出现花屏、马赛克等现象。

3）DTS 和 PTS

DTS（Decoding Time Stamp，解码时间戳）的主要作用是指示播放器什么时候解码某一帧的数据。而 PTS（Presentation Time Stamp，显示时间戳）的主要作用是指示播放器什么时候显示某一帧的数据。

需要注意的是，虽然 DTS、PTS 用于指导播放端的行为，但它们实际上是在编码过程中由编码器生成的。当视频流中没有 B 帧时，DTS 和 PTS 的顺序是一致的。但如果视频流中有 B 帧，则解码顺序和播放顺序不一致。

例如，在一段视频序列中，帧的显示顺序可能是 I、B、B、P，现在需要在解码 B 帧时知道 P 帧中的信息，因此在视频流中这几帧的顺序可能是 I、P、B、B。这时 DTS 和 PTS 的作用就显得尤为重要了。DTS 指示应该按什么顺序解码这些帧，而 PTS 指示应该按什么顺序显示这些帧。顺序大概如下：

Stream：I、P、B、B

DTS：1、2、3、4

PTS：1、4、2、3

4）GOP

GOP（Group of Picture，图像组）是指两个 I 帧之间的距离，也就是视频序列中的一组连续图像。reference（参考周期）指两个 P 帧之间的距离，意思与序列差不多，通常用来表示一段时间内变化不大的图像集。图 2-8 展示了一个包含 15 帧的 GOP 示例。如果视频的帧率是 15FPS，那么这个 GOP 的时长就是 1 s。

	GOP														
	I	B	B	P	B	B	P	B	B	P	B	B	P	B	P
解码顺序	1	3	4	2	6	7	5	9	10	8	12	13	11	15	14
显示顺序	1	2	3	4	5	6	7	8	9	10	11	12	13	14	15
DTS	1	3	4	2	6	7	5	9	10	8	12	13	11	15	14
PTS	1	2	3	4	5	6	7	8	9	10	11	12	13	14	15

图 2-8　包含 15 帧的 GOP 示例

I 帧所占用的字节数大于 P 帧，而 P 帧所占用的字节数大于 B 帧。所以，在码率不变的前提下，GOP 值越大，P 帧和 B 帧的数量越多，相应地，每个 I 帧、P 帧、B 帧平均占用的字节数也会增加，这有助于获得较好的图像质量。同样，reference 越大，B 帧的数量也越多，同理也更容易获得较好的图像质量。

例如，在 GOP 结构中，M 是指 I 帧和 P 帧之间的距离，N 是指两个 I 帧之间的距离，若 $M=3$，$N=12$，那么 GOP 结构可以表示为 IBBPBBPBBPBBI。在一个 GOP 内 I 帧解码时不依赖任何其他帧，P 帧解码时则依赖前面的 I 帧或 B 帧，B 帧解码时依赖其前面最近的一个 I 帧或 P 帧及其后面最近的一个 P 帧。

5）IDR 帧

IDR（Instantaneous Decoding Refresh，即时解码刷新）帧是 I 帧的一种特殊类型。IDR 帧的作用是立刻刷新并重新启动一个新的序列进行编码，这样可以防止错误传播。I 帧有被跨帧参考的可能，但 IDR 帧不会。

例如，一个 IDR 如下：

IDR1 P3 B1 B3 P7 B5 B6 I10 B8 B9 P13 B11 B12 P16 B14 B15　　其中，B8 可以跨过 I10 去参考 P7

IDR1 P3 B1 B3 P7 B5 B6 IDR8 P11 B9 B10 P14 B11 B12　　其中，B9 只能参考 IDR8 和 P11，不可以参考 IDR8 前面的帧

H.264 引入 IDR 帧是为了实现解码的重同步。当解码器遇到 IDR 帧时，它会立即将参考帧队列清空，并将之前解码的数据全部输出或抛弃，然后重新查找参数集，开始一个新的序列。这样，如果前一个序列出现错误，在这里可以获得重新同步的机会，避免错误在序列中的传播。IDR 帧之后的帧永远不会使用 IDR 帧之前的帧作为解码参考。

综合来看，IDR 帧的特性如下。

➢ IDR 帧一定是 I 帧，严格来说，I 帧不一定是 IDR 帧（尽管通常 I 帧指的就是 IDR 帧）。
➢ 对于 IDR 帧来说，其后的所有帧都不能引用 IDR 帧之前的任何帧的内容。与此相反，对于普通的 I 帧，其后的 B 帧和 P 帧可以引用该普通 I 帧之前的 I 帧（普通 I 帧有被跨帧参考的可能）。播放器永远可以从一个 IDR 帧开始播放，因为在 IDR 帧之后没有任何帧会引用之前的帧。因此，视频开头的 I 帧一定是 IDR 帧。同样，一个封闭 GOP 开头的 I 帧也一定是 IDR 帧。

6）压缩方式

H.264 采用的核心算法包括帧内压缩和帧间压缩，帧内压缩用于生成 I 帧，帧间压缩用于生成 B 帧和 P 帧。

帧内压缩也称为空间压缩，类似于静态图像的压缩。当压缩图像时，它仅考虑当前帧的数据，而不考虑相邻帧之间的冗余信息。帧内压缩一般采用有损压缩算法，因为它编码的是完整的图像，所以可以独立解码和显示。帧内压缩一般达不到很高的压缩率，与 JPEG 图像压缩差不多。

帧间压缩的原理：连续视频相邻帧之间具有很高的相关性，即前后帧的信息变化很小。根据这一特性，通过压缩相邻帧之间的冗余信息可以进一步提高压缩效率，降低压缩比。帧间压缩也称为时间压缩，它通过比较时间轴上不同帧之间的数据进行压缩。帧间压缩一般是无损的。帧差值算法是一种典型的时间压缩法，它通过比较当前帧与相邻帧之间的差异，仅保存这些差值，从而显著减少所需的数据量。

2. H.264 分层结构

H.264 的设计目标是实现高效的视频压缩及优化网络传输性能。为了实现这两个目标，H.264 的架构被分为两个层次——视频编码层（Video Coding Layer，VCL）和网络抽象层（Network Abstraction Layer，NAL）。H.264 的架构如图 2-9 所示。

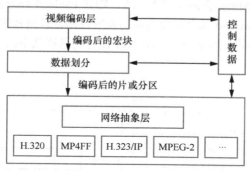

图 2-9　H.264 的架构

视频编码层负责定义视频编码的核心算法，包括子块、宏块、片等概念。这一层的主要任务是尽可能独立于网络环境来高效地编码视频。编码完成后，生成的数据被称为 SODB（String Of Data Bits，数据比特串）。

网络抽象层则定义了图像序列、图像等更高层次的概念。这一层负责将 VCL 生成的 SODB 适配到各种各样的网络和环境中。该层将 VCL 输出的 SODB 打包成 RBSP（Raw Byte Sequence Payload，原始字节序列载荷）。SODB 是编码后的原始数据，RBSP 则在 SODB 后面添加了结束比特（一个比特 1 和若干比特 0），用于字节对齐。然后在 RBSP 的头部加上 NAL 头来组成 NALU（Network Abstraction Layer Unit，网络抽象层单元）。网络抽象层的结构如图 2-10 所示。

图 2-10　网络抽象层的结构

分层的目的是，VCL 只负责视频信号处理，如压缩、量化等，而 NAL 解决编码后数据的网络传输问题，这样可以将 VCL 和 NAL 放到不同平台来处理，减少因为网络环境不同而对 VCL 的比特流进行重构和重编码的情况。

在每个 NALU 中，首先是一个起始标识符，用于区分不同的 NALU；然后是 NALU 头，其中包含 NALU 类型的配置信息；最后是 Payload（载荷），其中包含 NALU 承载的数据。

NALU 头的主要元素是类型字段 nal_unit_type。

➤ 0x07 表示 SPS（Sequence Parameter Set，序列参数集），它包括整个图像序列的所有信息，如图像尺寸、视频格式等。

> 0x08 表示 PPS（Picture Parameter Set，图像参数集），它包括单幅图像所有分片的相关信息，如图像类型、序列号等。

在传输视频流之前，必须先传输这两类参数，否则视频将无法解码。为了增强容错性，每个 I 帧前面都会再次传输这两类参数。

如果 NALU 头的类型指示是 SPS 或者 PPS，则其 Payload 部分包含相应的参数集内容。如果类型指示是帧，则 Payload 部分包含实际的视频数据，且通常按帧存储。前面内容提到，由于一帧的内容还是挺多的，因此每个 NALU 中保存的是视频中的一片。NALU 头的结构如图 2-11 所示。

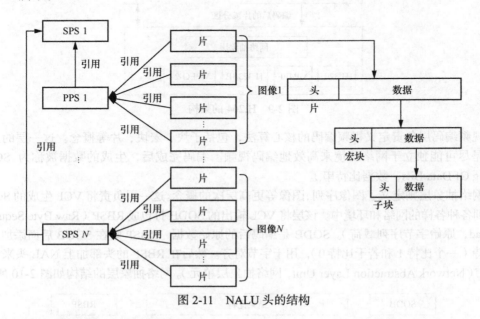

图 2-11   NALU 头的结构

H.264 码流的片类型如表 2-4 所示。

表 2-4   H.264 码流的片类型

片类型	含义
I 片	只包含 I 宏块
P 片	包含 P 宏块和 I 宏块
B 片	包括 B 宏块和 I 宏块
SP 片	包含 P 宏块或 I 宏块，用于不同码流之间的切换
SI 片	一种特殊类型的编码宏块

设置片的目的是限制误码的传播和优化数据传输。在一帧图像中，各个编码片是相互独立的，这意味着如果某个片由于错误导致编码出现问题，这种影响被控制在该片中。这就是我们在看视频时出现局部花屏或绿屏现象的原因。

片包含用于传输的一系列宏块，而宏块中的数据承载各个像素点的 YUV 压缩信息。通常将图像划分成宏块来进行研究，宏块的常见尺寸包括 16 像素 × 16 像素、16 像素 × 8 像素等。

H.264 码流的宏块类型如表 2-5 所示。

表 2-5 H.264 码流的宏块类型

分类	意义
I 宏块	将当前片中已解码的像素作为参考进行帧内预测
P 宏块	将前面已编码图像作为参考进行帧内预测,在帧内编码过程中,宏块可进一步分割为不同的子块,如 16 像素 ×16 像素、16 像素 ×8 像素、8 像素 ×16 像素、8 像素 ×8 像素等。如果选择 8 像素 ×8 像素的子块,它还可以进一步细分为更小的子块,如 8 像素 ×8 像素、8 像素 ×4 像素、4 像素 ×8 像素、4 像素 ×4 像素
B 宏块	利用双向的参考图像(当前和未来的已编码图像帧)进行帧内预测

H.264 码流的宏块的结构如图 2-12 所示。

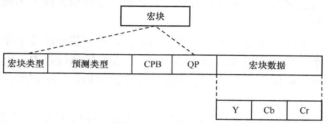

图 2-12 宏块的结构

视频格式的结构是,一段视频可以被拆分成一系列的帧,每一帧被拆分成一系列的片,每一片都被放在一个 NALU 中,NALU 之间通过特殊的起始标识符分隔,在每一个 I 帧的第一片前面插入专门保存 SPS 和 PPS 的 NALU,从而形成一个连续的 NALU 序列。

3. H.264 编码过程

在编码当前信号时,编码器首先生成一个预测信号(predicted signal)。预测的方式可以是时间上的帧间预测,即使用先前帧的信号进行预测,也可以是空间上的帧内预测,即通过同一帧中相邻像素的信号进行预测。得到预测信号后,编码器会将当前信号与预测信号相减,得到残差信号,并只对残差信号进行编码。如此一来,可以去除一部分时间或空间上的冗余信息。接着,编码器并不会直接对残差信号进行编码,而是先将残差信号经过变换(通常为离散余弦变换),然后进行量化,以进一步去除空间和感知上的冗余信息。量化后的系数会再通过熵编码处理,以去除统计上的冗余信息。图 2-13 展示了 H.264 视频编码器的工作流程。

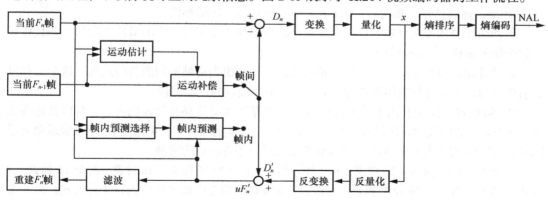

图 2-13 H.264 视频编码器的工作流程

H.264 的编解码流程如图 2-14 所示。

图 2-14　H.264 的编解码流程

1）帧内预测

一般来说，对于一帧图像，相邻像素之间的亮度和色度值是比较接近的，也就是颜色是逐渐变化的，不会发生突变。视频编码的目的就是利用这种相关性来实现数据压缩。帧内预测就是基于这个原理。

假设现在要对一个像素 X 进行编码，在编码之前，将它邻近的像素作为参考像素 X'，通过预测算法得到像素 X 的预测值 X_p，然后将 X 减去 X_p，得到残差 D，用这个残差代替 X 进行编码，起到节省码率的作用。最后，通过将预测值 X_p 和残差 D 相加，得到 X'，用于下一个像素的预测。

在实际编码中，按单个像素进行预测的效率比较低，所以 H.264 标准提出以块为单位进行计算的方法。一个宏块是 16 像素 × 16 像素，它可以分成子块，最小的子块是 4 像素 × 4 像素的（这个大小是对于亮度编码而言的，至于色度编码，4∶2∶0 采样格式的色度宏块的长和宽都是亮度宏块的一半），这样的处理方式能大大提高计算效率。

在帧内预测模式中，预测块是基于已编码重建的块和当前块形成的。对亮度像素而言，预测块可以用于 4 像素 × 4 像素的子块或者 16 像素 × 16 像素的宏块。4 像素 × 4 像素的亮度子块有 9 种可选的预测模式，适用于细节丰富的图像编码；16 像素 × 16 像素的亮度块有 4 种预测模式，适用于平坦区域的图像编码；色度块同样有 4 种预测模式，类似于 16 像素 × 16 像素的亮度块的预测模式。编码器通常会选择使预测块和编码块之间的差异最小的预测模式来进行编码。

2）帧间预测

帧间预测也称为时域预测，旨在消除视频数据中的时域冗余。简单来说，它通过利用之前编码过的图像来预测当前要编码的图像。这一过程涉及两个重要的概念——ME（Motion Estimation，运动估计）和 MC（Motion Compensation，运动补偿）。

运动估计的任务是寻找当前编码块在已编码图像（参考帧）中的最佳匹配块，并且计算出这个块的偏移（运动矢量）。

运动补偿是根据运动矢量和帧间预测方法，计算出当前帧的预测值的过程。这个过程可以看作将运动矢量参数应用到参考帧上，以获取当前帧的预测图像。

H.264 的帧间预测利用了已编码视频帧/场并基于块的运动补偿预测模式。与以往标准相比，H.264 的帧间预测在块尺寸（从 16 像素 × 16 像素到 4 像素 × 4 像素）、亚像素运动矢量（亮度采用 1/4 像素精度的 MV）及多参考帧的运用等方面有所增强。

每个宏块（16 像素 × 16 像素）有 4 种分割方式：一个 16 像素 × 16 像素、两个 16 像素 × 8 像素、两个 8 像素 × 16 像素和 4 个 8 像素 × 8 像素。相应的运动补偿也有 4 种方式。而 8 像素 × 8 像素模式的子块可以有 4 种分割方式：一个 8 像素 × 8 像素、两个 4 像素 × 8 像素或两个 8 像素 × 4 像素及 4 个 4 像素 × 4 像素。这种细分方式增强了宏块之间的关联性，而相应的运动补偿则称为树状结构运动补偿。

每个分割块或子块都有独立的运动补偿。每个 MV 都需要被编码和传输，针对分割的选择也须编码到压缩比特流中。对大尺寸分割而言，MV 选择和分割类型只需要少量的比特，但运动补偿残差在多细节区域能量将非常高。相反，小尺寸分割虽然运动补偿残差能量低，但需要更多的比特表征 MV 和分割选择。分割尺寸的选择直接影响压缩效率。整体而言，大尺寸分割适合平坦区域，而小尺寸分割适合多细节区域。

宏块的色度成分(Cr 和 Cb)的尺寸为相应亮度成分的一半(在水平和垂直方向上各减半)。色度块采用和亮度块同样的分割模式，只是尺寸减半。例如，亮度块是 8 像素 ×16 像素，则相应的色度块为 4 像素 ×8 像素；亮度块为 8 像素 ×4 像素，则相应的色度块为 4 像素 ×2 像素。色度块的 MV 也是通过相应亮度块的 MV 在水平和垂直方向上减半而得的。

3）变换和量化

绝大多数图像都有一个共同的特征：平坦区域和内容缓慢变化区域占据一幅图像的大部分，而细节区域和内容突变区域则占小部分。也可以说，图像中直流和低频区占大部分，高频区占小部分。这样，当空间域的图像变换到频域或所谓的变换域时，所产生的变换系数的相关性很低，可对其进行编码压缩。这就是所谓的变换编码。

此外，为了减小图像编码的动态范围，一般也会进行量化。

在图像编码中，变换编码和量化从原理上讲是两个独立的过程。但在 H.264 中，这个包含两个过程的乘法被合二为一，并采用整数运算，从而减少编解码的计算量，提高图像压缩的实时性。

H.264 对图像或预测残差采用了 4 像素 ×4 像素的整数离散余弦变换（Discrete Cosine Transform，DCT）技术，这避免了以往标准中常用的 8 像素 ×8 像素 DCT 逆变换的失配问题。量化过程通过调整量化参数来适应图像的动态范围，既保留了必要的图像细节，又减少了码流。

4）熵编码

熵的大小与信源的概率模型有着密切的关系，不同符号出现的概率不同，信源的熵也随之变化。当信源中各事件是等概率分布时，熵具有极大值。信源的熵与其最大可能值之间的差值反映了信源的冗余度。信源的冗余度越小，即每个符号携带的信息量越大，那么传送相同的信息量所需要的序列长度越短，符号位越少。因此，数据压缩的一个基本的途径是去除信源符号之间的相关性，使序列尽可能无记忆，即前一符号的出现不影响后续符号的出现概率。

利用信源的统计特性进行码率压缩的编码称为熵编码，也叫统计编码。熵编码是无损编码压缩技术，它生成的码流可以经解码无失真地恢复出原数据。熵编码是建立在随机过程的统计特性基础上的。

2.3.3 H.265 与 H.266 编码协议

1. H.265 编码协议

2012 年，爱立信公司推出了首款 H.265 编解码器，6 个月之后 ITU 正式批准了 H.265/HEVC 标准，其全称为高效视频编码（High Efficiency Video Coding）。在这个标准中，华为公司以拥有最多的核心专利而成为主导者。H.265 标准在 H.264 现有视频编码标准的基础上，保留了一些原来技术，同时对一些相关的技术加以改进。

H.265 通过先进的技术来改善码流、编码质量、延时和算法复杂度之间的关系，以达到最优化设置。具体的研究内容包括提高压缩效率、增强健壮性和错误恢复能力、减少实时时延、降低信道获取时间和随机接入时延以及简化复杂度等。H.265 可以使智能手机、平板电脑等移动设备直接在线播放 1080P 的视频。H.265 同时支持 4K（4096 像素 × 2160 像素）和 8K（8192 像素 × 4320 像素）超高清视频。可以说，H.265 让网络视频跟上了显示屏"高分辨率化"的脚步。H.265 编解码的优势如图 2-15 所示。

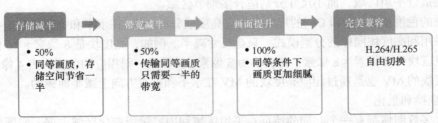

图 2-15　H.265 编解码的优势

2. H.266 编码协议

2020 年 7 月 7 日，弗劳恩霍夫海因里希赫兹研究所宣布完成下一代视频编解码标准 H.266/VVC。H.266/VVC 是由国际标准化组织与国际电工委员会下属的动态图像专家组（Moving Picture Experts Group，MPEG）和国际电信联盟电信标准化部门（ITU Telecommunication Standardization Sector，ITU-T）下属的视频编码专家组（Video Coding Experts Group，VCEG）组成的联合视频专家组（Joint Video Experts Team，JVET）共同制定的新一代国际视频编解码标准。

H.266/VVC 代表了业界视频编码技术的未来方向，吸引了包括高通、三星、索尼、Intel、诺基亚、爱立信等国际巨头的参与。腾讯、华为、大疆等中国科技厂商也贡献了不少力量。腾讯提出的 100 多项技术提案被采纳，这标志着该企业在国际视频压缩标准研究制定领域跻身世界前列。2020 年 10 月，腾讯在国内率先开源实时 H.266/VVC 播放器 O266player，该播放器的性能指标达到国际领先水平。

H.266/VVC 与前代标准 H.265/HEVC 共享相同的编解码器模块，包含块划分、帧内预测、帧间预测、变换与量化、熵编码和滤波。H.266/VVC 编解码器在保持画质不变的情况下，极大地提高了数据压缩效率，减少了约 50% 的数据量。例如，90 min 的超高清视频，使用 H.265/HEVC 编码大约需要 10 GB 数据，而 H.266 仅需要 5 GB 数据，节省了近 50% 的传输流量。

未来，要想实现视频监控系统的超高清化，必须全面支持高清的采集、编码压缩、信号传输、存储、浏览、回放和智能分析等环节。当前，超高清视频监控仍存在高带宽、高存储、高码流和高成本等问题。更高性能的编解码技术在减少带宽需求的同时，也对设备的计算能力提出了更高的要求。随着支持 H.266 的芯片、编码解码器软件等推出，H.266 将成为 4K/8K 视频的推动力，对整个安防视频压缩产业产生深远影响，有望促进安防超高清市场的快速增长。

2.3.4　国产 SVAC 编码压缩协议

1. 国产 SVAC 编码压缩协议介绍

由公安部、工业和信息化部、国家标准化管理委员会共同主导的《公共安全视频监控数字视音频编解码技术要求》（GB/T 25724—2017，以下简称 SVAC 标准），是具有自主知识产权的视音频编解码标准，是我国在关键基础标准领域的重大举措。该标准与《公共安全视频联网系统信息传输、交换、控制技术要求》（GB/T 28181—2022）、《公共安全视频监控联网信息安全技术要求》（GB 35114—2017）及《公共安全重点区域视频图像信息采集规范》（GB 37300—2018）从数据（媒体层）、信令（协议层）、安全（系统层）、应用（管理层）4 方面共同构成了自主可控的公共安全视频图像信息联网共享应用标准体系的核心，为公共安全视频监控建设联网应用提供了标准化保障。SVAC 标准的相关信息如表 2-6 所示。

表 2-6　SVAC 标准的相关信息

类别	信息
名称	《安全防范监控数字视音频编解码技术要求》
归口单位	全国安全防范报警系统标准化技术委员会
工作组名称	安全防范监控数字视音频编解码标准联合工作组
工作组组长单位	公安部第一研究所、北京中星微电子有限公司
工作组成员	包括产业、科研院所、大学等 40 多家单位，涵盖产、学、研、用等环节
工作组工作范围	符合监控需求的 SVAC 标准及相关配套标准的修订和宣传，推动产业化实现

SVAC 标准从 3 方面解决了当前国内视频监控产业存在的核心技术匮乏和信息安全隐患等问题：第一，支持视频与智能化技术结合，有利于实现视频监控的智能化应用；第二，支持对设备的加密与认证，支持视音频信息防篡改和加密，可以有效保护国家重要视音频信息安全；第三，自有知识产权属性将促进我国自主核心编解码芯片和相关产业的发展。SVAC 标准的发布和推广应用不仅能规避专利陷阱，也为国内高速发展的视频监控行业提供了长期的技术发展路线保障。

2. SVAC 标准主要技术特点

编码效率提升是视音频编解码标准演进的基础技术驱动力。SVAC 联盟委托中国软件评测中心对 SVAC 标准进行的性能评测数据表明，SVAC 标准对于典型监控应用场景的视频编码压缩率略优于国际标准 H.265。SVAC 标准针对视频编码工具的改进主要有以下方面。

➢ 编码单元：由基于四叉树递归划分的编码单元树定义，编码单元最大支持 128 像素 × 128 像素，可分割为 64 像素 × 64 像素、32 像素 × 32 像素、16 像素 × 16 像素、8 像素 × 8 像素。对高分辨率图像来说，四叉树结构既有利于提高压缩性能，又能保证图像细节不丢失。

➢ 像素精度：结合目前主流的显示器像素深度及图像传感器特点，像素精度支持 8 bit、10 bit、12 bit 这 3 种格式。

➢ 变换及量化单元：采用基于四叉树递归划分的树结构，编码单元可被分割为 32 像素 × 32 像素、16 像素 × 16 像素、8 像素 × 8 像素、4 像素 × 4 像素。帧内预测时可选择 DST（Discrete Sine Transform，离散正弦变换）和 DCT 的组合。

➢ 预测工具：支持编码图像的多种，类型包括可随机访问的帧内图像（IDR 帧）和帧间图像（P 帧）及双向预测图像（B 帧）。帧内预测模式增加至 37 种，通过增加参考帧数量、帧间预测模式与高精度亚像素插值方法，有效提高压缩性能。

➢ 滤波工具：优化环路滤波技术，增加样本自适应偏移（Sample Adaptive Offset，SAO）滤波与自适应环路滤波（Adaptive Loop Filter，ALF），进一步提高重建图像的主客观质量。

➤ 感兴趣区域（Regions of Interest，ROI）变质量编码：在监控应用中，通常对场景中的某些区域更关心——感兴趣区域；图像被分为若干 ROI 和背景区域，在网络带宽或存储空间有限的情况下，优先保证 ROI 的图像质量，节省非 ROI 的开销；每个 ROI 的图像质量分别控制，支持 ROI 部分比非 ROI 部分采用更高码率以获得更高的图像质量，如图 2-16 所示；当码率受限时，优先降低非 ROI 部分的码率，支持非 ROI 部分图像被丢弃或不进行编码，以适应传输带宽的要求，如图 2-17 所示。

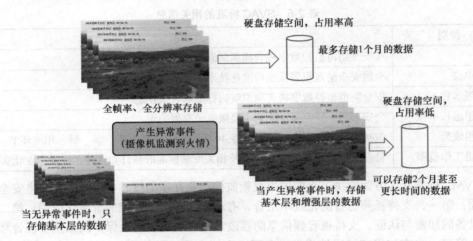

图 2-16　SVAC 标准的存储适应性

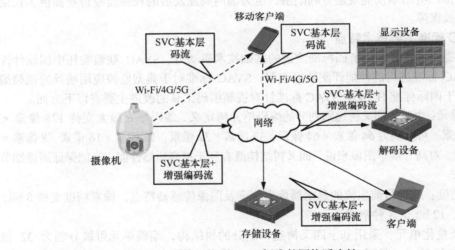

图 2-17　SVAC 标准的网络适应性

➤ 可伸缩视频编码（Scalable Video Coding，SVC）工具：针对超高分辨率下监控应用的需求，优化空域可伸缩编码技术，增加不同空间分辨率层之间的比例，改进层间空间位置的计算方法及每层图像样点的插值、预测和重建过程。通过单一码流实现超高清视频的分层编码，从而灵活适应多样化的传输、存储与播放需求。增加时间域可伸缩视频编码工具，以提高对解码帧率的控制能力，降低对解码设备性能的要求。

➤ 并行计算工具：增加片划分，片由编码单元构成，可独立解码，有利于实现并行计算。当数据丢失后可以再次解码同步。增加对波前并行处理（Wavefront Parallel Processing，

WPP）的支持，允许多行编码单元同时进行处理。在保证正常编码相关性的前提下实现并行解码，在提高运算速度的同时保证压缩性能。

3. SVAC 数据安全保护技术

在庞大而复杂的视频监控系统中，前端网络摄像机、传输网络、各级平台与节点都可能会受到攻击与入侵，存在安全隐患。SVAC 系列产品依据《公共安全视频监控联网信息安全技术要求》（GB 35114—2017），以视频安全为核心，基于数字证书和国密算法（经国家密码局认定的国产密码算法），实现摄像机端设备身份认证、信令签名认证、视音频数据信源加密和签名认证、平台身份认证和设备接入管理、数据解密和验签等功能，构建安全可信的视频监控产品和联网共享应用系统。

SVAC 标准通过修订安全参数集语法，规定数据安全保护的实现细节，为基本流信源的完整安全保护提供支撑，这满足了《公共安全视频监控联网信息安全技术要求》对数据全生命周期安全性、完整性保护的要求。SVAC 视音频码流封装格式如图 2-18 所示。

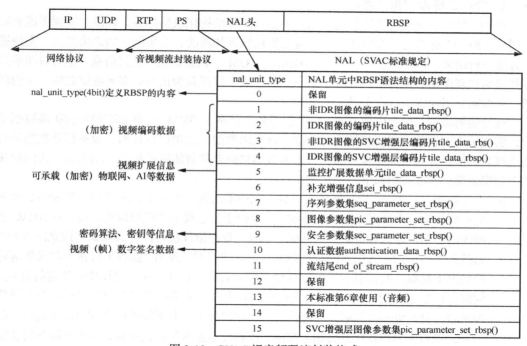

图 2-18　SVAC 视音频码流封装格式

SVAC 视音频码流由一系列 NAL 组成。除了传统的图像编码数据以外，它还包含安全参数集、认证数据、监控扩展数据等 NAL 类型。经过修订的安全参数集更新了与安全相关的签名、加密、摘要算法表，并新增国家密码算法 SM1、SM2、SM3、SM4 等，同时扩充密钥版本、初始化向量、计算模式等信息，可以更灵活地支持密钥管理与更新。加密操作以 NAL 为单位进行，认证操作以帧为单位进行，而数字签名由独立的认证数据 NAL 单元进行传输。SVAC 数据加密原理如图 2-19 所示。

在加密过程中，使用视频加密密钥（Video Encryption Key，VEK）对 NAL 单元的 RBSP 进行加密，同时在对应的 NAL 头中通过加密标志位进行标识。密码算法、VEK 经视频密钥加密密钥（Video Key Encryption Key，VKEK）加密，形成加密视频加密密钥（Encryption Video Encryption Key，EVEK）及 VKEK 版本号等信息，这些信息通过安全参数集进行传输。

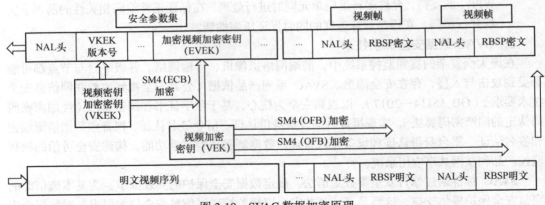

图 2-19 SVAC 数据加密原理

4. SVAC 标准应用及发展

SVAC 标准利用监控扩展数据单元，可插入多种结构化数据标签，以便与视频图像关联和同步。SVAC 标准进一步完善监控结构化数据标签的功能，采用统一的语法格式，支持视频智能分析结果、在屏显示（On Screen Display，OSD）信息、地理位置信息、绝对时间信息等数据与视频图像数据的关联并统一编码。这形成了以视频为核心的多元数据载体，为物联网、大数据应用提供了有力支撑。

在智能物联网的融合应用方面，SVAC 系列产品基于 SVAC 标准独有的监控扩展数据功能，实现了人工智能分析视频结构化数据、物联网数据、地理信息数据、业务信息数据等的嵌入视频码流，并与视频图像关联，打造多维感知融合的智能摄像机和"端边云"协同的视频大数据系统。典型应用如下。

➢ 人工智能。SVAC 监控扩展数据以数据包的形式嵌入 SVAC 视频流中，与 SVAC 视频流一同传输。该数据可被单独提取，不仅便于信息提取和视频应用，而且对 SVAC 视频流的传输、存储和解码影响甚微。SVAC 智能摄像机可以将人像识别信息以 SVAC 监控扩展数据的形式随 SVAC 视频流一起传输至监控平台，监控平台在不对视频解码的情况下提取这些信息，进而推送给视频大数据模块或二次智能识别模块进行处理。同时，下级视频监控平台可以将上述包含智能分析结果的 SVAC 视频流传输至上级监控平台，由上级平台提取并处理信息。在此过程中，上下级平台之间只需要通过《公共安全视频联网系统信息传输、交换、控制技术要求》协议互联，不需要额外的智能分析信息传递接口和协议，从而解决了平安城市、雪亮工程等多层次、大规模复杂互联架构下跨域多级智能分析系统的联网数据共享问题。

➢ 物联网融合。SVAC 智能摄像机可以将卡证、RFID、绝对时间和摄像机位置等各类物联网信息打包传输，不仅解决了不同来源、不同种类信息的传输、应用接口问题，也为多源大数据碰撞分析提供了精确到视频帧的关联关系，有效提升物联网大数据系统的数据有效性和应用效能。

➢ 视频叠加方式。与传统的 OSD 视频叠加方式不同，SVAC 视频监控扩展数据作为独立的信息单元传输，不会因为信息叠加而遮挡画面内容。客户端可按需选择性地将部分信息叠加显示在画面上，解决了数据种类多和信息内容丰富时信息和视频叠加呈现的难题。

　　总之，SVAC 标准不仅支持人工智能视频结构化数据插入、物联网数据融合、视频数据认证签名和加密等前沿技术，而且在视频监控应用中展现出显著的技术先进性。SVAC 标准的未来发展包括：一是提高压缩效率，不断研发改进图像编码压缩算法，利用人工智能技术进一步提升编码压缩效率；二是增强智能化，支持开放式智能视频结构化描述，适应复杂多样的智能化分析，支持协同处理，加强"端边云"融合能力；三是强化数据安全保护，支持国密、商密等各种级别的密码算法，将视频编码的数据安全纳入等级保护测评；四是深化物联网感知融合应用，发挥监控扩展数据在多维数据采集、传输、存储、转发等方面的优势，不断挖掘其潜在的巨大价值。

第 3 章

网络摄像机

传说中的"千里眼"具有超凡的视觉能力，能够远眺千里之外的景物。这一概念与现代远程网络视频监控技术有着异曲同工之妙。在现实生活中，老人和儿童往往需要更多的关照，因为他们的自理能力相对较弱，缺乏监护时容易发生意外。例如，在幼儿园和养老院这样的场所，远程监控技术就如同"千里眼"，让监护管理人员能够随时了解他们的状况。

"顺风耳"则是传说中能听到遥远地方的声音的特异功能。在现代，类似的技术可以远程传递声音，如通过声音干预来阻止潜在的盗窃行为，或提醒河边玩耍的儿童远离危险。

《西游记》中的孙悟空拥有"火眼金睛"，能够识破妖魔鬼怪的伪装。这与现代视频内容分析技术相似，后者能够快速分析视频内容，提取关键信息并进行识别和报警。

当前，网络摄像机作为"千里眼""顺风耳"和"千里传音"技术的载体，集成了远程音视频传输和视频内容分析的功能。这些技术的应用，使得网络摄像机不仅能够传输图像和声音，还能够智能分析视频内容，为安全监控和数据分析提供强有力的支持。本章将对网络摄像机的基础知识进行详细介绍，帮助读者更好地理解这些技术的工作原理和应用场景。

3.1　网络摄像机的组成与原理

3.1.1　网络摄像机的起源

历史上第一台网络摄像机于 1991 年诞生于英国剑桥大学。当时，剑桥大学特洛伊计算机实验室的科学家们为了解决频繁下楼查看咖啡是否煮好的不便，他们在咖啡壶旁边安装了一个便携式飞利浦相机，镜头对准咖啡壶，利用计算机图像捕捉技术，设置每分钟拍 3 张照片，然后编写了一个把相机图片传送到研究部门内部网络的程序，以方便工作人员随时查看咖啡是否煮好，免去了上下楼的麻烦。

1993 年，这套简单的本地"咖啡观测"系统经过其他同事的更新，实现以每秒 1 帧的速率通过实验室网站连接 Internet。令人意想不到的是，这个仅仅为了查看"咖啡是否煮好"的系统，吸引了全世界的 Internet 用户，近 240 万人访问过这个一度非常流行的"咖啡壶"网站。然而，随着时间的推移和设备的老化，2011 年，剑桥大学的计算机科学家们不得不关闭这台具有传奇色彩的"网络摄像机"。

3.1.2 网络摄像机的结构与工作原理

网络摄像机（IP Camera，IPC）采用了模块化设计。模块化设计是指将芯片、PCB、结构件等组件进行组装，以实现特定的功能，并且这些硬件具有标准接口，通过不同模块的组合，可以形成不同硬件规格的基础款型，再结合软件、算法的场景化定制，最终可以衍生出适应不同行业、不同场景需求的产品。

根据功能，网络摄像机分为结构、摄像、主控、电源、通信 5 个模块。其中，摄像模块包含镜头、传感器、补光等，是图像竞争力的核心；主控模块包含 CPU 小系统、人工智能芯片等；通信模块包含以太网、光纤接入、微波、4G/5G 等多种通信方式。网络摄像机的组成如图 3-1 所示。

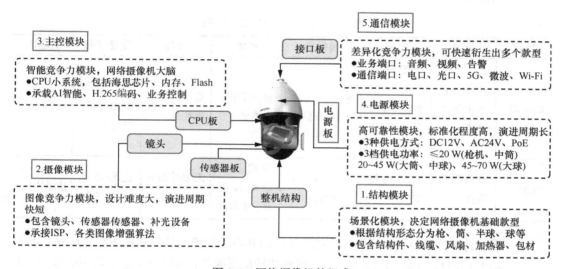

图 3-1　网络摄像机的组成

网络摄像机的工作原理是：首先，光（景物）通过镜头（Lens）形成的光学图像，投射到图像传感器 CMOS 上；然后图像被转换为电信号，经过 A/D 转换（模数转换）后变为数字图像信号；随后这些数字信号被送到 SoC（System on Chip，系统级芯片），在这里进行视频编码压缩处理；最后，视频数据按照一定的网络协议在局域网或互联网上进行传输。

3.1.3 网络摄像机的硬件构成

网络摄像机的硬件构成一般包括镜头、图像传感器（包括声音传感器）、模数转换器、编码芯片、主控芯片、网络接口及外部告警控制接口等，如图 3-2 所示。

基于 SoC 的架构，网络摄像机不仅要完成视频编码压缩工作，还需要处理系统数据及网络传输。网络摄像机的部件如下。

➢ 镜头。镜头作为网络摄像机的前端部件，有手动光圈、自动光圈、长焦距镜头和变焦距镜头等多种。

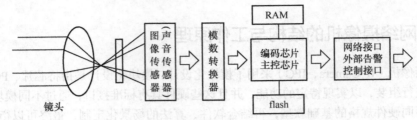

图 3-2 网络摄像机的硬件构成

> 图像传感器。目前网络摄像机的图像传感器有两种：一种是在模拟监控设备中广泛使用的 CCD（Charge-Coupled Device，电荷耦合器件）；另一种是目前已广泛使用的 CMOS（Complementary Metal-Oxide-Semiconductor，互补金属氧化物半导体）器件。两者的区别如表 3-1 所示。

表 3-1　CMOS 和 CCD 的区别

项目	术语	输出	灵敏度	成本	功耗	图像质量	信噪比
CMOS	互补金属氧化物半导体	一般内置模数转换器，图像输出已经数字化	感光开口小，灵敏度低	整合集成，成本低	直接放大，功耗低	色彩还原能力偏弱、曝光差	信噪比低
CCD	电荷耦合器件	输出为模拟信号	同等面积下灵敏度高	线路品质影响程度高，成本高	需要外加电压，功耗高	色彩还原好、曝光好	信噪比高

> 模数转换器。模数转换器的作用是将图像和声音等模拟信号转换为数字信号。由于基于 CMOS 的图像传感器一般内置模数转换器模块，可以直接输出数字信号，因此不需要额外的模数转换器，即可将光信号直接转换为符合 ITU656 标准的数字视频信号，而基于 CCD 的图像传感器模块须具备模数转换装置。
> 编码芯片。编码芯片的作用是对经模数转换器转换后的数字信号按一定的标准（如 H.264 或 H.265）进行编码压缩。编码压缩的目的是减少视频信息的冗余，利用更低的码流实现视频的网络传输及存储。
> 主控芯片。主控芯片是整个网络摄像机的核心控制单元，负责整个系统的调度工作。主控芯片可以直接向编码芯片发送命令，读取经过编码压缩的音视频数据并发送给网络模块进行传输。如果是硬件编码压缩，主控制器一般是一个独立部件；如果是软件编码压缩，主控制器可能是运行编码压缩算法的 DSP（Digital Signal Processor，数字信号处理器），即主控与编码功能合二为一，当然也可以采用单独的芯片。
> 网络接口。网络接口提供网络摄像机的网络功能，接收主控芯片的控制命令，将编码压缩后的视频发送到网络上，或从网络接收控制命令，转发给控制模块实现云台控制。从主控芯片传送过来的数据通过网络模块转换为以太网物理层能够接收的数据，通过 RJ-45 接口传输到网络上。通常网络摄像机采用 RTP/RTCP、UDP、HTTP、TCP/IP 等网络协议，允许用户远程对网络摄像机进行访问、修改参数、浏览实时视频及控制云台等操作。

➢ 外部告警控制接口。网络摄像机为工程应用提供了实用的外部接口,如控制云台的485接口、用于告警信号输入输出的I/O接口。如果红外探头发现目标,则向网络摄像机发出告警信号,网络摄像机会自动调整镜头方向并实时录像。另外,当网络摄像机侦测到移动目标时,也可向外发出告警信号。

3.1.4 网络摄像机的软件构成

网络摄像机的软件构成一般包括操作系统、应用软件、编码算法、底层驱动等部分。网络摄像机的稳定性非常重要,通常采用嵌入式Linux操作系统作为软件平台。Linux操作系统具有低成本、开源、高安全性及良好的移植性等优点,是目前网络摄像机的主流选择。

在视频编码算法上,H.264/H.265是目前的主流,但是H.266是未来的发展方向。为了确保软件的可靠性及灵活性,网络摄像机的软件往往采用分层架构。

网络摄像机的软件构成自下而上分为4层,分别为设备驱动层、操作系统层、媒体层(多媒体库和网络协议栈)及应用层,如图3-3所示。

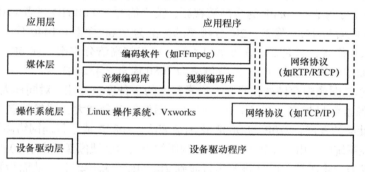

图3-3 网络摄像机的软件构成

网络摄像机涉及的软件或协议如下。

➢ 设备驱动程序。通常,网络摄像机的外设驱动程序包括802.3以太网MAC控制器、通用I/O、I2S、AC97、SD/MMC卡、硬盘控制器以及高速USB控制器等。

➢ Linux操作系统。通常,Linux操作系统作为网络摄像机的软件核心,主要负责程序的管理与调度、内存的管理及外设的驱动和管理等。Linux操作系统作为网络摄像机的操作系统时,需要解决的问题主要包括硬件支持、提供二次开发环境以及裁剪内核等。裁剪内核的目的是在满足操作系统基本功能和用户需要的前提下,使内核尽可能小,以适应芯片级运行环境。

➢ 编码软件。在多媒体处理方面,网络摄像机一般支持MJPEG、H.264/H.265、G.711等音视频格式。FFmpeg既是一款音视频编解码工具,也是一组音视频编解码开发套件。FFmpeg提供了多种媒体格式的封装和解封装功能,包括音视频编码的多种格式、不同协议下的流媒体处理、色彩空间的多种转换、采样率和码率的转换等。

➢ 网络协议。网络摄像机支持TCP/IP、ICMP、HTTP、DHCP、DNS、RTSP、NTP、QoS、IPv6、UDP等。通过配合使用RTP和RTCP来完成音视频数据的传输,以实现音视频码流的实时传输控制,并且提高QoS服务,提高传输质量。

➢ 应用程序。网络摄像机的应用程序包括设备参数配置、网络配置、用户管理、视频管理和控制、告警服务及管理等。

3.2 网络摄像机的性能参数

3.2.1 网络摄像机的基础性能参数

1. 分辨率

在视频监控系统中常见的分辨率有显示分辨率和图像分辨率，当显示分辨率大于或者等于图像分辨率时，才能使系统达到最优的图像效果。

显示分辨率是显示器在显示图像时的分辨率。分辨率是由"点"来衡量的，显示器上的这个"点"就是像素（pixel）。显示分辨率的数值是指整台显示器所有可视面积上水平像素和垂直像素的数量。例如，1920 像素 × 1080 像素的分辨率，是指在整台显示器上水平显示 1920 像素，垂直显示 1080 像素。720P 为高清视频，英文简写为 HD，水平与垂直分辨率分别为 1280 像素与 720 像素；1080P 为全高清视频，英文简写为 Full HD 或者 FHD，水平与垂直分辨率为 1920 像素与 1080 像素。2K 分辨率的标准为 2560 像素 × 1440 像素；4K 分辨率为 3840 像素 × 2160 像素，它是 2K 分辨率的 4 倍，属于超高清分辨率。在 4K 分辨率下，观众将可以看清画面中的每一个细节。8K 分辨率为 7680 像素 × 4320 像素。

图像分辨率是图像中存储的信息量、像素密度的一种度量方法。对同样大小的一幅图像，组成该图像的像素数目越多，图像分辨率越高，图像信息量越大，图像越逼真。在网络监控系统中，随着社会的发展，720P 与 960P 逐渐被淘汰，1080P 成了目前网络高清的标准配置；在人工智能监控系统中，由于需要保证拍摄到的图像中人脸区域像素不小于 80 像素 × 80 像素，因此，1080P 成为起步配置，而且将逐步过渡到 2K、4K 分辨率时代，从而为智能图像识别提供更好的支持。常见图像分辨率如表 3-2 所示。

表 3-2 常见图像分辨率

序号	分辨率	像素	比例
1	CIF	352 × 288	11∶9
2	VGA	640 × 480	4∶3
3	PAL/4CIF	768 × 576	4∶3
4	SVGA	800 × 600	4∶3
5	XGA	1024 × 768	4∶3
6	720	1280 × 720	16∶9
7	1080	1920 × 1080	16∶9
8	2K	2048 × 1080/2560 × 1440	16∶9
9	4K	3840 × 2160	16∶9
10	8K	7680 × 4320	16∶9

2. 帧率和码流

1）帧率

网络摄像机的帧率指的是在 1 s 内传输、显示的图像的帧数，也可以理解为图形处理器每秒能够刷新几次，单位为帧/秒（Frames Per Second，FPS）或者赫兹（Hz）。

2）码流

码流是指视频数据在单位时间内的数据流量大小，也叫码率，它是视频编码画面质量控制中最重要的部分。同样分辨率及帧率下，视频数据的码流越大，压缩比就越小，画面质量也越高。常用分辨率推荐码流如表 3-3 所示。

表 3-3　常用分辨率推荐码流（25FPS 条件下）

编码方式	分辨率						
	4 CIF/ Mbit·s⁻¹	100 W/ Mbit·s⁻¹	200 W/ Mbit·s⁻¹	300 W/ Mbit·s⁻¹	500 W/ Mbit·s⁻¹	800 W/ Mbit·s⁻¹	1200 W/ Mbit·s⁻¹
H.265	1	1	2	3	4	6	8
Smart265	0.8	0.8	1.4	1.8	2	2.86	3.6
H.264	1	2	4	6	8	12	16
Smart264	0.8	1.4	2	2.86	3.6	5.1	6.4

需要说明的是，表 3-3 仅供参考，Smart264/Smart265 是海康威视独有的编码方式，需要后端支持对应方式解码。

帧率、分辨率和码流的关系如图 3-4 所示。

3.　三码流

网络摄像机在编码时会产生 3 个码流，分别是主码流、子码流和第三码流。三码流的概念最先由海康威视提出。主码流主要用于本地存储；子码流适用于图像在低带宽网络上传输；第三码流主要用于让手机等移动端通过移动通信预览视频图像，使用第三码流可以节省手机流量以及获得流畅的图像和录像。三码流的工作过程如图 3-5 所示。

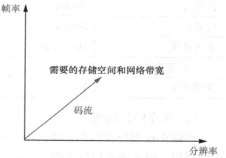

图 3-4　帧率、分辨率和码流的关系

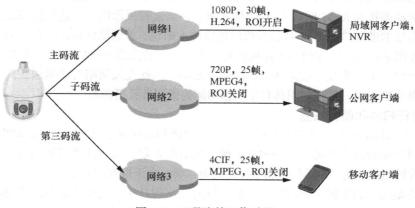

图 3-5　三码流的工作过程

提示：海康威视提出三码流的目的是解决网络带宽的限制。未来随着高带宽普及，流量不再成为限制因素，预计那时第三码流和子码流的用处将大大减少，传输和本地存储以及手机预览都会采用主码流。

4. 最低照度

照度是反映光照强度的一种单位，其物理意义是照射到单位面积上的光通量，照度的单位是每平方米的流明（lm）数，也叫作勒克斯（法定符号为 lx）。二者的换算关系是：1 lx = 1 lm/m²。最低照度是测量摄像机感光度的一种方法，也就是说，摄像机能在多黑的条件下还可以看到可用的影像。最低照度也称为灵敏度。

黑白摄像机的灵敏度是 0.02～0.5 lx，彩色摄像机多在 1 lx 以上。0.1 lx 的摄像机用于普通的监视场合；在夜间或环境光线较弱时，推荐使用 0.02 lx 的摄像机。与近红外灯配合使用时，也必须采用低照度的摄像机。不同监视场合下的光照强度如表 3-4 所示。

表 3-4 不同监视场合下的光照强度

光线	光照强度/lx	光线	光照强度/lx
全日光线	100 000	满月夜光	4
日光有云	70 000	半月夜光	0.2
日光浓云	20 000	月夜密云夜光	0.02
室内光线	100～1000	无月夜光	0.001
日出/日落光线	500	平均星光	0.0007
黎明光线	10	无月密云夜光	0.000 05

5. 强光抑制功能

车辆在夜间行驶时都会开启车头强光，而普通摄像机在强光照射下根本无法清晰地看到车牌号码。强光抑制摄像机则采用超高清图像传感器与 DSP 技术，首先对车头强光进行抑制过滤，然后通过补光再配合高速电子快门以及数字图像处理技术，就能清晰地抓拍到行驶过程中车辆的车牌号码。

6. 宽动态功能

宽动态摄像机主要应用在光线环境还算理想的情况下，但无法获取目标物体的细节。也就是说，宽动态技术大多应用在明暗交替的地方，当监控摄像机无法达到低照度监控时，须采用宽动态技术进行"补光"。从监控摄像机应用上来说，普通摄像机监控获取的是背景清晰但是前景较暗的图像，而宽动态摄像机能够获取前景和背景都清晰的图像。例如在银行 ATM 的监控场景中，由于光线一般是从室内向室外照射，因此光线明暗对比强烈，此时普通摄像机很难拍摄清楚人脸，必须使用具有宽动态功能的微型针孔摄像机。

7. 逐行扫描和隔行扫描

隔行（interlaced）扫描和逐行（progressive）扫描都是在显示设备中表示运动图像的方法。隔行扫描将每帧分割为两场，每场包含一帧中所有的奇数扫描行或者偶数扫描行，通常是先扫描奇数行得到第一场，然后扫描偶数行得到第二场。由于视觉暂留效应，人眼将会看到平滑的运动而不是闪动的半帧半帧的图像。但是这时会出现几乎不会被注意到的屏幕闪烁，人眼容易疲劳。当屏幕的内容是横条纹时，这种闪烁特别容易被注意到。隔行扫描原理如图 3-6 所示。

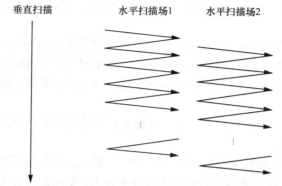

显示器先"绘制"图像的一半（奇数行），然后"绘制"图像的另一半（偶数行）

图 3-6 隔行扫描原理

逐行扫描每次显示整个扫描帧，当逐行扫描的帧率和隔行扫描的场率相同时，人眼将看到比隔行扫描更平滑的图像，相对于隔行扫描，逐行扫描的闪烁较小。逐行扫描原理如图 3-7 所示。

8. 3D 数字降噪

3D 数字降噪（3D DNR）监控摄像机通过对前后两帧的图像进行对比筛选处理，找出噪点位置，然后对其进行增益控制。3D 数字降噪功能能够降低弱信号图像的噪声干扰。由于图像噪声的出现是随机的，因此每帧图像出现的噪声是不相同的。3D 数字降噪通过对比相邻的几帧图像，将不重叠的信息（即噪声）自动滤出。采用 3D 数字降噪的摄像机，图像噪点会明显减少，图像更透彻，从而显示出比较纯净细腻的画面。

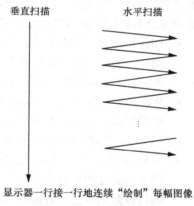

显示器一行接一行地连续"绘制"每幅图像

图 3-7 逐行扫描原理

9. 变码率/定码率

在摄像机的配置中，码率类型可设置为变码率（Variable Bit Rate，VBR）或者定码率（Constant Bit Rate，CBR）。

➢ 变码率：视频码率在设定值以下根据环境复杂度波动，相对节省存储空间，但在环境有较大变化的情况下，可能会出现马赛克现象。

➢ 定码率：视频码率在设定值附近相对固定，不会大范围波动，在分辨率与码率匹配的情况下，定码率可以保证较好的成像效果，推荐使用。

10. 光学变倍/数字变倍

摄像机变倍分为光学变倍和数字变倍两种。

➢ 光学变倍：焦距变大，变倍的同时像素总数不变，图像清晰度不会下降，看得更远。

➢ 数字变倍：焦距不变，变倍的同时像素总数减少，图像清晰度下降，只是电子放大。

11. 云台控制

云台是安装、固定摄像机的支撑设备，分为固定云台和电动云台两种。室内用云台承重小，没有防雨装置。室外用云台承重大，有防雨装置。有些高档的室外云台除了有防雨装置以外，还有防冻加温装置。固定云台适用于监视范围不大的情况，在固定云台上安装好摄像机后可调整摄像机的水平和俯仰的角度，达到最好的工作姿态后只要锁定调整机构就可以了。

电动云台适用于对大范围进行扫描监视，它可以扩大摄像机的监视范围。电动云台的姿态调整是由两台执行电动机来实现的，电动机根据控制器发出的信号进行精确的定位移动。在控制信号的作用下，云台上的摄像机既可自动扫描监视区域，又可在监控中心值班人员的操纵下监视特定目标。

云台根据回转方式的不同，可将云台分为只能左右旋转的水平旋转云台和既能左右旋转又能上下旋转的全方位云台。

一般来说，云台的水平旋转角度范围为 0°～350°，垂直旋转角度可达+90°。恒速云台的水平旋转速度为每秒 3°～10°，垂直旋转速度为每秒 4°左右。变速云台的水平旋转速度为每秒 0°～32°，垂直旋转速度为每秒 0°～16°。在一些高速摄像系统中，云台的水平旋转速度在每秒 480°以上，垂直旋转速度在每秒 120°以上。

12. 网络摄像机网络服务功能

网络摄像机内置网络芯片，一般搭载嵌入式 Linux 操作系统。Linux 操作系统不仅负责对数据进行网络封装，还集成了多种网络服务功能，如 DHCP 服务、Web 服务、UPnP、MAC 地址绑定及数据的加密与授权服务等。

➤ DHCP 服务。DHCP 是一个用于局域网的网络协议，主要作用是集中分配与管理 IP 地址，使得网络环境中的主机可以动态地获得 IP 地址、网管地址、DNS 服务器地址等信息，并能够提高地址的使用率。

➤ Web 服务。网络摄像机内置 B/S 访问功能，用户可以通过 Web 浏览器来方便地访问网络摄像机，并进行各种功能及参数的设置与配置。

➤ UPnP。UPnP 规范基于 TCP/IP 栈和针对设备彼此间通信而制定的新的 Internet 协议。

➤ MAC 地址绑定。MAC 地址指网络设备网卡的物理地址或者硬件地址，具有唯一性。网卡的物理地址通常由网卡生产厂家固定在网卡的 EPROM 芯片中，它存储的是局域网传输数据时发出数据的网络设备和接收数据的网络设备的物理地址。每个网络设备网卡具有唯一的 MAC 地址，为了防止非法用户仿冒，可以将 MAC 地址与 IP 地址绑定，从而有效地规避非法用户的接入，以进行网络物理层的安全保护。

以上介绍的是网络摄像机常见的服务功能，可以应用于多种环境。此外，网络摄像机还具有单独的安全机制，可以对操作摄像机的用户进行分级的权限验证。而视频监控信号则通过局域网、Internet 或者无线网络传送至终端用户，授权用户能够通过 Web 浏览器在本地或者远程观看、存储和管理视频数据，而且可以通过网络来控制摄像机云台和镜头的动作。标准的网络功能设备一般都支持 RTSP、RTP、RTCP、HTTP、UDP 以及 TCP 等标准的网络传输控制协议。

3.2.2 网络摄像机的扩展性能参数

1. 经纬度信息采集

平安城市或者大型园区中管理的摄像机数以千计，往往需要借助 GIS（Geographic Information System，地理信息系统）对其进行管理。为了让用户的感受更直观，摄像机的经纬度信息会出现在视频管理平台上，对应的 GIS 会在地图上自动生成摄像机图标。图标表示该地点存在某个型号的摄像机，可以在地图上选择图标后直接查看实况画面。因为经纬度信息采集通常采用人工手动添加的方式，所以往往存在经纬度信息不准确的问题，通过摄像机自带的经纬度信息采集模块，可以自动采集摄像机所在的经纬度，并准确地在地图上标识。

2. 隐蔽区域设置

如果网络摄像机所监控的视野范围内有一些重要场所，例如私人住宅、银行 ATM 的密码输入区域等，而这些区域不能被监视，此时需要在网络摄像机上设置隐私遮挡区域，以防止其他任何人员监视到。可以设定多个隐私遮蔽区域。隐私遮蔽区域会随着变焦操作而自动放大或者缩小，从而完全遮挡。

3. 网络自适应

由于 IP 网络基于分组交换原理，因此网络丢包不可避免，IP 网络的带宽对视频监控图像的清晰度有非常大的影响。例如，常见的 4 Mbit/s 码流 1080P 的 UDP 视频流每秒会发送 300～500 个数据包，一旦发生网络丢包或者延时，就很容易造成图像出现卡顿，严重时摄像机将无法起到监控作用。所以，抗网络丢包也是网络摄像机的一个特色功能。业内优秀的网络摄像机可以保证在 5%网络丢包率的情况下依然保持流畅的视频传输，在复杂网络的监控系统中能够发挥关键作用，这也是衡量系统容错性能的重要指标。

4. 三维定位

三维定位技术能够对可疑目标进行三维智能定位。用户可以通过鼠标光标框选来确定想要观看的目标范围，系统自动将选定的范围定位于屏幕中心，并且对区域进行适当的放大或缩小，便于快速锁定监控目标。例如，在公安交通管理领域，动态违法抓拍系统利用摄像机的三维定位功能，帮助操作人员迅速定位并记录违法行为，形成违法录像或抓拍违法照片，极大地提高了监控效率和准确率。

5. 实时透雾

雾气、烟尘等空气中的微小颗粒对光线有阻挡作用，所以只能接收可见光的人眼是看不到烟尘雾气后面的物体的。然而波长较长的光线具有更强的衍射能力能够绕过阻挡物。红外线由于波长较长，在传播时受气溶胶的影响较小，可穿过一定浓度的雾霾和烟尘，这就是透雾技术的光学基础。

实现透雾技术需要 3 个要素：具有色差补偿的镜头、对红外线敏感的 CCD 传感器、进行黑电平拉伸的图像处理技术。透雾技术主要分为以下 4 种类型。

➢ 光学透雾：利用近红外线可以绕射微小颗粒的原理，实现快速精准聚焦。这一技术的关键主要在镜头和滤光片的设计，通过物理光学成像原理提升画面清晰度。然后这一技术的缺点是只能提供黑白监控画面。

➢ 算法透雾：也称为视频图像增强透技术，它通过增强图像中某些感兴趣的特征，并抑制不感兴趣的特征，使得图像的质量得到改善，信息量得到增强。

➢ 光电透雾：结合光学透雾和算法透雾的功能，通过机芯一体化设计，内嵌 FPGA 芯片和 ISP/DSP 进行运算处理，实现彩色画面输出，是目前市场上透雾效果最好的技术。

➢ 假透雾：主要通过人为调节对比度、锐度、饱和度、亮度等参数，或切换滤镜，以改善图像的主观视觉效果。这一技术缺点是无法重新聚焦景物，难以满足视觉体验。

6. 摄像机电源反送

因为摄像机的安装场景各种各样，所以在安装过程中不可避免地会遇到电源接入困难的问题。目前，大部分摄像机可以通过 PoE 供电的方式解决电源问题。但是，在建筑环境中，与摄像机配合使用的拾音器、报警器等周边设备，由于成本低、功能简单，因此必须采用直流供电的方式。有的摄像机具备电源反送功能，可以为周边设备提供直流低压电源，提高了周边设备的易用性。

7. 区域增强

在机器视觉、图像处理领域，通常使用方框、圆形、椭圆形、不规则多边形等图形工具来标识图像中特定部分，这些被标识的部分被称为感兴趣区域。区域增强功能是从图像中选择一个图像分析所关注的重点区域，并圈定该区域，以便进一步处理。利用区域增强技术，可以针对性地优化图像分析的聚焦区域。这样做不仅可以减少处理时间，提高分析精度，而且在低带宽网络环境下能够保障重点区域的图像质量。

3.3 网络摄像机的镜头

镜头在视频监控系统中的作用至关重要，它相当于人眼的晶状体。正如缺少晶状体的人眼无法看到清晰的物体，没有镜头的摄像机也无法输出清晰的图像，只能呈现白茫茫的一片。这一点与家用摄像机和照相机的工作原理是相同的。

当人眼的肌肉无法将晶状体调整到适当位置时，就会出现近视，导致视线模糊。同样，摄像机的图像清晰度也可以通过调整来改善。如果图像显得模糊，可以通过改变摄像机的后焦点，即调整 CCD 芯片与镜头基准面之间的距离，类似于调整人眼晶状体的位置，从而使图像变得清晰。

工程设计和施工人员在镜头的选择和调整上扮演着关键角色。设计人员须根据物距和成像大小计算合适的镜头焦距，而施工人员则负责现场调试，确保镜头处于最佳状态。在成熟的民用市场中，选择已经内置镜头的半球摄像机、筒形摄像机、球形摄像机等产品可以节省配置和调试时间。然而，在专业市场中，如交通卡口和电子警察监控，对镜头的要求更为严格，需要根据具体的监控场景进行精确配置。特别是在车牌识别和人脸识别领域，对镜头、照度和安装高度的要求更为精细，往往需要在现场进行细致的测试，以挑选出最适合的镜头，确保监控系统的高效运行和图像的清晰度。

3.3.1 网络摄像机镜头的性能指标

1. 焦距

在实际应用中，我们常会考虑诸如"摄像机能清晰捕捉到多远的物体"或"摄像机能覆盖多宽的监视范围"等问题。这些问题的答案实际上取决于所选用镜头的焦距。当使用不同焦距的镜头对同一场景中的物体进行拍摄时，配备长焦距镜头的摄像机会捕捉到更大的物体图像尺寸，而配备短焦距镜头的摄像机捕捉到的物体图像尺寸则相对较小。当然，物体成像的清晰度不仅受镜头焦距的影响，还与所选用的 CCD 摄像机的分辨率以及监视器的分辨率密切相关。

镜头的焦距与视场及成像大小的关系如图 3-8 所示。

镜头焦距为4 mm　　　镜头焦距为6 mm　　　镜头焦距为8 mm　　　镜头焦距为12 mm

镜头焦距越小，监控范围越大；镜头焦距越大，监控范围越小

图3-8　镜头的焦距与视场及成像大小的关系

焦距与监控距离的关系如表3-5所示。

表3-5　焦距与监控距离的关系

清晰度	镜头 焦距/mm	看清细节特征 （人脸等）/m	看清体貌特征 （人的轮廓等）/m	看清行为特征 （人物活动）/m
标清	N	$N/2$	N	$2N$
130万像素	N	$0.75N$	$1.5N$	$3N$
200万像素	N	$1.5N$	$3N$	$6N$
300万像素	N	$1.5N$	$3N$	$6N$
500万像素	N	$1.5N$	$3N$	$6N$

由表3-5可知，以200万像素的摄像机为例，假设某人距离摄像机24 m。

如果想看清人脸，则选用16 mm（24÷1.5）左右的镜头。

如果想看清人体轮廓，则选用8 mm（24÷3）左右的镜头。

如果想监控人的活动画面，则选用4 mm（24÷6）左右的镜头。

很多时候，摄像机都是针对具体的场景需求来确定的。

如果不想过多地了解烦琐的焦距参数，可以粗略地按照下面的使用场景来判断和选择摄像机的焦距。

- ➢ 在车库、储藏间等狭小空间中，建议选择2.8 mm焦距，最佳监控距离为3 m以内。
- ➢ 在家庭室内或小商铺等环境中，建议选择4 mm焦距，最佳监控距离为3～5 m。
- ➢ 在家庭庭院、阳台、门口等场景中，建议选择6 mm焦距，最佳监控距离为5～10 m。
- ➢ 在室外的道路、胡同等场景中，建议选择8 mm焦距，最佳监控距离为10～20 m。
- ➢ 针对某些远距离固定位置的监控，建议选择12 mm焦距，最佳监控距离为20～30 m。

还有一些摄像机的镜头是可变焦的，可以根据监控场景范围来调整镜头大小。

2. 光阑系数

光阑系数即光通量，用 F 表示，以镜头焦距 f 和通光孔径 D 的比值来衡量。每个镜头上都标有最大 F 值，例如6 mm/F1.4代表最大孔径为4.29 mm。光通量与 F 值的平方成反比，F 值越小，光通量越大。镜头上光圈指数序列的标值为1.4、2、2.8、4、5.6、8、11、16、22等，其规律是前一个标值的曝光量正好是后一个标值对应曝光量的2倍。也就是说，镜头的通光孔径分别是1/1.4、1/2、1/2.8、1/4、1/5.6、1/8、1/11、1/16、1/22，前一数值是后一数值的 $\sqrt{2}$ 倍，因此光圈指数越小，则通光孔径越大，成像靶面上的照度也越大。

3. 景深

对被摄物体聚实焦点时，聚实点前后一定范围内的景物都是清晰的，这个前后的一定范围称为景深。决定景深的 3 个基本因素如下。

> 焦距：焦距越长，景深越浅；焦距越短，景深越深。
> 物距：距离越近，景深越浅；距离越远，景深越深。
> 光圈：光圈越大，景深越浅；光圈越小，景深越深。

4. 镜头的分辨率

描述镜头成像质量的内在指标是镜头的光学传递函数与畸变，但对用户而言，需要了解的仅仅是镜头的空间分辨率，以每毫米能够分辨的黑白条纹数为计量单位，计算公式为：镜头分辨率 N = 180/画幅格式的高度。由于摄像机 CCD 靶面大小已经标准化，如 1/2 in（1 in = 25.4 mm）摄像机，其靶面为 6.4 mm（宽）× 4.8 mm（高），1/3 in 摄像机为 4.8 mm（宽）× 3.6 mm（高）。因此对 1/2 in 格式的 CCD 靶面，镜头的最低分辨率应为 38 对线；对 1/3 in 格式摄像机，镜头的分辨率应大于 50 对线。摄像机的靶面越小，镜头的分辨率越高。

5. 视场角

提取景物的镜头视场角是极为重要的参数。镜头视场角随着镜头焦距及摄像机规格的大小而变化。覆盖景物镜头的焦距可用下述公式计算。

$$f = uD/U \tag{3-1}$$

$$f = hD/H \tag{3-2}$$

其中，f 表示镜头焦距；U 表示景物实际高度；H 表示景物实际宽度；D 表示镜头至景物实测距离；u 表示图像高度；h 表示图像宽度。

例如，当选用 1/2 in 镜头时，图像尺寸为 u = 4.8 mm，h = 6.4 mm。镜头至景物实测距离 D = 3500 mm，景物的实际高度为 U = 2500 mm。

将以上参数代入式（3-1）中，可以得到 f = 4.8 mm × 3500/2500 = 6.72 mm，故选用 6 mm 的定焦镜头即可。

在选择镜头时，镜头靶面尺寸和摄像机传感器靶面尺寸需要对应，如图 3-9 所示。当镜头靶面尺寸与摄像机传感器靶面尺寸不一致时，应尽量选择比摄像机传感器靶面尺寸大的镜头。例如，针对 1/2.5 in 的 CCD 摄像机，应选择 1/2 in 镜头，不能选择 1/3 in 镜头。

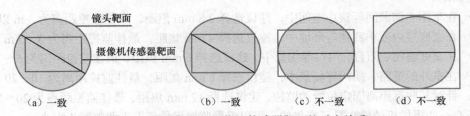

图 3-9 镜头靶面和摄像机传感器靶面的对应关系

当镜头靶面尺寸比摄像机传感器靶面尺寸小，镜头无法覆盖传感器的所有面积时，则会画面的四周出现黑边。

由于视频监控系统采用的摄像机绝大多数是日夜型摄像机，因此，当白天光线充足时，摄像机将拍摄彩色图像；当夜晚光线不足时，摄像机将拍摄黑白图像，以达到更好的图像效果。由于白天的全光谱光线与夜晚的以红外光为主的光线的波长不同，因此摄像机很容易产生白天清晰、夜晚虚焦的情况。

日夜型镜头专门用来应对这种问题，尤其是当夜间有红外补光灯时。日夜型镜头采用添加了特殊元素的玻璃材料，提高了红外光波段的折射和聚焦率，使其更接近可见光的折射率水平，所以日夜型镜头可以做到白天和夜晚共焦面，使监控画面全天候清晰。

3.3.2 网络摄像机镜头的分类

根据应用环境以及可调节参数的不同，摄像机镜头有多种不同的类型。常见的网络摄像机镜头分类如图 3-10 所示。

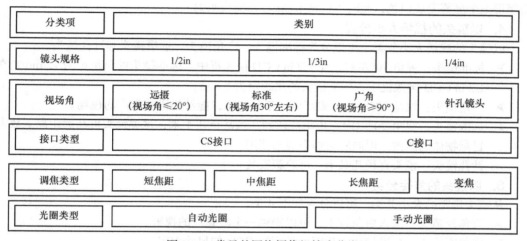

分类项	类别			
镜头规格	1/2in		1/3in	1/4in
视场角	远摄 （视场角≤20°）	标准 （视场角30°左右）	广角 （视场角≥90°）	针孔镜头
接口类型	CS接口		C接口	
调焦类型	短焦距	中焦距	长焦距	变焦
光圈类型	自动光圈		手动光圈	

图 3-10 常见的网络摄像机镜头分类

1. 以镜头安装分类

所有的摄像机镜头均是螺纹口的。CCD 摄像机镜头的安装遵循两种工业标准，分别是 C 安装座和 CS 安装座。两者的螺纹部分相同，但是它们从镜头到感光表面的距离不同。

➤ C 安装座：从镜头安装基准面到焦点的距离是 17.526 mm。

➤ CS 安装座：特种 C 安装座，安装镜头时应取下摄像机前部的垫圈。其镜头安装基准面到焦点的距离是 12.5 mm。

如果要将 C 安装座的镜头安装到 CS 安装座的摄像机上，则需要使用镜头转换器。

2. 以摄像机镜头规格分类

摄像机镜头规格应视摄像机的 CCD 尺寸而定，两者相对应。

➤ 当摄像机的 CCD 靶面大小为 1/2 in 时，镜头应选 1/2 in。

➤ 当摄像机的 CCD 靶面大小为 1/3 in 时，镜头应选 1/3 in。

➤ 当摄像机的 CCD 靶面大小为 1/4 in 时，镜头应选 1/4 in。

如果镜头尺寸与摄像机 CCD 靶面尺寸不一致，观察角度将不符合设计要求，或者产生画面在焦点以外等问题。

3. 以镜头光圈分类

镜头有手动光圈（manual iris）和自动光圈（auto iris）之分，配合摄像机使用。

手动光圈镜头是最简单的镜头，适合于光照条件相对稳定的情况。手动光圈由数片金属薄片构成。光圈量靠镜头外径上的一个环调节，旋转此圈可使光圈缩小或者放大。在照明条件变化大的环境中或者不用来监视某个固定目标，应采用自动光圈镜头，例如在户外或者人工照明经常开关的地方。

自动光圈镜头因亮度变更时其光圈也作自动调整，故适用亮度变化的场合。自动光圈镜头有两类：一类是将一个视频信号及电源从摄像机输送到透镜来控制镜头上的光圈，称为视频输入型；另一类则利用摄像机上的直流电压来直接控制光圈，称为 DC 输入型。

自动光圈镜头上的 ALC（Automatic Lens Control，自动镜头控制）调整用于设定测光系统，可以基于整个画面的平均亮度，也可以基于画面中最亮的部分（峰值）来设定基准信号强度，以供自动光圈调整。一般来说，ALC 在出厂时已经设定过，可不作调整，但是当拍摄的景物中包含一个亮度极高的目标时，明亮目标物的影像可能会产生"白电平削波"现象，而使得整个屏幕变成白色，此时可以调节 ALC 来变换画面。

4．以镜头的视场大小分类

以镜头的视场大小分类，可以分为标准镜头、广角镜头、远摄镜头和针孔镜头。

➤ 标准镜头：视角 30°左右，在 1/2 in CCD 摄像机中，标准镜头的焦距定为 12 mm，在 1/3 in CCD 摄像机中，标准镜头的焦距定为 8 mm。

➤ 广角镜头：视角 90°以上，焦距可小于几毫米，能够提供较宽广的视场。

➤ 远摄镜头：视角 20°以内，焦距可达到几米甚至几千米，这类镜头可在远距离下放大目标物体的图像，但同时会缩小观察范围。

➤ 针孔镜头：镜头直径几毫米，可隐蔽安装。

5．以镜头的焦距分类

从镜头焦距的大小分类，可以分为如下 4 类。

➤ 短焦距镜头：因入射角较大，可以提供一个较宽广的视野。

➤ 中焦距镜头：标准镜头，焦距的长度视 CCD 的尺寸而定。

➤ 长焦距镜头：因入射角较狭小，故仅能提供狭窄视野，适用于长距离监视。

➤ 变焦距镜头：通常为电动式，可作广角、标准或者远望等镜头使用。有手动变焦镜头和自动变焦镜头两大类。

3.4 网络摄像机的配套

3.4.1 防护罩

防护罩的作用是使摄像机能在灰尘、雨雪、高低温等情况下正常使用。根据应用环境的不同，防护罩可以分为室内防护罩和室外防护罩两种类型。

室内防护罩一般为铝合金轻型防护罩，其主要作用是防尘，所以也被称为防尘罩。这种防尘罩结构简单，价格便宜，具有美观、轻便等特点。

由于强风、雨雪、高低温等恶劣自然条件，室外防护罩一般采用更坚固的铁皮材料制成，而且为了满足内置摄像机与各种长焦镜头的需求，室外防护罩的体积都比较大，这同时有利于散热。在防护罩的构造上，顶层一般采用有一定间距的双层结构，用于防暴晒与遮阳，并有利于通风和散热。由于我国地域辽阔，南北自然气候条件相差较大，例如，北方严冬气温低达-50℃～-30℃；而沿海地区又有强台风，夏季太阳暴晒下气温能够超过 60℃。所以室外防护罩必须重点考虑密封、加热以及降温等技术，以使摄像机能够有一个正常的工作环境。中高端室外防护罩内置温度传感器，并配备加热片与风扇散热器等，以自动调节罩内温度，确保摄像机处于正常工作的温度范围内。另外，一些室外防护罩还自带雨刷，在大雨以及灰尘条件下可以通过监控中心启动雨刷，以保证摄像机的视野清晰。

另外，还有一种用于特殊环境的防爆型防护罩，如图 3-11 所示。例如，在石油化工、高粉尘等易爆环境中，通常需要将普通摄像机放到由高强度不锈钢制成的外壳内。该外壳具有将壳内电气部件产生的火花和电弧与壳内爆炸性混合物隔离开的作用，并能承受进入壳内的爆炸性混合物被壳内电气设备的火花、电弧引爆时所产生的爆炸压力，外壳不被破坏。

可以通过通用的 IP（Ingress Protection）防护等级系统来对防护罩的防尘、防水特性进行分级。IP 防护等级

图 3-11　防爆型防护罩

由两个数字组成。第一个数字表示设备抗微尘的范围或者人在密封环境中免受危害的程度，代表防止固体异物进入的等级，最高级别是 6，如表 3-6 所示；第二个数字表示设备防水侵入的密闭程度，数字越大，表示其防护等级越高，最高级别是 8，如表 3-7 所示。

表 3-6　IP 后的第一个数字（防尘等级）

数字	防护范围	说明
5	防止外物及灰尘	完全防止外物侵入，虽然不能完全防止灰尘侵入，但是侵入量不会影响设备的正常运作
6	防止外物及灰尘	完全防止外物及灰尘侵入

表 3-7　IP 后的第二个数字（防水等级）

数字	防护范围	说明
0	无防护	对水或湿气无特殊的防护
1	防止水滴浸入	垂直落下的水滴（如凝结水）不会对电器造成损坏
2	倾斜 15° 时，仍可防止水滴浸入	当设备由垂直倾斜至 15° 时，滴水不会对设备造成损坏
3	防止喷洒的水浸入	防雨或防止与垂直的夹角小于 60° 的方向所喷洒的水侵入设备而造成损坏
4	防止飞溅的水浸入	防止各个方向飞溅而来的水侵入设备而造成损坏
5	防止喷射的水浸入	防持续至少 3 min 的低压喷水
6	防止大浪浸入	防持续至少 3 min 的大量喷水
7	防止浸水时水的浸入	在深达 1 m 的水中防 30 min 的浸泡影响
8	防止沉没时水的浸入	在深度超过 1 m 的水中防持续浸泡影响。准确的条件由制造商针对各设备指定

3.4.2　支架

除了摄像机镜头以外，摄像机支架也是所有监控点位必须配置的设备。支架是用于固定摄像机的配件。根据应用环境的不同，支架的形状各异。

摄像机支架一般属于小型支架,有注塑型及金属型两种,它们可直接固定摄像机,或配合防护罩使用。摄像机支架一般具有万向调节功能,即通过对支架的调整,可以将摄像机的镜头对准需要监控的区域。

选择摄像机支架时要重点了解其承重能力。特别是安装在室内天花板上的嵌入式支架,应了解吊顶的承重情况,若吊顶承重能力差,则需要将支架固定在天花板上。摄像机支架的安装类型如图 3-12 所示。

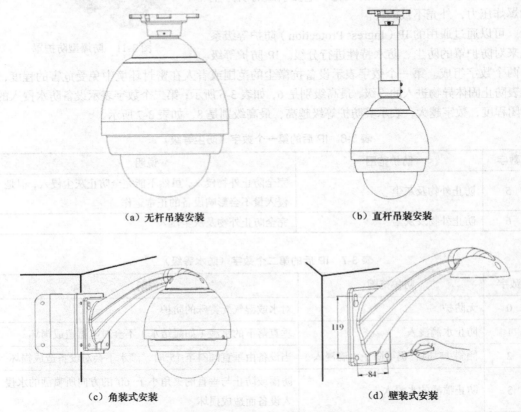

（a）无杆吊装安装　　　　　　　　　　　　（b）直杆吊装安装

（c）角装式安装　　　　　　　　　　　　（d）壁装式安装

图 3-12　摄像机支架的安装类型

3.4.3　补光灯

在视频监控中,若光照条件好,则监控画面清晰,色彩鲜艳;若光照突然黯淡,则图像画面即刻失色。尤其是当环境中的照度接近或达到零时,摄像机镜头捕捉不到光,监控画面将表现为一幅布满噪点的"花屏"。这时摄像机需要补光设备。

环境的光照状况决定了摄像机成像的好坏。为解决光照问题,工程商通常会通过环境补光来提升监控场景的照度,从而提升监控图像画质。常见的补光办法有如下两种。

第一种是在外部增加辅助光源。可见光照明技术的难度低,安装及应用快捷,是监控系统中常用的办法。在其他技术尚未完全成熟的情况下,加装辅助光源是最直接也是最有效的方法。在数字高清监控技术日益普及的今天,许多监控场所,如城市道路、矿井等,仍沿用这种最直接、最有效的办法。摄像机补光灯如图 3-13 所示。

第二种是增加非可见光源。现在常用的非可见辅助光源有两种：一种是红外光，随着红外发光技术的成熟，尤其是红外 LED 灯技术的成熟，它为摄像监控提供了极大的便利，同时延长了使用寿命，使摄像机不受环境照度的限制，实现全天候不间断监控；另一种是激光，与红外光一样，激光也是一种直接安装在摄像机上的主动式光源，但激光具有更好的聚焦性和更远的成像距离。激光网络摄像机如图 3-14 所示。

图 3-13　摄像机补光灯

图 3-14　激光网络摄像机

环境光照情况是多变的，不同地点、不同时间的光照水平会有很大的差异。要实现高清成像，必须创造一个有利于成像的环境，在光照不足的情况下，需要提供辅助光源，同时还要考虑摄像机与环境的关系，如选择恰当的安装位置以避免逆光等问题。

3.4.4　电源

摄像机电源是视频监控系统中的重要组成部分。摄像机一般采用 12 V 直流电供电，而球机则采用 24 V 交流电供电。部分摄像机采用 220 V 交流电供电，一些家用网络摄像机的工作电压可能低至 5 V。

为了确保视频监控系统能够提供高效稳定的监控效果，结合实际的应用需求和环境条件，一般采用集中供电或者点对点供电的方式。在某些复杂环境中，也可能会采用集中和点对点相结合的供电方式。

➤ 集中供电：通过监控室或者某个中间点的统一电源向前端负载供电。

➤ 点对点供电：从监控室直接引出 220 V 交流电，或者在摄像机附近直接接入 220 V 交流电。可以在摄像机旁安装一个独立的 12 V 直流电源转换器，将 220 V 交流电转换为摄像机所需的 12 V 直流电。这种方法的优点是，在传输过程中 220 V 交流电的电压损耗较小，且具有较好的抗干扰性能。然而，其缺点在于每个摄像机点都需要单独安装电源，这可能会增加施工的难度。

下面主要对点对点供电的 PoE 供电系统相关知识进行介绍。

1. PoE 系统参数

一个完整的 PoE 系统包括供电端设备（Power Sourcing Equipment，PSE）和受电端设备（Powered Device，PD）两部分。PSE 是为以太网客户端设备供电的设备，同时也是整个 PoE 过程的管理者。而 PD 是接受供电的 PSE 负载，即 PoE 系统的客户端设备，如网络摄像机、网络电话或者其他以太网设备（实际上，任何功率不超过 13 W 的设备都可以从 RJ-45 插座获取相应的电力）。两者基于 IEEE 802.3af 标准建立有关 PD 的连接情况、设备类型、功耗级别等方面的信息联系。

2. PoE 供电原理

若采用八芯线作为网线，在数据传输速率低于千兆时，只使用一、二、三、六芯网线进行数据传输，而四、五、七、八芯线被闲置。针对视频监控系统，即使传输 2K 的超高清信号，传输速率也仅为 6～8 Mbit/s。PoE 供电就是将其中闲置的网线用作电源线，通过支持 PoE 供电功能的网络交换机供电。

3. PoE 标准的发展

PoE 早期应用没有标准，通常采用空闲供电的方式。IEEE 802.3af（15.4 W）是首个 PoE供电标准，其中规定了以太网供电标准。它是当前 PoE 应用的主流实现标准。IEEE 802.3at（25.5 W）应最大功率终端需求而诞生，在兼容 IEEE 802.3af 的基础上，可以满足更高的供电需求。IEEE 802.3af 和 IEEE 802.3at 标准的对比如表 3-8 所示。

表 3-8   IEEE 802.3af 和 IEEE 802.3at 标准的对比

类别	分级	最大电流/mA	PSE 输出电压/V	PSE 输出功率/W	PD 输入电压/V	PD 最大功率/W	线缆要求	从电线缆对
IEEE 802.3af（PoE）	0～3	350	44～57（直流电）	≤15.4	36～57（直流电）	12.9	未组织的	2
IEEE 802.3at（PoE Plus）	0～4	600	50～57（直流电）	≤30	42.5～57（直流电）	25.5	超五类线以上	2

4. 使用 PoE 的注意事项

PoE 是指在现有以太网 CAT5 布线基础架构不作任何改动的情况下，为一些基于 IP 的终端（IP 电话机、无线局域网接入点 AP、网络摄像机等）传输数据信号的同时，还能为此类设备提供直流电的技术。简言之，就是支持以太网供电的交换机。

PoE 交换机端口支持输出功率为 15.4 W 或 30 W，符合 IEEE 802.3af/802.3at 标准，通过网线为标准的 PoE 终端设备供电，免去额外的电源布线。符合 IEEE 802.3at 的 PoE 交换机，其端口输出功率可以达到 30 W，受电设备可获得的功率为 25.4 W。

PoE 技术能在确保现有结构化布线安全的同时保证现有网络的正常运作，最大限度地降低成本。例如，一台数字监控摄像机需要供电才能正常工作，如果直接通过网线连接到普通交换机上，摄像机是不工作的。但如果将传输网线接到 PoE 交换机上，这台摄像机就能正常工作。

开始工作时，PoE 交换机在端口输出很小的电压，直到检测到线缆终端连接的是一个支持 IEEE 802.3af 标准（基于以太网供电系统 PoE 的新标准）的 PD。之后，PoE 交换机可能会为 PD 进行分类，并评估 PD 所需的功率损耗。接着，PoE 交换机开始从低电压向 PD 供电，直至提供 48 V 的直流电源。若 PD 从网络上断开，PoE 交换机就会快速地停止为其供电，并重复检测过程以检测线缆的终端是否连接 PD。

PoE 交换机的工作拓扑如图 3-15 所示。

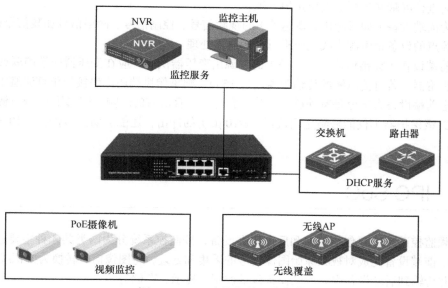

图 3-15　PoE 交换机的工作拓扑

3.4.5　防雷

为确保前端设备（如摄像机、雷达等）免受直接雷击的损害，在立杆上设计安装避雷针是有必要的。避雷针通常选用直径不小于 25 mm 的圆钢材质，并和立杆一体成形，如图 3-16 所示。

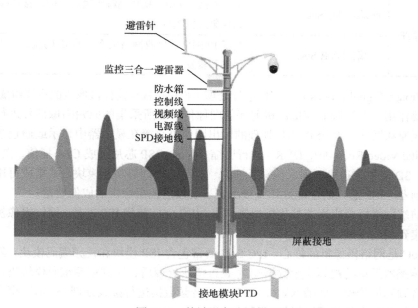

图 3-16　前端设备防雷措施

在设备箱内，为保护电源、信号线及控制线路不受感应雷的损害，应采取相应的防感应雷措施。为防止在现场产生感应雷高电位闪烁放电和雷电波磁场对设备造成损坏，所有信号线路都应进行屏蔽并进行等电位接地处理。

应为前端设备（如摄像机、雷达等）的视频信号、控制信号、网络信号加装信号避雷器。每个监控点的设备箱电源进线也应进行电源避雷处理。

若前端设备（如摄像机、雷达等）的电源由变压器供电，应在变压器前端串联或并联单相电源避雷器。若直流电源的传输距离超过 15 m，则摄像机端还应串接低压直流避雷器。

考虑前端设备大部分是室外裸露安装，容易受到直击雷的影响，应选用 C 级电源浪涌保护器。C 级保护器不仅能够防止间接雷（8/20 μs）的冲击，还能够防止直击雷（10/350 μs）的冲击。

3.5 IPC SoC

视频监控系统主要包括前端和后端两类设备，按监控系统分为两类共 4 种主要芯片（见表 3-9）。前端设备完成对视频原始图像信号的采集和处理，将图像信号转换为模拟/数字视频信号，并传输到后端设备中。后端设备包括控制、显示、存储等。

表 3-9 视频监控系统的 4 类主要芯片

监控系统	对应芯片	主要功能
模拟监控系统	前端：ISP 芯片	图像信号处理。对前端图像传感器输出的信号进行处理，达到降噪、曝光等目的
	后端：DVR SoC	首先将模拟音视频信号数字化，然后进行压缩并存储在硬盘等设备中
网络监控系统	前端：IPC SoC	集成 CPU、ISP、视频编解码模块、网络接口模块，部分芯片集成视频分析功能
	后端：NVR SoC	基于 IP 网络，接收网络摄像机的 IP 码流，进行编解码、存储和转发

ISP（Image Signal Processor，图像信号处理）芯片是视频监控摄像机的重要组成部分。ISP 芯片的主要作用是对视频监控摄像机前端的图像传感器所采集的原始图像信号进行处理，使图像得以复原和增强。经 ISP 芯片处理的输出图像可直接在显示器中显示或通过数字硬盘录像机（Digital Video Recorder，DVR）进行压缩、存储。ISP 芯片集成 CFA 插值、白平衡校正、伽马校正、3D 降噪、边缘增强、伪彩色抑制、宽动态处理等功能模块，并集成可用于用户编程的微控制器。ISP 芯片的性能好坏直接决定了视频监控摄像机的成像质量。

随着前端网络摄像机逐渐替代模拟摄像机，IPC SoC 替代 ISP 芯片，网络摄像机逐渐实现从视频采集到编码压缩的全数字化。

IPC SoC 是网络摄像机的核心。IPC SoC 通常包含 ISP 模块和视频编码模块。经过摄像机前端图像传感器采集的视频原始数据经过 ISP 模块处理后，送到视频编码模块进行压缩，压缩后的视音频码流传输至后端 NVR，NVR 对视音频数据进行接收处理并存储。事后需要回溯时可调出存储的视音频数据进行检索回放。

典型的 IPC SoC 架构如图 3-17 所示。

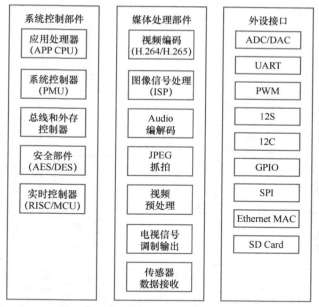

图 3-17 典型的 IPC SoC 架构

IPC SoC 通常集成嵌入式处理器、图像信号处理模块、视音频编码模块、网络接口模块、安全加密模块和内存子系统，部分芯片还集成了视频智能处理模块。其中图像信号处理模块处在处理流程的最前端，ISP 性能直接影响编码后的图像质量和压缩效率。

IPC SoC 经历了 3 个发展阶段，产品的性能得到全方位提升。第一阶段主要为图像处理能力的提高，产品自动曝光控制能力、自动白平衡能力、色彩校正能力、校正能力、去除坏点能力得到提高。第二阶段开始关注网络摄像机编码处理能力的提高，随着带宽、存储空间消耗的降低，网络摄像机整体成本下降。随着人工智能技术的发展，第三阶段到来，智能化不断推进，网络摄像机应用领域得以扩展，具有 VCA（Video Content Analysis，视频内容分析）功能的 IPC SoC 成为发展趋势。

3.6 网络摄像机的分类

3.6.1 按类别分类

按照工作原理可将摄像机分为网络摄像机和模拟摄像机。网络摄像机通过双绞线传输压缩的数字视频信号，而模拟摄像机通过同轴电缆传输模拟信号。就网络摄像机与模拟摄像机的区别而言，除了传输方式不同以外，在清晰度方面也存在差异。模拟摄像机与网络摄像机的区别如表 3-10 所示。

表3-10 模拟摄像机与网络摄像机的区别

项目	清晰度	传输方式	布线要求	远程访问	监控	存储	带宽	扩展性	安全性	系统功能
模拟摄像机	隔行扫描（分辨率 4CIF，最高为 40 万像素），在捕捉高速度移动的物体时会导致图像模糊	采用基带传输，在 0～6 MHz 的频率中传输信号。干扰源较多，图像容易出现条纹、雪花、掉包、扭曲等，需要加抗干扰器来解决。由于干扰源多，因此抗干扰器也有很多种类	视频线、音频线、电源线、控制线都是独立的，布线工作量大，并且布线成本很高	一般为 CCD，原来最高为 700TVL，现在 AHD、TVI、CVI 可以做到 1200 线。摄像机只能输出为 BNC 头，不能进行远程访问。如果需要进行远程访问，后端需要连接 DVR 录像进行存储，模拟转换数字后再进行网络传输	闭路，只能在内部监看，不可以远程监看。录像资料只能本地存储，也不能远程查看，容易被不法分子破坏	通过 DVR 录像进行存储	需要考虑实际现场网络带宽支持情况	DVR 单台设备最多支持 16 路设备，若增加线路则需要增加 DVR 设备，灵活性差	安全性低，图像受到传输距离的影响	有限功能，智能化程度低
网络摄像机	逐行扫描（达到几百万甚至上百万像素），更适用于捕捉移动的目标，即使在很高的移动速度下也能提供画面清晰的图像	通过网络进行传输，基本上不受干扰，或是受到的干扰因素比较少。受到干扰时，表现的方式是卡图或掉图，只要解决带宽问题，就能根本解决这个干扰，相对容易	布线简单	常见的有 720P（100 万像素）、960P（130 万像素）、1080P（200 万像素）、300 万像素、400 万像素、500 万像素等。输出接口为 RJ-45 网络接口，可连接到网络；后端可以利用计算机、手机进行远程访问，也可以接 NVR 进行录像存储	内置 Web 浏览器，通过计算机上的标准 Web 浏览器就能够管理和查看图像。能够远程管理和查看图像，可将图像资料存在远程硬盘上，易于搜寻，不会被破坏	可以本地存储，也可以通过 IP-SAN、CVR 进行高清存储。可将高清存储实现本地异地多点备份	布线简单，通过交换机就可以进行集中统一传输	按需求逐渐进行扩容，无须重复投资	对信号进行加密，采用安全性高的数字认证书，可以加入"水印"信息，不存在因距离导致图像质量下降的问题	智能化后台应用，高性能服务器

按照摄像机外观可分为枪机、半球机、球机等。枪机多用于户外，对防水防尘等级要求较高；半球机多用于室内，一般镜头较小，可视范围广；球机可以 360° 无死角监控。摄像机的外形分类如图 3-18 所示。

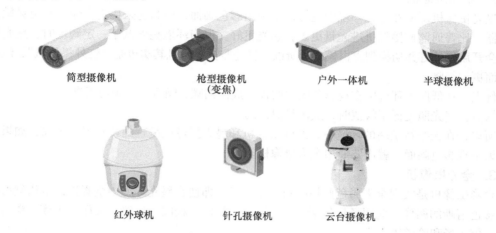

筒型摄像机　　　枪型摄像机　　　户外一体机　　　半球摄像机
　　　　　　　　（变焦）

红外球机　　　针孔摄像机　　　云台摄像机

图 3-18　摄像机的外形分类

按照功能，可以将摄像机分为多种类型，如宽动态、强光抑制、道路监控专用、红外摄像机和一体机等。可根据安装环境的具体需求选择合适的摄像机。

针对特殊环境的应用，摄像机还可分为针孔摄像机、摄像笔、烟感摄像机等。这些主要用于在特殊环境下进行图像采集。

按照传输方式，可以将摄像机分为有线连接摄像机和无线连接摄像机。

按照用途，可以将摄像机分为工业级摄像机和家用级摄像机。工业级摄像机比家用级摄像机的要求多，标准更高。

按照信号清晰度，可以将摄像机分为标清摄像机、高清摄像机和超高清摄像机。

3.6.2　夜视摄像机

1. 主动红外摄像机

主动红外摄像机利用其图像传感器的宽感光光谱范围，不仅涵盖可见光，还扩展到红外光。在夜间或无可见光照明的条件下，借助辅助红外光源，摄像机能够清晰成像。主动红外摄像机集成了摄像机、防护罩、红外灯和供电散热单元等组件。红外灯发出的红外光照射到目标物体上，反射回来后被摄像机捕捉，形成图像。由于这些图像是由红外光反射形成的，与我们肉眼所见的可见光反射图像不同，因此能够捕捉到黑暗环境中不可见的物体。

优点：夜视距离足够远，一般能达到 15 m；隐蔽性强，不易被察觉；性能稳定且节能。

缺点：呈现出来的图像是黑白的，无法捕捉更多细节。

摄像机的成像元器件 CCD 或 CMOS 可以捕捉到更广泛的光谱范围。这导致摄像机所还原的颜色与肉眼所见存在偏差。夜间受限于双峰滤光片的过滤作用，CCD 不能充分利用所有光线，噪点及其低照性能难以令人满意。为了解决这个问题，可以使用红外截止滤光片（IR-CUT）双滤镜系统。

IR-CUT 双滤光片切换器由红外截止低通滤光片、全光谱光学玻璃、动力机构及外壳组成，通过电路控制板进行切换和定位。当光线充分时，切换并定位到红外截止滤光片，还原真实色彩；当夜间或可见光不足时，红外截止滤光片移开，全光谱光学玻璃工作，感应红外光，提高夜视性能。

2. 星光摄像机

星光摄像机即使在微光环境中也可以呈现出彩色画面，因为它采用更大光圈和更灵敏的传感器，比普通监控摄像机进光量更多，感光更好。但当环境亮度低于一定阈值时，星光摄像机会开启红外灯并切换到黑白模式。所以，星光监控摄像机其实也是"红外摄像机"，但夜视画面更加细腻。

优点：在低照度环境中实现彩色图像监控，成像细腻，噪点少，画面透亮。

缺点：当光照度低于阈值时，成像是黑白的。

所以，在光线特别暗的环境中，红外摄像机和星光摄像机呈现的都是黑白画面；如果要求全天呈现彩色画面，就需要使用全彩摄像机。

3. 全彩摄像机

全彩摄像机是实现全天彩色监控的新型摄像机。即使在星光环境中全彩摄像机依然可以呈现彩色清晰的图像。应用场景包括超市、园区、社区、校园、道路、大厅、走廊、楼道、仓库、停车场和管道等。

4. 激光夜视摄像机

激光夜视摄像机利用经过整形、扩束等处理的激光作为光源，针对具体的目标范围进行照明。激光光源的输出功率一般是几瓦到十几瓦，具有能量集中、照射距离远的优点（有效覆盖范围可达到千米以上）。使用时，可以灵活调整激光的发散角，以适应不同的监视距离和覆盖范围。

激光夜视摄像机的工作原理是通过调节照明系统的激光扩散角，将目标的全部或者关键部位照亮，满足成像系统的探测要求，实现对目标的成像。激光夜视摄像机通过远距离通信，控制运动旋转系统和成像系统及激光发射装置，可以实现对监视范围内的静止或者运动目标的监视和跟踪。

5. 红外热成像摄像机

红外热成像技术是一种被动式的红外夜视技术。自然界中一切温度高于绝对零度（−273.15℃）的物体每时每刻都向外辐射红外线，而这些红外线载有物体的特性信息。这一特性为利用红外技术判别各种被测目标的温度和热分布提供了客观的基础。红外热成像摄像机通过光电红外探测器将物体发热部位辐射的功率信号转换为电信号，模拟出物体表面温度的空间分布，经系统处理，形成热图像视频信号，并显示在屏幕上，从而得到与物体表面热分布相对应的热像图，即红外热图像。

3.6.3　软件定义摄像机

软件定义摄像机（Software-Defined Camera，SDC）是安防行业的一个创新概念，由华为公司在 2018 年提出。这一理念突破了传统摄像机因软硬件绑定而带来的应用限制，确立了三大核心标准——内置专业人工智能芯片、开放的摄像机操作系统及开放的算法和应用生态。软件定义摄像机采用智能算法与硬件分离的设计，确保了在硬件底座具备足够算力的情况下，通过在线迭代和自主学习，实现硬件投资的长期回报和算法的持续升级。开放的软件架构促进了生态伙伴间的算法共享，推动了人工智能技术的普及，为客户持续创造社会和商业价值。图 3-19 展示了传统摄像机与软件定义摄像机之间的对比。

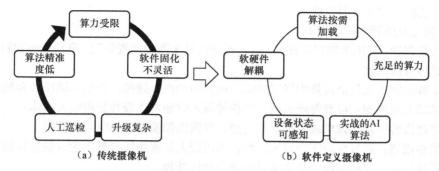

图 3-19 传统摄像机与软件定义摄像机的对比

算力是智能的基础。专业人工智能芯片可以提供强算力支撑，同时通过专用硬件加速可支撑深度学习神经网络的万亿级计算，轻松实现目标分类和属性识别等，甚至可以替代后端服务器来完成视频全量特征结构化，让全网智能分析效率最大化。华为公司基于容器架构，打造了业界首创的摄像机操作系统，这一系统解耦摄像机软硬件功能，推出"软件定义"架构。此外，华为公司还建立了丰富的摄像机应用商城，使得摄像机更新加载算法、应用如同手机通过应用商店下载 APP 一样简单，且业务不会因此中断。

图 3-20 展示了华为智能安防开放架构。

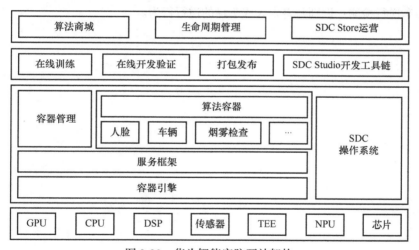

图 3-20 华为智能安防开放架构

3.7 网络摄像机的智能应用

在安防智能化发展过程中，智能分析功能传统上是通过后台中心分析来实现的：前端网络摄像机将视频流通过网络传输至智能分析服务器，而服务器同时处理与分析多路视频流。然而，随着系统规模的扩大，这种方式对带宽和存储管理造成了巨大的压力且无法满足实时性、鲁棒性要求。因此，随着具备智能分析功能的芯片的推出，前端智能化成为发展趋势。

智能前置技术将分析算法嵌入到网络摄像机中，使摄像机对采集的视频内容进行实时分析，提取关键信息，并形成结构化数据后传输至后台。这相当于给摄像机配备了"智慧的大脑"，赋予它们"独立思考"的能力。

网络摄像机的智能应用如下。

➢ 人脸识别：利用生物识别技术，通过摄像机采集图像或视频流，自动检测和跟踪人脸，进行身份识别。

➢ 车牌识别：从复杂背景中提取并识别运动中的汽车牌照，识别车辆牌号和颜色。

➢ 区域入侵侦测：设置警戒区域，当物体闯入时触发告警并分析闯入物体。

➢ 遮挡告警：当摄像机或防护罩被遮挡，导致图像质量下降时发出警报。

➢ 越界侦测：通过虚拟围栏侦测周界，当可疑人员或物体穿越围栏时触发告警。

➢ 移动侦测：根据图像变化指示系统进行相应处理。

➢ 被动式红外探测：通过检测物体的红外线辐射发出告警。

➢ 活动检测提醒：结合移动侦测和被动式红外探测技术，减少误报。

➢ 云台控制自动跟踪：锁定并自动跟踪目标，确保目标始终在监视区域中。

➢ 丢失分析：当警戒区域内物品丢失时触发告警。

➢ 人数统计：统计特定区域内的人员数量。

➢ 拥挤监测：自动侦测并警报设定区域内的拥挤状况。

➢ 非法停车识别：在禁止停车区域检测到车辆超时停放时发出告警。

➢ 闯红灯识别：检测车辆在红灯状态下越过停止线的行为。

➢ 人/车逆行检测：识别并警告人或车辆的逆行行为。

第 4 章

网络传输技术

    视频监控系统，作为音视频信息采集与处理的关键工具，依赖有效的网络传输技术来实现信息的集中分析和处理。在早期，模拟视频监控系统主要采用视频基带传输技术，其带宽大约为 8 MHz，而最常用的传输介质是同轴电缆。在长距离传输中，视频信号需要通过视频放大器来增强亮度、色度和同步信号。然而，这种方法也会放大线路中的干扰信号，因此不能连接过多的放大器，以免图像质量受损。对于更远距离的传输，光纤成为更佳的选择，因其具有损耗小、频带宽、抗电磁干扰能力强和重量轻等诸多优势。

    随着数字编解码技术的发展，通过 IP 网络传输的音视频信息及管理指令的数字信号，无论距离多远，都能实现无损耗传输，这标志着远距离、大规模视频监控的新时代的到来。

    本章首先涵盖了视频监控系统中常见的传输介质、接口和设备，接着介绍了数据通信的有线和无线基础知识，最后重点探讨了视频监控数据传输协议的相关知识。

4.1 传输介质

4.1.1 双绞线

    双绞线由两根相互绝缘的金属导线紧密绞合而成。通过绞合，双绞线能够抵御外界电磁波的干扰，同时降低线对之间的串扰。当两根导线互相绞合时，外部干扰对它们产生的影响是一致的，这种影响被称为共模信号。在接收端，差分电路能够识别并消除共模信号，从而提取有用的差模信号。

    双绞线的工作原理是确保外部干扰在两根导线上产生的噪声相同，这样差分电路就能有效地提取有用信号。差分电路本质上是一种减法电路，它通过相减操作消除同相的共模信号，而增强反相的差模信号。理论上，如果干扰完全相同，那么在双绞线和差分电路中，干扰信号将被完全消除，而有用信号则得到加强。然而，在实际应用中，由于各种因素，完全消除干扰是有一定难度的。

    在电缆套管中，不同的线对具有不同的扭绞长度，这通常在 38.1～140 mm，并且按逆时针方向进行扭绞。为了保持线对间的一致性，相邻线对的扭绞长度差异不超过 12.7 mm。双绞线的一个扭绞周期称为节距。节距越小，意味着绞合越紧密，从而提供更强的抗干扰能力。

    根据有无屏蔽层，双绞线分为屏蔽双绞线（Shielded Twisted Pair，STP）与非屏蔽双绞线（Unshielded Twisted Pair，UTP）。

    屏蔽双绞线是一种在双绞线与外层绝缘封套之间加入金属屏蔽层的线缆。屏蔽双绞线包括 STP 和 FTP（Foiled Twisted Pair，铝箔屏蔽双绞线）。STP 指每条线都有各自的屏蔽层，而

FTP 只在整个电缆有屏蔽装置，并且两端都正确接地时才起作用。屏蔽层可减少辐射，防止信息泄露，也可阻止外部电磁干扰，因此屏蔽双绞线比非屏蔽双绞线具有更高的传输速率。但是，在实际应用时，由于很难全部完美接地，因此屏蔽层本身反而成为干扰源，导致性能远不如非屏蔽双绞线。除非有特殊需要，通常在综合布线系统中只采用非屏蔽双绞线。

非屏蔽双绞线是一种数据传输线，由 4 对不同颜色的传输线所组成，广泛用于以太网和电话线缆。非屏蔽双绞线电缆的优点包括：无屏蔽外套，直径小，节省空间，成本低；重量轻，可弯曲，易安装；可以将串扰减至最小或消除；具有阻燃性；具有独立性和灵活性，适用于结构化综合布线。因此，在综合布线系统中，非屏蔽双绞线得到广泛应用。

双绞线的型号如下。

- ➢ 一类线（CAT1）：传输频率是 750 kHz，主要用于 20 世纪 80 年代初之前的电话线缆，适用于告警系统或语音传输，不适用于数据传输。
- ➢ 二类线（CAT2）：传输频率是 1 MHz，适用于语音传输和最高 4 Mbit/s 的数据传输，常用于旧的令牌网。
- ➢ 三类线（CAT3）：传输频率为 16 MHz，最高传输速率为 10 Mbit/s，主要应用于语音、10 Mbit/s 以太网（10BASE-T）和 4 Mbit/s 令牌环，目前已淡出市场。
- ➢ 四类线（CAT4）：传输频率为 20 MHz，最高传输速率为 16 Mbit/s，主要用于基于令牌的局域网和 10BASE-T/100BASE-T，目前未得到广泛采用。
- ➢ 五类线（CAT5）：传输频率为 100 MHz，最高传输速率为 100 Mbit/s，适用于 100BASE-T 和 1000BASE-T 网络，是最常用的以太网电缆。
- ➢ 超五类线（CAT5e）：具有衰减小、串扰少，提供更高的性能，主要用于千兆位以太网。
- ➢ 六类线（CAT6）：传输频率为 1~250 MHz，提供 2 倍于超五类的带宽，适用于传输速率高于 1 Gb/s 的应用。
- ➢ 超六类或 6A（CAT6A）：传输带宽介于六类和七类之间，传输频率为 500 MHz，传输速度为 10 Gbit/s。
- ➢ 七类线（CAT7）：传输频率为 600 MHz，传输速度为 10 Gbit/s，具有更高的传输性能。

类型数字越大，版本越新，技术越先进，带宽越宽，当然价格越贵。这些不同类型的双绞线标注方法是：如果是标准类型，则按 CATx 方式标注，如常用的五类线和六类线，则在线缆的外皮上标注为 CAT5、CAT6；如果是改进版，就按 xe 方式标注，如超五类线就标注为 5e（此处为小写字母，而不是大写字母）。常见的双绞线有三类线、五类线、超五类线和六类线。

无论是哪种类型的线缆，信号的衰减都随频率的增加而增大。在布线设计时，除了要考虑信号的衰减问题以外，还应当提供足够的振幅，以便在有噪声干扰的条件下，信号也能够在接收端正确地被检测出来。双绞线传输数据的速率还与数字信号的编码方法有关系。

目前，国际上最有影响力的 3 家综合布线组织包括 ANSI（American National Standards Institute，美国国家标准协会）、TIA（Telecommunication Industry Association，美国通信工业协会）和 EIA（Electronic Industries Alliance，美国电子工业协会）。由于 TIA 和 ISO 两个组织经常进行标准制定方面的协调，因此它们颁布的标准的差别不是很大。在北美，乃至全球，在双绞线标准中应用最广的是 ANSI/EIA/TIA-568A（简称 568A）和 ANSI/EIA/TIA-568B（实际上应为 ANSI/EIA/TIA-568B.1，简称 568B）。这两个标准最主要的不同就是芯线序列的不同。

568A 标准的线序定义依次为绿白、绿、橙白、蓝、蓝白、橙、棕白、棕，其标号如表 4-1 所示。

表 4-1　ANSI/EIA/TIA-568A 的线序颜色及标号

颜色	绿白	绿	橙白	蓝	蓝白	橙	棕白	棕
标号	1	2	3	4	5	6	7	8

568B 标准的线序定义依次为橙白、橙、绿白、蓝、蓝白、绿、棕白、棕，其标号如表 4-2 所示。

表 4-2　ANSI/EIA/TIA-568B 的线序颜色及标号

颜色	橙白	橙	绿白	蓝	蓝白	绿	棕白	棕
标号	1	2	3	4	5	6	7	8

根据 568A 和 568B 标准，在网络连接中，对传输信号来说，RJ-45 连接头（俗称水晶头）的各触点所起的作用分别是：1、2 用于发送，3、6 用于接收，4、5 及 7、8 是双向线；对与其相连接的双绞线来说，为降低相互干扰，要求 1、2 必须是绞缠的一对线，3、6 也必须是绞缠的一对线，4、5 相互绞缠，7、8 相互绞缠。由此可见，568A 和 568B 两个标准没有本质上的区别，只是连接 RJ-45 接口时 8 根双绞线的线序排列不同，在实际的综合布线工程施工中采用 568B 标准较多。

4.1.2　光纤

光导纤维（optical fiber，简称光纤）是一种由玻璃或塑料制成的纤维，它利用全内反射原理在纤维中传输光信号，实现光传导，如图 4-1 所示。光纤的发明归功于香港中文大学前校长高锟。

光纤的主要用途是通信。目前通信用的光纤基本上都是石英系光纤，其主要成分是高纯度石英玻璃，即二氧化硅（SiO_2）。

光纤通信系统利用光纤传输携带信息的光波，以达到通信的目的。

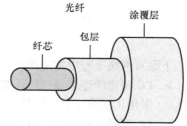

图 4-1　光纤结构

一般来说，按传输模式光纤可分为两类——多模光纤（Multi-Mode Fiber，MMF）和单模光纤（Single-Mode Fiber，SMF）。

1. 单模光纤

单模光纤是只有一股（大多数应用中为两股）玻璃光纤的光纤，纤芯直径为 8.3～10 μm，只有一种传输模式。由于芯径相对较窄，单模光纤只能传输波长为 1310 nm 或 1550 nm 的光信号。单模光纤的带宽比多模光纤高，但是对光源的谱宽和稳定性有较高的要求，即谱宽要窄，稳定性要好。

单模光纤主要用在多频数据传输应用中，例如，在波分多路复用（Wave-Division-Multiplexing，WDM）系统中经过复用的光信号只需要一根单模光纤就能实现数据传输。单模光纤的传输速率比多模光纤高，而且传输距离高 50 多倍，因此，其价格也高于多模光纤。在所有光纤种类中，单模光纤的信号衰减率最低，传输速度最大。

2. 多模光纤

多模光纤的纤芯直径为 50～100 μm，它可以在给定的工作波长上传输多种模式。相对于双绞线，多模光纤能够支持较长的传输距离，在 10 Mbit/s 及 100 Mbit/s 的以太网中，多模光纤最长可支持 2 km 的传输距离。由于多模光纤中传输的模式多达数百个，各个模式的传播常数（也称为模式有效折射率）和群速率不同，使得光纤的带宽窄，色散大，损耗也大，只适于中短距离和小容量的光纤通信系统。单模光纤和多模光纤的对比如表 4-3 所示。

表 4-3　单模光纤和多模光纤的对比

类别	光纤成本	传输设备	衰减	传输波长/nm	使用	距离	传输带宽	结论
单模光纤	价格适中	价格更昂贵	低	1260～1650	连接复杂	接入网/中等距离/长距离网络（大于 200 km）	几乎"无限"	提供更高的性能，但是网络建设成本高
多模光纤	价格昂贵	价格低	高	850～1300	芯径更大，易于处理	本地网络（小于 2 km）	有限	光纤的价格高，但是网络建设成本相对适中

　　光纤连接器是接入光模块的光纤接头，包括多种类型，且相互之间不可互用。不经常接触光纤连接器的人可能误以为 GBIC 模块和 SFP 模块的光纤连接器相同，其实它们并不相同。SFP 模块接的是 LC 型光纤连接器，GBIC 模块接的则是 SC 型光纤连接器。光纤连接器如图 4-2 所示。

FC型　　　SC型　　　ST型　　　LC型　　　MT-RJ型
图 4-2　光纤连接器

下面对网络工程中常用的光纤连接器进行说明。

➤ FC 型光纤连接器：外部加强方式是采用金属套，紧固方式为螺丝扣。一般在 ODF 侧采用（配线架上用得最多）。

➤ SC 型光纤连接器：用于 GBIC 模块的连接器。SC 型光纤连接器的外壳呈矩形，紧固方式采用插拔销闩，无须旋转（路由器交换机上用得最多）。

➤ ST 型光纤连接器：常用于光纤配线架，外壳呈圆形，紧固方式为螺丝扣（对 10Base-F 连接来说，连接器通常是 ST 型）。

➤ LC 型光纤连接器：用于 SFP 模块的连接器，采用操作方便的模块化插孔（RJ）闩锁机理制成（路由器常用）。

➤ MT-RJ 型光纤连接器：收发一体的方形光纤连接器。

4.2　传输接口

4.2.1　视频传输接口

　　常见的视频传输接口包括 BNC 接口、DVI、VGA 接口、DP 接口和 HDMI 等多种格式。

BNC 接口：一种用于同轴电缆的连接器，全称是 Bayonet Nut Connector（刺刀螺母连接器，这个名称形象地描述了这种接口外形），又称为 British Naval Connector（英国海军连接器）或者 Bayonet Neill Conselman（这种接口是一个名叫 Neill Conselman 的人发明的），如图 4-3 所示。BNC 接口有别于普通 15 针 D-SUB 标准接头的特殊显示器接口。它由 RGB 三基色信号及行同步、场同步 5 个独立信号接口组成，主要用于连接工作站等对扫描频率要求较高的系统。BNC 接口可以隔绝视频输入信号，使信号相互间干扰减少且信号频宽较普通 D-SUB 大，可以获得最佳信号响应效果。BNC 接口之所以作为常见的同轴视频线接口并没有被淘汰，是因为同轴电缆是一种屏蔽电缆，有传送距离长、信号稳定的优点。目前它还没有被大量用于通信系统中，如网络设备中的 E1 接口就是用两根 BNC 接口的同轴电缆来连接的，在高档的监视器、音响设备中也经常用来传送音频、视频信号。

DVI（Digital Visual Interface，数字视频接口）：1998 年 9 月，由在 Intel 开发者论坛上成立的数字显示工作小组发明的一种高速传输数字信号的技术，有 DVI-A、DVI-D 和 DVI-I 3 种不同的接口形式，如图 4-4 所示。DVI-D 只有数字接口，DVI-I 有数字和模拟接口，目前应用主要以 DVI-I 为主。DVI 基于 TMDS（Transition Minimized Differential Signaling，最小化传输差分信号）技术来传输数字信号，TMDS 运用先进的编码算法把 8 bit 数据（R、G、B 中的每路基色信号）通过最小转换编码为 10 bit 数据（包含行场同步信息、时钟信息、纠错等），经过 DC 平衡后，采用差分信号传输数据，和 LVDS、TTL 相比，它有较好的电磁兼容性能，可以用低成本的专用电缆实现长距离、高质量的数字信号传输。DVI 是一种国际开放的接口标准，在大屏拼接中得到广泛应用。

图 4-3　BNC 接口

图 4-4　DVI

VGA（Video Graphics Array）接口也称为 D-SUB 接口，如图 4-5 所示。在 CRT 显示器时代，VGA 接口是必备的。因为 CRT 是模拟设备，而 VGA 采用的也是模拟协议，所以它们理所当然可以匹配使用。VGA 接口通过 15 针插针式结构传输分量、同步等信号。它是很多旧型号的显卡、笔记本电脑和投影仪所使用的接口。后来出现的液晶显示器也带有 VGA 接口。液晶显示器内置 A/D 转换器，用于将模拟信号转换为数字信号并在屏幕上显示。

由于线材与信号干扰等一系列问题，VGA 一般仅支持 1080P 分辨率，在高分辨率下字体容易虚，若信号线长，则图像有拖尾现象。在数字设备高度发展的今天，VGA 接口已逐渐退出舞台。

DP（Display Port）接口是一个由 PC 及芯片制造商联盟开发、视频电子标准协会标准化的数字式视频接口标准，如图 4-6 所示。该接口免认证、免授权，主要用于视频源与显示器等设备的连接，同时支持携带音频、USB 和其他形式的数据。此接口的设计目的是取代传统的 VGA、DVI 和 FPD-Link 接口。通过主动或被动适配器，DP 接口可与传统接口（如 HDMI 和 DVI）向后兼容。DP 接口与目前主流的 HDMI 均属于数字高清接口，都支持通过信号线同时传输视频和音频信号。DP 接口从第一代就达到 10.8 Gbit/s 带宽。目前市面上最多的 DP 1.2

已经高达 21.6 Gbit/s，超越 HDMI 2.0，最新的 DP1.4 带宽也达到 32.4 Gbit/s。

图 4-5　VGA 接口　　　　　　　　　　　　　图 4-6　DP 接口

　　HDMI（High Definition Multimedia Interface，高清晰度多媒体接口）：2002 年提出，现在已经发展到 HDMI 2.1 标准，而且随着行业的发展，HDMI 2.1 标准已经能够支持 4K 下 120 Hz 及 8K 下 60 Hz，支持高动态范围成像（High Dynamic Range Imaging，HDR），可以针对场景或帧数进行优化，向后兼容 HDMI 2.0、HDMI 1.4。

　　如今很多显示器的内置音箱通过 HDMI 线就可以同时完成图像和声音的传输。这也是 HDMI 的一大优势。正因为如此，HDMI 成为目前显示器最常用的接口。

　　在物理接口上 HDMI 的类型主要有标准 HDMI、Mini HDMI 和 Micro HDMI，如图 4-7 所示。用于长距离传输的 HDMI 线一般线材较硬，此时尽量使用带有标准 HDMI 的设备，以得到稳固的连接。Mini HDMI 和 Micro HDMI 更适用于小型设备。

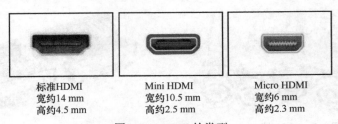

图 4-7　HDMI 的类型

　　在模拟视频监控系统中，使用最多的是 BNC 接口，而在数字视频监控系统中多采用 DVI、DP 接口、VGA 接口和 HDMI。

4.2.2　其他常见接口

1．RCA 接口

　　RCA（Radio Corporation of American）接口俗称莲花插座，又叫 AV 端子或者 AV 接口。它并不是专门为哪一种接口而设计的，既可以用于视频监控数据传输，又可以用于音频数据传输，同时它还是分量（YCrCb）的插座，如图 4-8 所示。RCA 接口通常都是黄色的视频接口和成对的音频接口。RCA 接口采用同轴传输信号的方式，中轴用来传输信号，外沿一圈的接触层用来接地，可以应用的场合包括模拟视频、模拟音频、数字音频和色差分量传输等。RCA 接口在视频监控系统中多用于编码器、DVR 等设备。

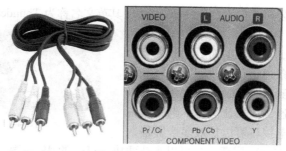

图 4-8　RCA 接口

3.5 mm 的音频接口分为三段式和四段式两种，如图 4-9 所示。三段式（如计算机上常见的立体声耳机）有 3 根线，从端部到根部依次是左声道、右声道和地线，其中，左声道常用红色线，右声道常用白色线；四段式（如手机耳机）共有 4 根线，从顶端到根部依次是左声道、右声道、麦克风和地线。在视频监控系统中，摄像机经常会用到 3.5 mm 的音频接口。

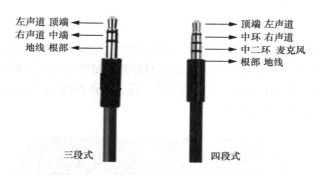

图 4-9　音频线三段式与四段式的区别

2. USB 接口

USB 接口早已被大家所熟知。以往 USB 接口主要用于传输数据，常见于移动硬盘等存储设备。现在 USB 3.1 Gen2 的速度已经达到 10 Gbit/s，设计标准也可以满足视频、数据兼顾传输。一些显示器也提供 USB 3.1 接口。USB 3.1 接口已经能够满足 4K 30P 的分辨率显示，大致与 HDMI 1.4 在同一水平。如果以后它再次升级，必将成为最通用的显示传输方式。需要注意的是，USB 3.1 Gen1 就是 USB 3.0，而 USB 3.1 Gen2 才是真正的 USB 3.1。

USB 3.1 是传输协议，而 USB 接口形状有好多种。USB 3.1 接口包括 Type-A、Type-B 和 Type-C。其中，Type-C 的形状最小，被宣传得也最多，如图 4-10 所示。通常人们所说的 Type-C 接口，仅仅是接口形状，它并不对等于 USB 3.1。Type-C 接口的好处在于可以正反插拔，部分 Type-C 接口也同样具有数据、电力、信号传输的功能，被应用到显示器上时可以带来很多方便。具有 Type-C 接口的笔记本电脑用户可以通过一个接口完成充电和连接显示器，还能使用显示器上拓展出来的 USB 接口，从而极大地减轻笔记本电脑的负担。

图 4-10　Type-C 接口

3. 雷电接口

雷电接口是 Intel 公司发布的 Light Peak 技术，其英文名称为 Thunderbolt，如图 4-11 所示。
雷电接口融合了 PCI Express 数据传输技术和
DisplayPort 显示技术，可以同时对数据和视频信
号进行传输，并且每条通道都提供双向 10 Gbit/s
带宽，目前雷电 4 达到 40 Gbit/s。雷电接口可以
和外部显卡坞进行相连，从而让笔记本电脑具备
独立的显卡功能。雷电接口可以扩展多个屏幕，

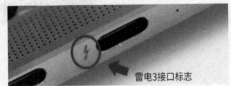

雷电3接口标志

图 4-11　雷电接口

可以支持一块 120 Hz 的 4K 屏幕，也可以支持两块 60 Hz 的 4K 屏幕，还可以支持 60 Hz 的
5K 显示屏。雷电接口可以通过雷电线、雷电扩展坞和各种设备进行相连以实现数据传输、视
频输出、音频输出等功能。

4.3　传输设备

1. 交换机

交换机（switch）意为"开关"，是一种用于转发电（光）信号的网络设备。它可以为接
入交换机的任意两个网络节点提供单独的电信号通路。最常见的交换机是以太网交换机，如
图 4-12 所示。交换机工作在 OSI 参考模型的第二层，即数据链路层。交换机在视频监控系统
中是视频数据传输的重要组成部分。

图 4-12　以太网交换机

2. 路由器

路由器（router）是连接 Internet 中各局域网、广域网的设备，它会根据信道的情况自动
选择和设定路由，以最佳路径按前后顺序发送信号。路由器是互联网的枢纽，是"交通警察"，
如图 4-13 所示。目前，路由器已经广泛应用于各行各业，各种档次的路由器已成为实现各种
骨干网内部连接、骨干网互联和骨干网与互联网互联互通业务的主力军。路由器和交换机之
间的主要区别就是交换机工作在 OSI 参考模型的第二层，即数据链路层，而路由器工作在第
三层，即网络层。

图 4-13　路由器

3. 防火墙

防火墙（firewall）是一套由软件和硬件组成的系统，它在内部网络与外部网络的交界处建立起一道保护屏障，如图 4-14 所示。它既是一个实际的技术实现，也是一种形象的安全策略。防火墙的主要作用是在 Internet 与 Intranet 之间构建一个安全网关，保护内部网络不受非法用户的侵入和潜在的网络威胁。防火墙主要由服务访问规则、验证工具、包过滤和应用网关 4 部分组成。

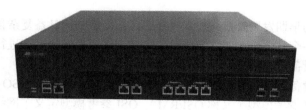

图 4-14 防火墙

防火墙作为计算机与其所连接网络之间的守护者，对所有进出的通信和数据包进行审查。在现代网络系统中，尤其是涉及广域网互联或接入 Internet 的场景，防火墙是必不可少的组件。

对于视频监控系统，如果防火墙配置不当，可能会错误地拦截或阻碍系统中正常通信的信令和数据报文，影响系统的正常运行。

4. 光纤收发器

光纤收发器（fiber converter）是一种将短距离的双绞线电信号和长距离的光信号进行互换的以太网传输媒体转换单元，在一些地方被称为光电转换器。这种产品一般应用在以太网电缆无法覆盖、必须使用光纤来延长传输距离的网络环境中，而且通常定位于宽带城域网的接入层应用。

光纤收发器本质上只是完成不同介质间的数据转换，可以实现 0～120 km 两台交换机或计算机之间的连接，但实际上却有更多的扩展应用。

- 实现交换机之间的互联。
- 实现计算机之间的互联。
- 实现交换机和计算机之间的互联。
- 单多模转换。当网络间需要进行单多模连接时，可以用一台单多模转换器进行转换。
- 波多复用传输。当长距离光缆资源不足时，为了提高光缆的使用率，降低成本，可以将收发器和波多复用器配合使用，让两路信息在一对光纤上传输。

光端机由发射机和接收机组成，分别负责将电信号转换为光信号以及将接收到的光信号还原为电信号，以供下一级设备使用。光端机的主要功能是对图像、语音和数据信号进行数字化处理，并执行复用操作，将这些数字信号转换成光信号进行传输；在接收端，再将这些光信号转换回原始的电信号形式。

光纤收发器与光端机在光电转换这一基本功能上是相同的。然而，它们之间存在差异：光纤收发器仅执行光电转换，不涉及编码变更或数据处理，通常用于银行、教育等行业的网络构建；光端机除了完成光电转换以外，还对数据信号进行进一步处理，这使其特别适用于对视频传输实时性要求较高的领域，如安防监控、远程教育和视频会议等。

4.4 数据通信基础知识

4.4.1 概述

在计算机网络的早期发展阶段，技术发展迅猛，网络结构日益复杂化。层出不穷的新的协议和技术伴随着一个问题：大部分网络设备制造商按照自己的标准进行研发和设计，这使得不同厂商的网络设备彼此不兼容，很难相互通信。

为了解决网络设备的兼容性问题，促进网络设备间的互相通信，ISO 在 1985 年提出了网络互联模型，即 OSI 参考模型（又称 OSI/RM）。OSI 参考模型定义了网络互联的 7 层——物理层、数据链路层、网络层、传输层、会话层、表示层和应用层。该模型详细规定了每一层的功能，以实现开放系统环境中的互联性、互操作性和应用的可移植性。OSI/RM 和 TCP/IP 模型的对比如表 4-4 所示。

表 4-4　OSI/RM 和 TCP/IP 模型的对比

OSI/RM	TCP/IP 模型	TCP/IP 栈
应用层	应用层	FTP、SMTP、DNS、HTTP、Telnet 等
表示层		
会话层		
传输层	传输层	TCP、UDP
网络层	网络层	IP、ARP、RARP、ICMP
数据链路层	网络接口层	各种通信网络接口（以太网等）
物理层		

TCP/IP（Transmission Control Protocol/Internet Protocol，传输控制协议/互联网协议）是网络通信协议，它不仅规范了网络上的所有通信设备，而且规范了主机与主机之间的数据往来格式及传输方式。TCP/IP 是 Internet 的基础协议，也是一种计算机数据打包和寻址的标准方法。在数据传送中，可以把 TCP 和 IP 形象地理解为两个信封，将要传递的信息被划分为若干段，一段塞进一个 TCP 信封，并在该信封的封面上记录分段号的信息，再将 TCP 信封塞入 IP 大信封，然后发送至网络。在接收端，TCP 软件包收集信封，抽出数据，按发送前的顺序还原，并加以校验，若发现差错，TCP 将会要求重发。因此，TCP/IP 在 Internet 中几乎可以无差错地传送数据。普通用户并不需要了解网络协议的整个结构，仅需要了解 IP 的地址格式，即可以与世界各地进行网络通信。

视频监控业务属于数据量大的实时业务。业界通常采用 UDP，充分利用其高有效性（低可靠性）、低网络开销、低延时的特点，但是 UDP 在质量差的网络环境中会影响图像质量。在基于 IP 网络传输的视频监控系统中，对网络质量有如下 3 点要求。

> 网络时延上限：400 ms。

> 时延抖动上限：50 ms。

> 丢包率上限：1/1000。

在设计、建设视频监控系统时，应充分评估网络流量模型，合理应用各种网络技术，以达到实时视频通信业务要求的网络质量标准。TCP 与 UDP 的区别如表 4-5 所示。

表 4-5　TCP 与 UDP 的区别

协议	连接服务的类型	维护的连接状态	对应用层数据的封装	数据传输	流量控制
TCP	面向连接	维护端到端的连接状态	对应用层数据进行分段和封装，用端口标识应用层程序	通过序列号和应答机制确保可靠传输	使用滑动窗口机制控制流量
UDP	无连接	不维护连接状态	同上	不确保可靠传输	无流量控制机制

4.4.2　子网的划分

IP 地址是以网络号和主机号来标识网络上的主机的。我们把网络号相同的设备归属为本地网络，而把网络号不相同的设备归属为远程网络。本地网络中的主机可以直接相互通信，而远程网络中的主机要相互通信必须通过本地网关来传递转发数据。

1. 子网掩码的概念及作用

子网掩码（subnet mask）又叫网络掩码、地址掩码，必须结合 IP 地址一起使用。

只有通过子网掩码，才能表明一台主机所在的子网与其他子网的关系，使网络正常工作。

通过子网掩码和 IP 地址进行"与"运算，可以区分出 IP 地址中的网络部分和主机部分，从而判断该 IP 地址是在本地网络上还是在远程网络上。

子网掩码还用于将网络划分为若干子网，以避免因主机过多而导致的网络拥堵，或因主机过少而导致的 IP 浪费。

在 Windows 操作系统中子网掩码的设置过程如图 4-15 所示。

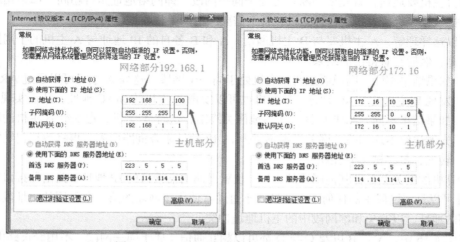

图 4-15　Windows 操作系统的子网掩码设置

2. 子网掩码的组成

同 IP 地址一样，子网掩码由 32 位二进制数组成。

在子网掩码中，对应于 IP 地址的网络部分，则子网掩码被设置为 1，而对应于主机部分，则设置为 0。

示例：11111111.11111111.11111111.00000000。

注意：左边连续的 1 的个数代表网络号的长度（使用时必须是连续的，理论上也可以不连续），右边连续的 0 的个数代表主机号的长度。

3. 子网掩码的表示方法
子网掩码的表示方法有如下两种。

➢ 点分十进制表示法，即将 32 位二进制数转换为十进制数，每 8 位用点号（.）隔开。例如，子网掩码的二进制表示 11111111.11111111.11111111.00000000 转换为十进制就是 255.255.255.0。

➢ CIDR 斜线记法，即在 IP 地址后面加上一条斜线（/），然后写上网络前缀所占的位数。即 IP 地址/n。

例 1：192.168.1.100/24 的子网掩码为 255.255.255.0，二进制表示为 11111111.11111111.11111111.00000000。其中的 24 表示网络前缀占用了 24 位，剩下的 8 位用于主机部分。

例 2：172.16.198.12/20 的子网掩码为 255.255.240.0，二进制表示为 11111111.11111111.11110000.00000000。其中的 20 表示网络前缀占用了 20 位，剩下的 12 位用于主机地址。

不难发现，例 1 共有 24 个 1，例 2 共有 20 个 1，CIDR 斜线记法中的 n 就是这么来的。互联网服务提供商常用这样的方法为客户分配 IP 地址。

注：n 为 1～32 的数字，表示子网掩码中网络号的长度，通过 1 的个数，可以确定子网的主机数为 $2^{(32-n)} - 2$（此处的减 2 是因为在每个子网中，主机位全为 0 时表示本网络的网络地址，主机位全为 1 时表示本网络的广播地址，这是两个特殊地址，不能分配给具体的网络设备）。

4. 为什么要使用子网掩码
前面内容提到，子网掩码可以分离 IP 地址中的网络地址和主机地址，为什么要分离呢？因为两台主机要通信，首先要判断是否处于同一网段，即网络地址是否相同。如果相同，那么可以把数据包直接发送到目标主机，否则需要路由网关将数据包转发到目的地。

可以这样理解：A 主机要与 B 主机通信，A 和 B 各自的 IP 地址与 A 主机的子网掩码进行与运算，然后查看得出的结果。

➢ 如果结果相同，则说明这两台主机处于同一个网段，这样 A 主机可以通过 ARP 广播发现 B 主机的 MAC 地址，B 主机也可以发现 A 主机的 MAC 地址，从而实现通信。

➢ 如果结果不同，ARP 广播会在本地网关终结，这时 A 主机会把发给 B 主机的数据包先发送给本地网关，网关根据 B 主机的 IP 地址来查询路由表，再将数据包继续传递转发，最终送达 B 主机。

计算机的网关就是到其他网段的出口，也就是路由器接口的 IP 地址。路由器接口使用的 IP 地址可以是本网段中的任何一个地址，不过通常使用该网段的第一个可用的地址或最后一个可用的地址，以避免和本网段中的主机地址冲突。

在图 4-16 中，A 与 B 以及 C 与 D 都可以相互通信（属于同一网段，不用经过路由器），但是 A 与 C、A 与 D、B 与 C 及 B 与 D 不属于同一网段，因此它们之间的通信需要经过本地网关，然后路由器根据对方 IP 地址，在路由表中查找恰好匹配到对方 IP 地址的直连路由，并通过与对方 IP 地址匹配的网关接口转发数据包，从而实现不同网段之间的互联互通。

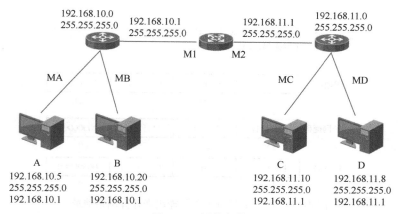

图 4-16　网络拓扑

5. 子网掩码的分类

1）缺省子网掩码

缺省子网掩码也叫默认子网掩码，即未划分子网，对应的网络号的位都置 1，主机号都置 0。

未做子网划分的 IP 地址的表示形式为网络号 + 主机号。

A 类网络的缺省子网掩码为 255.0.0.0，用 CIDR 表示为/8。

B 类网络的缺省子网掩码为 255.255.0.0，用 CIDR 表示为/16。

C 类网络的缺省子网掩码为 255.255.255.0，用 CIDR 表示为/24。

2）自定义子网掩码

自定义子网掩码是指将一个网络划分成子网后，把原本主机号位置的一部分划给子网号，余下的划给子网的主机号。具体形式如下。

做子网划分后的 IP 地址的表示形式为网络号 + 子网号 + 子网主机号。

例如，192.168.1.100/25 的子网掩码表示为 255.255.255.128。意思是将 192.168.1.0 这个网段的主机位的最高 1 位划分为子网。

6. 子网掩码和 IP 地址的关系

子网掩码是判断任意两台主机的 IP 地址是否属于同一网络的依据，通过将双方主机的 IP 地址和自己主机的子网掩码做与运算，如果结果为同一网络，就可以直接通信。

与运算是计算机中一种基本的逻辑运算，符号表示为&，也可以表示为 and。

参与运算的两个数据，按二进制位进行与运算。

运算规则：0&0 = 0；0&1 = 0；1&0 = 0；1&1 = 1。

即两位同时为 1，结果才为 1，否则为 0。

根据 IP 地址和子网掩码来计算网络地址的步骤如下。

➢ 将 IP 地址与子网掩码的十进制数转换为二进制数。

➢ 将二进制形式的 IP 地址与子网掩码做与运算。

➢ 将得出的结果转换为十进制数，便得到网络地址。

图 4-17 展示了一个示例。

网络地址计算小技巧：IP 地址和子网掩码做与运算，把 IP 地址的主机位直接归 0，就可以快速得到网络地址。所以只要一看到 IP 地址和子网掩码，就能马上确认网络地址。

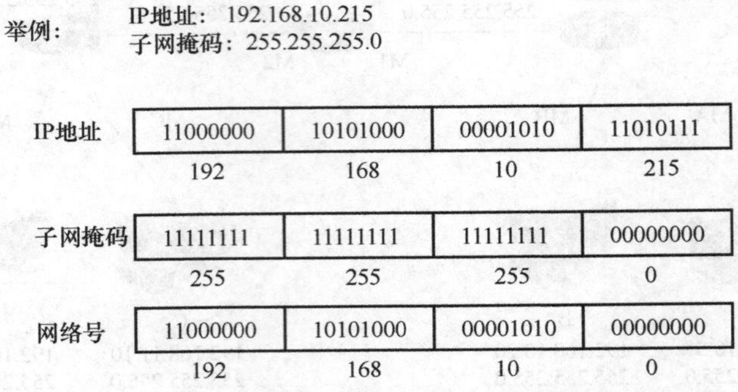

举例：　　　　IP地址：192.168.10.215
　　　　　　　子网掩码：255.255.255.0

IP地址	11000000	10101000	00001010	11010111
	192	168	10	215

子网掩码	11111111	11111111	11111111	00000000
	255	255	255	0

网络号	11000000	10101000	00001010	00000000
	192	168	10	0

图 4-17　根据 IP 地址和子网掩码来计算网络地址

4.4.3　特殊 IP 地址

127.0.0.1 是一个保留地址，专门用于网络软件测试以及本地机进程间通信，叫作回送地址。任何应用程序，一旦使用回送地址发送数据，协议软件立即会返回，不进行任何网络传输（信息不会传播到局域网/广域网上）。

10.*.*.*、172.16.*.* ～172.31.*.*、192.168.*.*均表示私有 IP 地址，如表 4-6 所示。私有 IP 地址被大量使用在内部网络中，视频监控系统几乎全部使用私有 IP 地址。当使用私有 IP 地址接入 Internet 时，需要使用网络地址转换（Network Address Translation，NAT）将私有 IP 地址转换为公网 IP 地址。

表 4-6　私有 IP 地址

IP 地址区段	IP 数量	分类网络说明	最大 CIDR 区块（子网掩码）	主机端位长
10.0.0.0～ 10.255.255.255	16 777 216	单个 A 类网络	10.0.0.0/8 （255.0.0.0）	24 位
172.16.0.0～ 172.31.255.255	1 048 576	16 个连续 B 类网络	172.16.0.0/12 （255.240.0.0）	20 位
192.168.0.0～ 192.168.255.255	65 536	256 个连续 C 类网络	192.168.0.0/16 （255.255.0.0）	16 位

0.0.0.0：表示一个集合，即所有在本地的路由表中没有特定条目指明到达方式的主机和网络。如果在网络设置中设置了默认网关，那么 Windows 操作系统会自动产生一个目的地址为 0.0.0.0 的默认路由。

255.255.255.255：表示受限制的广播地址。对本机来说，这个地址指本网段（同一广播域）内所有的主机。该地址用于主机配置过程中 IP 数据包的目的地址，这时主机可能还不知道其所在网络的网络掩码，甚至不知道自己的 IP 地址。任何情况下，路由器都会禁止转发目的地址为受限制的广播地址的数据包，因此这样的数据包仅出现在本地网络中。

224.0.0.1：组播地址。要注意组播地址和广播地址的区别。224.0.0.0～239.255.255.255 都是组播地址。224.0.0.1 特指所有主机，224.0.0.2 特指所有路由器。组播地址多用于一些特定的程序及多媒体程序。

直接广播地址：一个网络中的最后一个地址（也就是主机号全为 1 的地址）为直接广播地址。主机使用直接广播地址把一个 IP 数据包发送到本地网段的所有设备上，路由器会转发这个数据包到特定网络的所有主机上。

4.5　有线网络规划设计

4.5.1　VLAN 规划

VLAN（Virtual Local Area Network，虚拟局域网）技术是网络管理中的一项重要工具。随着视频专网用户和终端设备的大规模接入，网络中的广播流量急剧增加。通过 VLAN 技术，可以把一定规模的用户和终端设备归纳到一个广播域中，从而限制视频专网的广播流量，提高带宽利用率。

在数据转发时，VLAN 支持二层和三层两种转发方式。二层 VLAN 能将一组用户归纳到同一个广播域，从而限制广播流量，提高带宽利用率。三层 VLAN 则基于 IP，它允许一组用户归纳到同一个网段内，并通过网关与其他组进行数据交换。

在进行网络用户的 VLAN 规划方面，一般可根据视频用户、前端设备、后台设备等所属的部门及具体的网络应用权限来划分。在具体的 VLAN 规划过程中，应合理地规划每个 VLAN 中用户的数量。

在规划 VLAN 资源时，常用的做法或建议如下。

➢ 在所有设备上不启用 VLAN1 的三层接口地址，也不使用 VLAN1 来承载实际业务或者管理 VLAN。

➢ 全网每台设备的管理 VLAN 可以统一配置，方便设备的预配置与日常管理。

➢ 建议按照地理位置或逻辑区域对 VLAN 资源进行划分。所有网络摄像机应遵从所在区域的 VLAN 规划。

➢ 虽然在不同的汇聚设备上使用相同的 VLAN 在技术上并不冲突，但是这种做法不推荐，因为它会对后期的维护和故障的排除造成很大的困难。

➢ 如果建设网络所使用的设备不能直接在端口上配置互联用的 IP 地址，则需要绑定相应的 VLAN，还需要单独划分出来一大段 VLAN 资源用于设备互联，一般建议全网设备互联用 VLAN 按照链路去划分，每条链路使用一个专用的互联 VLAN。

备注：交换机中标记 VLAN 的数据长度是 12 位，所以 VLAN 的取值范围是 0～4095，通常 0 和 4095 是系统保留的，1 是交换机的默认 VLAN 号。

4.5.2　网络 IP 地址规划

合理分配 IP 地址是保证网络顺利运行和网络资源有效利用的关键，要充分考虑地址空间的合理使用，保证实现最佳的网络内地址分配及业务流量的均匀分布。IP 地址空间的分配和合理使用与网络拓扑结构、网络组织及路由有非常密切的关系，将对网络的可用性、可靠性与有效性产生显著影响。因此，在对网络 IP 地址进行规划建设的同时，应充分考虑本地网络对 IP 地址的需求，以满足未来业务发展对 IP 地址的需求。

为了保证网络系统的互联，以及网络系统具有良好的扩展性，IP 地址的划分应遵循如下原则。

> 唯一性：IP 网络中两个主机不能使用相同的 IP 地址。
> 简单性：地址分配应简单、易于管理，降低网络扩展的复杂性。
> 连续性：为每个单位划分一段连续的子网，以便进行路由总结，缩减路由表，提高路由算法的效率。
> 可扩展性：在地址分配的过程中，每一层次上都应留有余量，以便在扩展网络规模时保证地址总结所需的连续性。
> 灵活性：地址分配应具有灵活性，可借助可变长子网掩码技术，以优化多种路由策略，充分利用地址空间。
> 层次性：按照连续比特分割法，以一定层次和规则，将整个地址空间划分为大小不同、用途各异的规范化 IP 地址块空间。IP 地址的划分应恪守 CIDR 标准，以有利于 IP 路由的聚集。

在项目的组网方案中，将遵循视频专网及现有网络的 IP 地址规范进行 IP 地址设置。

在视频监控系统中，需要对摄像机/编码器前端、视频管理服务器/流媒体服务器、视频存储服务器、视频解码器、业务终端五大类设备进行 IP 地址规划。

在中小型视频监控系统中，当需要 IP 地址的设备不多时，可以简单地给摄像机/编码器前端设备分配一个 C 类地址段，其余设备另分配一个 C 类地址段。

在大型视频监控系统中，摄像机/解码器前端设备数以千计，可以按照地理位置、行政区域或网络汇聚区域来分配 IP 地址，在分配 IP 地址时应遵循连续性、唯一性原则，并为将来扩容预留一定数量的 IP 地址。视频管理服务器/媒体转发服务器、视频存储服务器、视频解码器、业务终端四大类的设备数量不会太多，应分别为每类设备分配一个网段的 IP 地址。

以某市平安城市为例划分 IP 地址，前端网络摄像机共有 3000 台。其中，A 区有网络摄像机 600 台，B 区有 900 台，C 区有 1300 台，D 区有 200 台，另有视频管理服务器/媒体转发服务器 10 台、视频存储服务器 120 台、视频解码器 80 台、业务终端 200 台。应采用私网地址划分 IP 地址。

因为私网可使用的 IP 地址比较多，所以在分配地址时，应尽量多预留。A 区采用的 IP 地址段为 192.168.0.1/24～192.168.30.254/24，共计 31 个 C 类地址段，可以容纳 7874 台设备；B 区采用的 IP 地址段为 192.168.31.1/24～192.168.70.254/24，共计 40 个 C 类地址段，可以容纳 10 160 台设备；C 区采用的 IP 地址段为 192.168.71.1/24～192.168.130.254/24，共计 60 个 C 类地址段，可以容纳 15 240 台设备；D 区采用的 IP 地址段为 192.168.131.1/24～192.168.150.254/24，共计 20 个 C 类地址段，可以容纳 5080 台设备；视频存储服务器采用的 IP 地址段为 192.168.151.1/24～192.168.160.254/24，视频解码器采用的 IP 地址段为 192.168.161.1/24～192.168.180.254/24，业务终端采用的 IP 地址段为 192.168.181.254/24～192.168.200.254/24，视频管理服务器/媒体转发服务器采用的 IP 地址段为 192.168.201.1/24～192.168.210.254/24。

当采用以上方式进行 IP 地址分配时，由于私网 IP 地址数量较多，因此应尽可能多地预留 IP 地址。当 IP 地址数据不多时，需要精确计算可用的 IP 地址数量，应连续分配，尽量减少浪费；当 IP 地址数量较多时，可以根据设备汇聚的三层交换机划分整段的 IP 地址，以增强系统的可维护性。

4.6 无线网络规划设计

4.6.1 无线通信基础知识

无线通信是一种基于电磁波信号在自由空间传播的信息交换方式，它能够实现从数米（如电视遥控器的使用范围）到数千甚至数百万千米（如无线电通信）的通信距离。近年来，在信息通信领域，无线通信技术以其迅猛的发展速度和广泛的应用范围，成为最受瞩目的技术之一。当无线通信技术应用于移动环境中时，我们通常称之为移动通信。综合来看，人们通常将无线通信和移动通信合称为无线移动通信，这一术语涵盖了从短距离到长距离、从静止到移动的各种通信场景。

按照传输距离，无线通信分为近距离和远距离两种。

➢ 近距离无线通信包括蓝牙、Wi-Fi、UWB、ZigBee、红外、Home RF、RFID（无线射频识别）等。

➢ 远距离无线通信包括 GPRS（2.5G）、WCDMA/CDMA2000/TD-SCDMA（3G）/TD-LTE（4G）/5G 等。

无线通信技术的相关内容如表 4-7 所示。

表 4-7　无线通信技术的相关内容

速率	接入技术	传输技术类型	速率	功耗	频段授权
高速率	3G：HSPA/CDMA1X/TDS	远距离	2.8～14.1 Mbit/s	高	授权
	4G：LTE/LTE-A/LTE-M	远距离	100 Mbit/s	高	授权
	5G	远距离	1 Gbit/s	高	授权
	Wi-Fi	近距离	11～50 Mbit/s	较高	非授权
	UWB	近距离	53～480 Mbit/s	较高	非授权
中速率	MTC/eMTC	近距离	1 Mbit/s	较高	非授权
	蓝牙	近距离	1 Mbit/s	较高	非授权
低速率	2G：GPRS/GSM	远距离	236 kbit/s	较高	授权
	NB-IoT	远距离	100 kbit/s	低	授权
	SigFox	远距离	0.1 kbit/s	低	非授权
	LoRa	远距离	0.3～50 kbit/s	低	非授权
	ZigBee	近距离	20～250 kbit/s	低	非授权
	NFC	近距离	106～868 kbit/s	低	非授权

1. 无线通信系统模型

通信系统是通信中所需要的一切技术设备和传输媒质构成的总体。通信系统由发送端、接收端和传输媒介组成，如图 4-18 所示。通信系统的发送端由信息源和发射机组成，接收端由接收机和终端设备组成。

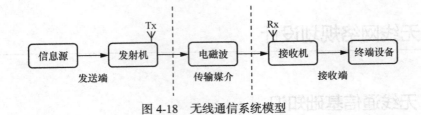

图 4-18　无线通信系统模型

发射机（Tx）对原始信号进行转换，形成已调制射频信号（如高频电磁波），通过发射天线送出。

接收机（Rx）接收信号，放大、变频后，将其进行解调，再送给终端设备。

在森林防火、海岸、航道与运河、边境、油田等野外环境中，有线视频传输价格高昂且不现实，因此普遍采用微波扩展频谱无线传输技术。微波扩展频谱无线传输技术简称微波扩频技术，是一种民用无线网络通信技术，其主要技术特点是采用 900 MHz、2.4 GHz 或 5.8 GHz微波频段作为传输媒介，以先进的扩展频谱方式发射 TCP/IP 网络信号，并可采用 WPA2、WPA3 等 IEEE 802.11i 无线加密技术对信号进行加密，实现点对点、点到多点组网通信。

2. 无线电波

无线电波的 3 个基本参数包括频率、波长和波速，三者间的关系为波速 = 波长 × 频率，用字母表示为 $c = \lambda \times f$。无线电波在真空中的传播速度为 3×10^8 m/s，与光速相同；它在空气中传播的速度与真空中的近似。因此，无线电波的波长越长，频率越低，波长越短，频率越高。

无线电波分为长波、中波、中短波、短波以及微波等，频率范围为 30 kHz～300 GHz，它们的传输特性各不相同。无线是通过电磁波来传输数字信号的一种方式。

长波通信：频段命名为低频（Low Frequency，LF），波长范围为 1～10 km，频率范围为 30～300 kHz，也叫低频通信。它可细分为在长波（波长范围为 10～1000 m）、甚长波（波长范围为 10～100 km）、超长波（波长范围为 1000～10 000 km）和极长波（波长范围为 1～100 000 km）波段的通信。由于大气层中的电离层对长波有强烈的吸收作用，因此长波主要靠沿着地球表面的地波传播，其传播损耗小且能够绕过障碍物，长波的传输距离可以长达数千千米。但是长波的天线设备庞大、昂贵，通信速率低，一个码元的传输时间超过 30 s，只能发送简短报文。长波主要用于潜艇和远洋潜艇通信等领域。

中波通信：频段命名为中频（Medium Frequency，MF），波长范围为 100～1000 m，频率范围为 300 kHz～3 MHz。中波传播的主要途径是地波，只有一小部分以天波形式传播。大地是导体，对中波的吸收较强，故地波形式的中波传输距离只能达到 200～300 km。由于阳光的照射，电离层密度增大而变成良导体，致使以天波形式传播的一小部分中波进入电离层被强烈吸收，难以返回地面；而夜间大气不再受阳光照射，电离层中的电子和离子相互复合而显著增加，对电波的吸收作用大大减弱，这时中波可以通过天波形式传送到较远的距离。中波在民用领域主要用于广播电台。

短波通信：频段命名为高频（High Frequency，HF），波长范围为 10～100 m，频率范围为 3～30 MHz。在短波通信中，电波要经电离层的反射才能到达接收设备，因此这种通信方式的通信距离较远，是远程通信的主要手段。短波通信系统由发信机、发信天线、收信机、收信天线和各种终端设备组成。发信天线多采用宽带的同相水平，菱形或对数周期天线，收信天线还可使用鱼骨形和可调的环形天线阵。终端设备的主要作用是使收发支路的四线系统与常用的二线系统衔接时，增加回声损耗防止振鸣，并提供压扩功能。短波通信工作原理如图 4-19 所示。

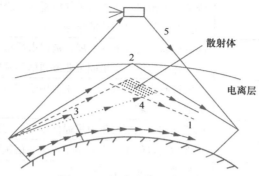

图 4-19 短波通信工作原理

由于电离层的高度和密度容易受昼夜、季节、气候等因素的影响，因此短波通信的稳定性较差，噪声较大。不过短波通信设备具有使用方便、组网灵活、价格低廉、抗毁性强的优点，适用于应急、抗灾通信和远距离越洋通信等领域。

超短波通信：频段命名为甚高频（Very High Frequency，VHF），波长范围为 1～10 m，频率范围为 30～300 MHz，也称米波通信，主要依靠地波传播和空间波视距传播。因为频带较宽，所以被广泛应用于电视、调频广播、雷达探测、移动通信、军事通信等领域。

微波通信：波长范围为 1 mm～1 m，频率范围为 300 MHz～300 GHz，该波可分为分米波、厘米波、毫米波和亚毫米波。

➢ 分米波的波长范围为 0.1～1 m，频率范围为 300～3000 MHz，称为特高频（Ultra High Frequency，UHF）。

➢ 厘米波的波长范围为 1～10 cm，频率范围为 3～30 GHz，称为超高频（Super High Frequency，SHF）。

➢ 毫米波的波长范围为 1 mm～1 cm，频率范围为 30～300 GHz，称为极高频（Extremely High Frequency，EHF）。

由于微波的频率越高，波长越短，它的地波衰减越快，因此传播方式主要是空间的直线传播，而且能够穿过电离层不被反射，但是容易被空气中的雨滴所吸收。因为微波的直线距离一般在 50 km 以内，所以需要经过中继站或者通信卫星将它反射后传播到预定的远方。

微波的电磁谱具有一些不同于其他波段的特点。由于微波的波长远小于地球上的飞机、船只及建筑物等物体的尺寸，所以其特点和几何光学相似，通常呈现为穿透、反射、吸收特性。在通信系统中，微波波段通常被制成高方向性的系统（如抛物面金属反射器）来反射收集微波信号。

由于微波的频率范围是 300 MHz～300 GHz，因此具有非常宽的频带，在雷达和常规微波技术中常用拉丁字母 L、S、C、X、Ku、Ka 及 Q/V 来表示更细的波段划分，如表 4-8 所示。

表 4-8 卫星通信使用无线电频率概况

频段	频率范围（频段）/GHz	使用情况
L	1～2	资源几乎殆尽。主要用于地面移动通信、卫星定位、卫星移动通信及卫星测控链路等领域

续表

频段	频率范围（频段）/GHz	使用情况
S	2～4	资源几乎殆尽。主要用于气象雷达、船用雷达、卫星定位、卫星移动通信及卫星测控链路等领域
C	4～8	随着地面通信业务的发展，被侵占严重，已近饱和。主要用于雷达、地面通信、卫星固定业务通信等领域
X	8～12	通常被政府和军方占用。主要用于雷达、地面通信、卫星固定业务通信等领域
Ku	12～18	已近饱和。主要用于卫星通信领域，支持互联网接入
Ka	26～40	正在被大量使用。主要用于卫星通信领域，支持互联网接入
Q/V	36～46/46～75	开始进入商业卫星通信领域

因为微波具有稳定直线传播特性和非常宽的频谱，所以微波的各个频段成为现代无线通信中非常重要的波段，其应用范围远超长波、中波、短波和超短波。微波最重要的应用是雷达和通信。雷达用于国防安全、导航、气象测量和交通管理等方面；通信应用主要是现代卫星通信和常规的中继通信。

因为无线电对现代通信极其重要而且频谱资源有限，所以无线电频谱成了一种十分宝贵的管制资源。国际无线电管理委员会对无线电各频段资源进行了全球划分，规定了各频段所对应的用途，例如，2000～2300 kHz 频段用于海事通信，而 2182 kHz 保留为紧急救难频率；10 005～10 100 kHz 频段用于航空通信。任何单位或个人都不得擅自使用频谱资源，以避免对商业及军事无线通信造成干扰。

4.6.2 无线视频传输方式

随着近年来全国范围内"平安城市""雪亮工程"项目推进，虽然城市重点区域都已实现视频监控覆盖，但是城市内视频监控探头安装密度不够，无法做到"监控无死角"。另外，在应对突发事件、警卫安保、案件现场勘查、实时指挥等场景时，固定式视频监控可能无法满足需求。在这些情况下，临时搭建的无线应急布控方案更有优势。

无线视频监控系统采用网络传输方式包括 4G/5G（移动通信网络）、Wi-Fi 网络、无线网桥、COFDM（无线射频图传）等。在实际应用中，可根据实际情况合理选择。

1. 4G/5G 传输方式

针对移动视频监控、移动终端应用和大范围覆盖等场景，可以选择 4G/5G 传输方式。通过使用集成了无线网卡的监控设备，可以直接接入运营商提供的移动通信网络。这类设备包括无线网络摄像机和无线网络视频录像机（Network Video Recorder，NVR）等。

1）4G/5G 专网现场布控

（1）应用场景。

该方式适用于监控设备相对分散但距离又不遥远（3～5 km），且无运营商网络覆盖，无法将视频远程传输回指挥中心的场景。例如，在突发灾害、反恐制暴、抢险救灾、偏远山区等情况下，4G/5G 专网现场布控可以发挥重要作用，如图 4-20 所示。

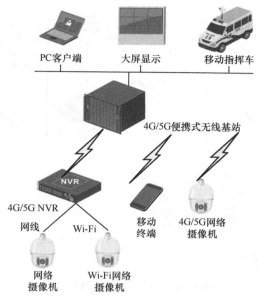

图 4-20　4G/5G 专网现场布控

（2）应用方式。

➤ 须架设前端设备，可在视角良好的位置固定部署 4G/5G 网络摄像机，如果不具备条件，可以部署手持的 4G/5G 移动终端。对于较远距离的夜晚监控，可以选择热成像摄像机。

➤ 如果在本地存储录像，或者利用已有监控设备完成无线传输，可部署 4G/5G NVR。通过网线或者 Wi-Fi 与网络摄像机连接，利用 4G/5G NVR 的无线传输功能实现视频回传。

➤ 现场架设 4G/5G 专网应急指挥一体机（自带基站功能），接入部署的无线前端、后端设备。一体机可通过 VGA/HDMI 线连接显示屏以查看接入设备的视频图像。

➤ 对于不方便取电的野外环境，还需要配备电池设备、保护箱体，满足防水、防尘、防爆的"三防"要求，保证在户外恶劣天气条件下也能正常供电。

2）4G/5G 公网应急布控

（1）应用场景。

该方式适用于有运营商网络信号覆盖，且可以接入公安内网，需要在指挥中心远程监控现场的场景。4G/5G 公网应急布控如图 4-21 所示。

（2）应用方式。

➤ 须架设前端设备，可在视角良好的位置固定部署 4G/5G 网络摄像机，如果不具备条件，可以部署手持的 4G/5G 移动终端。

➤ 如果在本地存储录像，或者利用已有监控设备完成无线传输，可部署 4G/5G NVR，通过网线或者 Wi-Fi 与网络摄像机连接，利用 4G/5G NVR 的无线传输功能实现视频回传。

➤ 通过运营商 4G/5G VPN 专网传输，运营商 VPN 专网与公安内网通过安全网闸交换，可以使临时布控现场监控视频信息远程传输到作战指挥中心。

➤ 对于不方便取电的野外环境，还需要配备电池设备、保护箱体，满足防水、防尘、防爆的"三防"要求，保证在户外恶劣天气条件下也能正常供电。

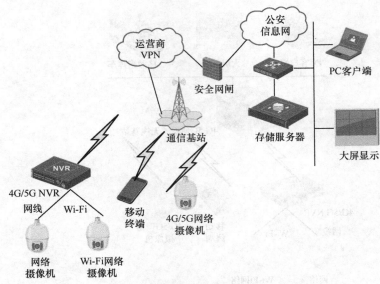

图 4-21 4G/5G 公网应急布控

3）4G/5G 专网应急布控

（1）应用场景。

该方式适用于现场无运营商网络或者无法通过 VPN 方式接入公安内网，且在 4G/5G 无线基站覆盖范围内有公安内网接入点，需要在指挥中心远程监控现场的场景。4G/5G 专网应急布控如图 4-22 所示。

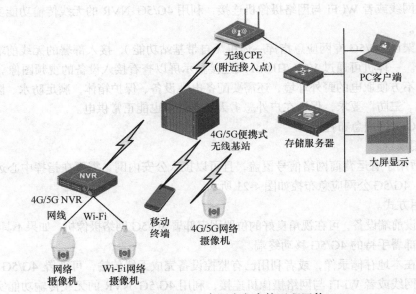

图 4-22 4G/5G 专网应急布控远程回传

（2）应用方式。

➤ 须架设前端设备,可在视角良好的位置固定部署 4G/5G 网络摄像机,如果不具备条件,可以部署手持的 4G/5G 移动终端。

➤ 如果在本地存储录像,或者利用已有监控设备完成无线传输,可部署 4G/5G NVR,通过网线或者 Wi-Fi 与网络摄像机连接，利用 4G/5G NVR 的无线传输功能实现视频回传。

➢ 现场架设无线专网发射装备，在基站覆盖半径内的公安内网接入点设置 CPE（Customer Premise Equipment，客户前置设备，用于高速 4G/5G 信号转换为 Wi-Fi 信号的设备），架设无线专网接收设备，如果传输距离较远，可以由卫星、微波等通信设备传回指挥中心，实现实时无线监控。

➢ 对于不方便取电的野外环境，还需要配备电池设备、保护箱体，满足防水、防尘、防爆的"三防"要求，保证在户外恶劣天气条件下也能正常供电。

2. Wi-Fi 网络传输方式

Wi-Fi（Wireless Fidelity，无线保真）技术与蓝牙技术一样，同属于在办公室和家庭中使用的短距离无线技术。

IEEE 802.11 是针对 Wi-Fi 技术制定的一系列标准，第一个版本发表于 1997 年，其中定义了介质访问接入控制层和物理层。物理层定义了工作在 2.4 GHz 的 ISM 频段上的两种无线调频方式和一种红外传输方式，总数据传输速率设计为 2 Mbit/s。IEEE 802.11ax 在 2019 年公布。IEEE 802.11ax 俗称 Wi-Fi 6，借用了蜂窝网络采用的 OFDMA（Orthogonal Frequency Division Multiple Access，正交频分多址）技术，可以实现多台设备同时传输，显著提高数据传输速度，降低延迟。

Wi-Fi 通信技术的优势如下。

➢ 范围广。无线电波的覆盖范围广，基于蓝牙技术的电波覆盖范围非常小，覆盖半径大约 15 m，而 Wi-Fi 的覆盖半径则可达 100 m。

➢ 速度快。虽然 Wi-Fi 技术传输的无线通信质量不是很好，数据安全性能比蓝牙差一些，传输质量也有待改进，但其传输速度快，可以达到 11 Mbit/s，符合个人和社会信息化的需求。

➢ 成本低。厂商进入该领域的门槛比较低。厂商只须在机场、车站、咖啡店、图书馆等人员密集的场所设置"热点"，并通过高速线路将 Internet 接入这些场所。这样，由于"热点"的信号可以覆盖接入点周围数十米的区域，用户只须将支持无线 LAN 的笔记本电脑或 PDA 进入该区域，即可享受高速的 Internet 接入。也就是说，厂商不用耗费资金进行网络布线，从而节省大量的成本。

➢ 无须布线。Wi-Fi 最主要的优势在于不需要布线，可以不受布线条件的限制，因此可以满足移动办公用户的需求。目前，它已经从医疗保健、库存控制和管理服务等特殊行业向更多行业拓展，甚至开始进入家庭以及教育机构等领域。

➢ 组建方便。搭建无线网络的基本配置通常包括无线网卡及一台无线接入点。如此便能以无线的模式，配合既有的有线架构来共享网络资源。架设费用和复杂程度远低于传统的有线网络。对于只有几台计算机的对等网，也可不要无线接入点，只须为每台计算机配备无线网卡即可。

Wi-Fi 连接如图 4-23 所示。

Wi-Fi 通信方式主要应用于以下场景。

➢ 智能安防：无论是传统的模拟监控还是新兴的网络监控系统，有线传输一直是主流选择。但随着网络技术的发展，监控范围/场景等需求越发复杂，Wi-Fi 无线传输模式以其自身独特的优势在安防行业发挥着越来越重要的作用，弥补了有线传输方式的不足。

➢ 智能家居：现代家居中的智能设备，如智能音响、智能窗户、智能空调等，都可以通过 Wi-Fi 通信方式来控制。

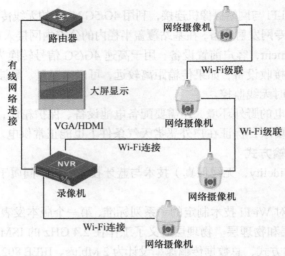

路由器

网络摄像机

有线网络连接

Wi-Fi级联

大屏显示

VGA/HDMI

网络摄像机

Wi-Fi级联

Wi-Fi连接

NVR

录像机

网络摄像机

Wi-Fi连接

网络摄像机

图 4-23　Wi-Fi 连接

随着 WLAN 技术的发展，家庭、企业等越来越依赖 Wi-Fi，并将其作为接入网络的主要手段。近年来新型应用对网络的吞吐率和时延提出了更高的要求，例如 4K 和 8K 视频、AR/VR、游戏、远程办公、在线视频会议和云计算等。尽管 Wi-Fi 6 已经在高密场景下对用户体验进行了优化，但面对这些更高标准的需求，Wi-Fi 6 仍显不足。

为此，IEEE 802.11 标准组织正在推进一个新修订标准——IEEE 802.11be EHT，即 Wi-Fi 7。Wi-Fi 7 在 Wi-Fi 6 的基础上引入了 320 MHz 带宽、4096-QAM 调制技术、Multi-RU 资源单元分配、多链路操作、增强 MU-MIMO、多 AP 协作等技术，预计将提供比 Wi-Fi 6 更高的数据传输速率和更低的时延。

3. 无线网桥传输方式

1）无线网桥概述

顾名思义，无线网桥的作用是在无线网络环境中充当桥接器的角色，它通过无线传输手段在两个或多个网络节点之间建立起通信的纽带。与有线网桥相比，无线网桥具有更高的灵活性和便捷性，因为它工作在 2.4 GHz 或 5.8 GHz 这两个无须申请无线执照的频段上，这使得无线网桥的部署相比有线网络设备更为简便。

无线网桥按照其遵循的无线通信协议，可以分为不同的类型。在 2.4 GHz 频段，我们有 802.11b、802.11g 和 802.11n 标准的无线网桥；而在 5.8 GHz 频段，则有 802.11a 和 802.11n 标准的无线网桥。2.4 GHz 频段的无线网桥和 5.8 GHz 频段的无线网桥的优缺点如表 4-9 所示。

表 4-9　2.4 GHz 频段的无线网桥和 5.8 GHz 频段的无线网桥的优缺点

无线网桥	优点	缺点
2.4 GHz 频段的无线网桥	频率低，波长大，绕射能力强。简单说就是传播性能好，传播路径中有轻微遮挡也无大碍。成本相对较低	使用 2.4 GHz 频段的设备多，网桥发射的无线信号容易受其他设备发射的信号干扰，造成传输质量下降。受限于 2.4 GHz 频段本身的传输带宽，一般不超过 300 Mbit/s
5.8 GHz 频段的无线网桥	频率高，信道相对纯净，传输带宽大。传输带宽 433 Mbit/s 起步，可轻松超过 1 Gbit/s。适用于数据传输要求较高的场景	频率高，信号波长短，穿透性差，传播路径中不能有遮挡。设备成本高于 2.4 GHz 频段的无线网桥

2）无线网桥的工作原理

无线网桥把空气作为媒介来传播信号。简单来说，就是一端的网桥设备把网线中的信号转换为无线信号并向空中定向发射，另外一端的网桥设备则执行相反的功能，即接收空气中的无线信号并转换为有线信号。

无线网桥的使用能解决很多有线部署面临的问题，如在高速公路、河流、山涧等自然屏障的地方，或者在道路硬化等施工困难的区域。

无线网桥组网具有明显的优势，可以在长达 50 km 的距离上实现点对点或者点对多点的网络连接，数据传输速度高达 108 Mbit/s，有效解决远距离网络联通的问题。只要在无线信号覆盖区域内，无线终端可以方便地接入网络，不需要任何布线，且支持零配置接入，这使得网络的维护和扩展变得非常简单。

无线网桥传输系统通常由两台或更多的无线设备组成，这些设备需具备无线信号的收发能力，以支持数据的双向传输。

3）无线网桥的架设方式

（1）点对点无线传输。

当前端只有一台摄像机或者有多台摄像机需要集中传输视频监控信号时，可采用点对点的无线网桥组网方式。单台摄像机可通过网线连接到无线网桥的发射端，而多台摄像机则可以先连接到交换机，再通过网线连接到发射端，如图 4-24 所示。

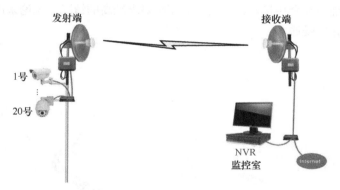

图 4-24　点对点无线传输

（2）点对多点无线桥接。

点对多点传输模式是基于点对点传输模式上发展而来的，它允许一个接收端与多个发射端进行通信，有效地将多个分散的远程网络连接起来。这种方式的结构相对于点对点传输模式来说较为复杂，如图 4-25 所示。在点对多点无线桥接中，通常以一个网络作为中心点，负责传输无线信号，其他接收点进行信号接收。为了适应不同的监控项目，中心点的天线会根据具体情况采用不同类型的天线。相关天线类型可分为如下 4 种。

➢ 全向天线，适用于连接点距离近、分布角度大且数量多的情况。

➢ 扇面天线，具有能量定向聚集的特点，适用于远程连接点在特定角度范围内集中的情况。

➢ 定向天线，具有非常强的能量定向聚集和优秀的信号方向性，适用于远程连接点数少且角度方位相当集中的情况。

➢ 组合天线，适用于需要使用多种天线的情况。

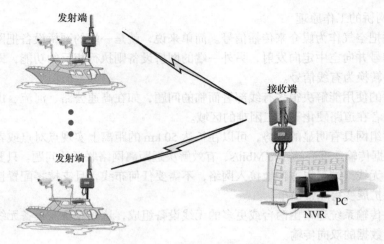

图 4-25　点对多点无线桥接

（3）中继中转桥接。

中继中转桥接模式用于解决发射端与接收端之间存在障碍物，导致微波信号传输受阻的问题。通过在路径中增加中继设备，可以避开障碍物，实现信号的中继传输，如图 4-26 所示。中继桥接可以采用单个桥接器或背靠背桥接器两种形式。单个桥接器通过分路器连接两个天线，简单实用；而背靠背桥接器则适用于对宽带要求较高的情况。无论采用哪种中继方式，都能确保通信线路的畅通。

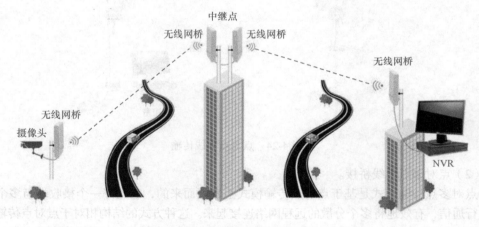

图 4-26　中继中转桥接

4. COFDM 传输方式

COFDM（Coded Orthogonal Frequency Division Multiplexing，编码正交频分复用）技术具有强大的编码纠错功能，其最大的特点是多载波调制。它将信道在频域内分割成许多正交子信道，每个子信道使用单独的子载波。数据流也被分解为若干子数据流，这些子数据流分别以不同的子载波进行调制。各子载波并行传输，减少了对单个载波的依赖。

相比于其他无线传输方式，COFDM 传输方式具有以下优势。

➢ COFDM 无线视音频设备利用其多载波技术，在城区、郊区、建筑物等视线受阻或有物理阻挡的环境中，展现出卓越的"绕射"和"穿透"能力。即使在空间受限或有障碍物的条件下，COFDM 传输方式也能够保持图像传输的稳定性，几乎不受周围环境的影响。

➤ COFDM 传输方式对窄带干扰和信号波形干扰具有强大的抵抗能力。通过子载波的联合编码，它还具有出色的抗衰减性能。

➤ COFDM 的传输速率通常超过 4 Mbit/s，足以满足高清视频业务的实时传输需求。这为用户提供了良好的使用体验，确保在动态场景中的视频通信既稳定又可靠。

COFDM 技术广泛应用于需要移动视频图像传输的场合，如安防无人机、公安指挥车、交通事故勘探车、消防武警现场指挥车等。它也被应用于海关、油田、矿山、水利、电力、金融、海事等领域的应急指挥系统中。在演习和处理应急事件时，采用 COFDM 传输方式的图像发射系统可以安装在高速移动的车辆或飞机上。这样，可以将前方的图像、数据和语音实时传输到指挥中心。指挥中心的决策人员可以及时获取重大突发事件现场的实时信息，进行准确的分析和判断，实现实时指挥。这不仅提高了决策系统的速度和准确性，还增强了快速反应能力和对突发事件的处置能力。

4.7　全光网络

全光网络指的是整个网络的传输和交换过程全部通过光纤实现。在这种网络中，信号只在进出网络时进行电光和光电转换，而在网络内部则始终保持光信号的形式，这大大提高了网速。

与传统的铜缆网络相比，全光网络在多个方面展现出明显的优势。

1. 传输性能强

全光网络使用光纤作为介质，具有传输距离远、速率高、衰减少、抗干扰能力强、生命周期长等特点。

➤ 光纤传输距离远，可以轻松覆盖较大的范围。例如，五类网线和六类网线的传输距离一般为 100 m 以内，而万兆光模块铺设单模光纤可以达到 20 km 的传输距离。

➤ 光纤的传输损耗非常低即使在 100 m 的距离上，光纤信号损耗仅为原始信号强度的 3%，而 6A 类铜缆网线的信号损耗则高达 94%。

➤ 光纤传输速率高，单波传输速率可达 400 Gbit/s 以上，是六类网线（1 Gbit/s）的 400 倍。

➤ 光纤的抗干扰能力强，安全性更高。而普通的网线受电磁干扰的影响较大。

➤ 光纤的生命周期长，一般可以使用 30 年，使用寿命是普通网线的 3～4 倍。

2. 网络结构简单，可维护性强

传统网络架构复杂，往往存在一个园区多张网并存的情况。普通的铜缆传输性能差，每百米就要增加网络设备，同时还需要增加弱电机房、空调等，这使得网络结构更加复杂，维护更加困难。

而全光网络结构相对简单，光纤可以传输不同速率和协议的数据，轻松实现多网合一，同时承载视频、数据、无线、语音等多种业务。光纤传输距离远、覆盖范围大，可以减少中继设备、弱电机房、空调的使用。在后期维护时，全光网络支持统一管理和监控，故障排查简单，故障设备支持一键替换；支持光链路、光模块故障诊断和光模块生命周期预测，可及时预测和处理光模块故障，方便后期管理和维护。

3. 方便部署和升级扩展

传统网络部署复杂、上线周期长。各种厂家、型号、有线和无线设备，以及不同粗细、重量、传输距离的线缆导致部署和维护的成本高。随着网络流量的增长，部分线缆可能会因为带宽不足而需要频繁升级换代。

全光网络部署简单，所有设备即插即用，可以实现全自动化上线。光纤的传输带宽大、价格低廉、单位体积仅为网线的 1/5，部署成本低。光纤的使用周期长，一次线路改造即可承载未来 30 年的网络带宽需求。未来网络升级可以尽可能地减少线缆的更换，只需要更换更高接口速率的板卡，甚至只需要更换光模块就可实现网络升级，便于扩展。

目前固定网络接入的主流全光网络技术是 PON（Passive Optical Network，无源光网络）。最初它主要应用于运营商的家庭/商业用户接入，现在逐渐扩展到大型企业园区的 POL（Passive Optical LAN，无源光局域网），甚至行业网络的 F5G（5th Generation Fixed Network，第五代固定网络）。

本节主要介绍 PON。PON 的结构如图 4-27 所示。

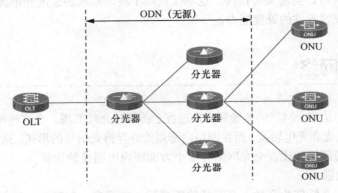

图 4-27 PON 的结构

由图 4-27 可知，PON 的 OLT 到 ONU 部分全部采用光传输方式，使用分光器进行物理分光。这种方式不存在光电转换，也不需要电源供电。

PON 涉及以下 3 个重要的全光技术。

➢ PON 的数据收发。PON 中最关键的通信网元称为 OLT（Optical Line Terminal，光线路终端）和 ONU（Optical Network Unit，光网络单元）。

➢ ODN（Optical Distribution Network，光分配网络）的作用是在 OLT 和 ONU 之间提供光传输通道。

➢ PON 采用冗余保护技术，通过设备冗余和链路冗余来保障网络的高可靠性。

下面针对 PON 的数据收发、ODN 和 PON 网络产品及组网方案进行介绍。

1）PON 的数据收发

OLT 与 ONU 作为 PON 的边界设备，负责数据与光信号的转换任务。目前 OLT 和 ONU 主要遵循两种主流标准协议——EPON 和 GPON。

EPON（Ethernet Passive Optical Network，以太网无源光网络）由 IEEE 802.3ah—2004 标准定义，用于在无源光网络中传输 802.3 以太帧，与以太网具有较好的兼容性。IEEE 802.3av 标准定义了 10G EPON（简称 XEPON），将网络的传输速率提高到 10 Gbit/s。

GPON（Gigabit-Capable Passive Optical Network，千兆无源光网络）由 ITU-T G.984.x 系列标准定义，需要将以太帧转换为 GEM 帧来进行传输。ITU-T G.987.x 系列标准定义了非对称 10G GPON（简称 XG-PON），它将下行速率提高到 10 Gbit/s，而上行速率提高到 2.5 Gbit/s。

ITU-T G.987.1 标准定义了对称 10G GPON（简称 XGS-PON），它将上下行速率均提高到 10 Gbit/s。xPON 常用技术对比如表 4-10 所示。

表 4-10 xPON 常用技术对比

项目	标准	下行速率/ Gbit · s^{-1}	上行速率/ Gbit · s^{-1}	线路编码	传输距离（逻辑/差分）/km	分光比	业务封装	ODN 兼容性	成本	成熟度
EPON	IEEE 802.3ah	1.25	1.25	8B/10B	60/20	0.086 111 111	Ethernet	兼容	较低	成熟
GPON	ITU-T G.984	2.5	1.25	NRZ	60/20	0.086 111 111	GEM	兼容	较低	成熟
10G EPON（XEPON）	IEEE 802.3av	10	10/1	64B/66B	60/20	0.130 555 556	Ethernet	兼容	较高	成熟
10G GPON（XG-PON）	ITU-T G.987	10	2.5	NRZ	60/40	0.130 555 556	GEM	兼容	高	成熟

虽然 EPON 和 GPON 采用不同的封装和处理技术，但在 OLT 和 ONU 之间进行光收发的机制类似。

首先将 ONU 注册到 OLT，由 OLT 为 ONU 分配唯一的 ID，然后 OLT 为每个 ONU 下发不同的配置，最后将数据按照对应协议处理，转换为光信号后进行发送和接收。

OLT 发送给 ONU 的数据称为下行数据，传播方式为 P2MP（Point-to-Multipoint，点到多点），如图 4-28 所示。

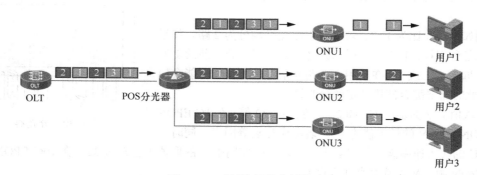

图 4-28 下行数据的广播方式

由图 4-28 可知，OLT 将发送给 ONU 的数据标记上 ONU 的 ID 后统一发送。这些数据通过分光器根据分光比被分成多份，并发送给 ONU。ONU 仅处理那些带有自己 ID 的数据，并丢弃不属于自己的数据。

相反，ONU 发送给 OLT 的数据称为上行数据，采用时分复用技术实现多点对点，如图 4-29 所示。每个 ONU 的发送时隙均由 OLT 统一分配，每个 ONU 只能在属于自己的时隙发送数据。时隙的分配原则可以根据不同业务需求配置，最简单的方式是平均分配，也可以根据 ONU 上连接的业务优先级来实现对高优先级业务的质量保障。

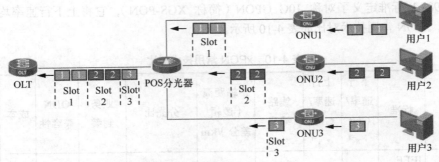

图 4-29　上行数据的时分复用方式

由图 4-29 可知，每个 ONU 首先将来自用户的数据进行缓存，在属于自己的时隙（Slot x）内以全速发送。这些上行数据在分光器处被合并为一路并发送至 OLT，OLT 根据分配的时隙解析出不同 ONU 的数据。在图 4-29 中，ONU1 和 ONU2 被分配的时隙较长，ONU3 被分配的时隙较短，并且在一个发送周期中 ONU1 拥有最靠前的时隙，则它的数据总是优先发送，而 ONU3 仅能满足少量上行数据的发送。

从 OLT 和 ONU 的数据传输方式可以看出，PON 技术非常适合那些需要高速下载的应用场景，而以高速上传为主要需求的应用场景，使用 PON 的优势就不明显了。

2）ODN

ODN 的特征是无源、物理分光、不对光携带的信息做任何改变。

ODN 主要由光纤和分光器（也称为 POS）组成，采用树形结构分光，可以根据部署的需要采用一级分光或多级分光。一般不会超过二级分光。分光器如图 4-30 所示。

常见的分光器采用等比分光，使用分光比 $M:N$ 来表示分光结果。

例如，分光比为 1:2，表示将 1 路光平均分为 2 路。如果不考虑各种损耗，1:2 分光后每路光的光功率为分光前的 1/2。

M 取值为 1 或 2。在启用光链路冗余保护时，M 可能会使用 2，此时需要配合使用特定的分光器。

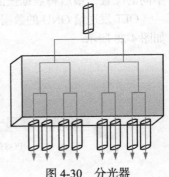

图 4-30　分光器

N 取值为 2 的多次方，如 2、4、8、16、32 等。在 1G EPON 和 GPON 中，N 的最大值为 64。若考虑光衰等因素，同时保障 ONU 的接入速率满足用户需求，一般实际使用中 N 的取值不会超过 32。在 10G EPON 和 10G GPON 中，N 的最大值可达到 128。

3）PON 网络产品和组网方案

全光技术在网络中的价值，还需要通过对应的全光网络产品和组网方案来体现。下面以新华三 PON 网络为例介绍主要的全光网络产品和组网方案。

OLT 有两种产品形态，一种是独立的 OLT 设备，另一种是安装在交换机上的 OLT 插卡。插卡方式可以复用已有交换机机框，非常适合用于现有网络的平滑升级。这种方式不仅兼容已有的设备级可靠性，还提供 PON 链路级的冗余保护。同时，插卡方式确保同一机框可以承载以太网、EPON、10G EPON（XEPON）、GPON、XG（S）PON。

ONU 主要有 3 种产品形态，分别是 ONU 交换机、ONU AP 和 ONU Stick，如图 4-31 所示。

ONU 通过上联分光器连接，其下行口包括多个以太网接口，如图 4-31（a）所示。某些型号的 ONU 还可能包括电话接口和电视接口。支持标准 PoE 的 ONU 可以为其下联的 AP 供电，如图 4-31（b）所示。

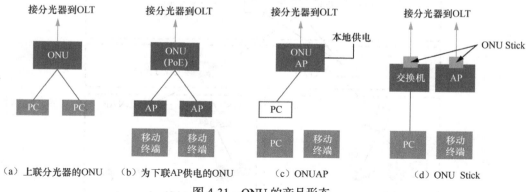

（a）上联分光器的ONU　（b）为下联AP供电的ONU　（c）ONUAP　（d）ONU Stick

图 4-31　ONU 的产品形态

ONU AP 是可以直接连接分光器的 AP，如图 4-31（c）所示。它主要提供 Wi-Fi 接入，以及少量以太网接口接入，但 ONU AP 需要本地供电。可以多个 AP 在本地集中供电。ONU AP 有两大类：一类是瘦 AP，由无线接入控制器（AC）集中管理；另一类是无线家庭网关 AP，类似胖 AP，不支持无线 AC 管理，但支持网关、NAT 等功能，同样提供少量以太网接口接入。

ONU Stick 是一种光模块形式的 ONU，如图 4-31（d）所示。它可以直接插入以太交换机或 AP 的光端口，上联分光器，允许以太网设备无须适配即可接入 PON 网络。

可以根据使用场景将全光产品部署到网络中，以形成全光网络。

与传统以太网一样，PON 网络通常也分为 3 个层级——核心层、汇聚层和接入层。

在大规模全光网络中，OLT 设备往往位于汇聚层，既可以是单独的 OLT 设备，也可以是汇聚交换机上的 OLT 插卡（见图 4-32）。如果是小规模全光组网，如图 4-33 所示，那么核心层与汇聚层合一，以 OLT 插卡方式部署于核心交换机上。无论是哪种类型，分光器都可部署在楼栋或楼层的弱电间，而 ONU 对应接入层，可以部署在楼道或室内，甚至桌面。分光器由于其无源特性和免运维的优势，有助于减少运维的复杂性和工作量，这也是全光网络的一大优势。

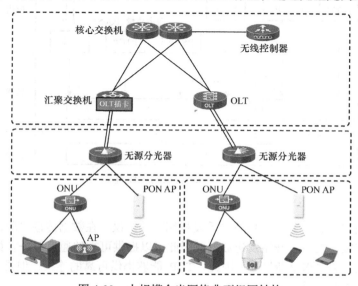

图 4-32　大规模全光网络典型组网结构

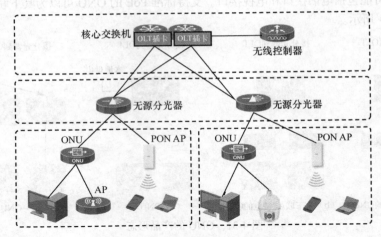

图 4-33   小规模全光网络典型组网结构

4.8   视频流媒体网络协议

网络视频监控系统涉及两种数据的传输：一种是音视频数据的传输，这被称为"数据通道"；另一种是控制信息的传输，这被称为"信令通道"。其中，音视频数据的特点是信息量大，占用大量的带宽资源，并且实时性要求高，但是传输过程中少量的数据丢包是可以接受的；而控制信息的特点是信息量比较少，传输要求绝对高质量、高可靠，不允许丢包。

本节主要介绍视频流媒体的网络协议。网络协议的工作过程如图 4-34 所示。

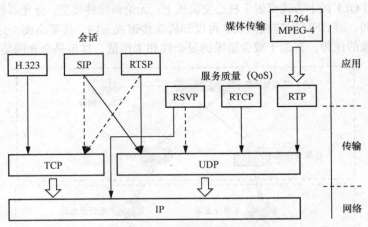

图 4-34   网络协议的工作过程

1．TCP

TCP 是一种"面向连接"且内置"重发机制"的协议，在数据传输之前，需要通过"握手"过程建立连接，之后才开始发送数据，因此可以提供可靠的通信服务。如果接收方收到已损坏的数据包，会要求重新发送。因此，TCP 能够提供可靠的连接，但是效率不高。TCP 的工作过程如图 4-35 所示。

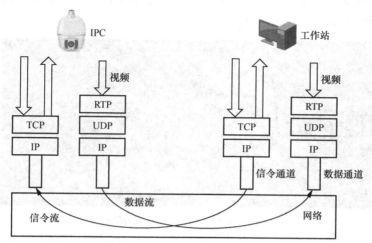

图 4-35 TCP 的工作过程

TCP 连接的建立基于"3 次握手"原则，具体过程如下。

➤ 发送方（信源机）发送一个带本次连接序号的连接请求（第一次握手）。

➤ 接收方（信宿机）收到请求后，如果同意建立连接，则发送一个带本次连接序号的确认应答，并同时返回信源机的连接序号（第二次握手）。

➤ 信源机收到应答（含两个连接序号）后再向信宿机发送一个包含两个序号的确认信息（第三次握手），信宿机收到后确认，则双方连接建立。

只有在 TCP 建立端到端的连接后，才能进入真正的数据传输阶段。

通常，在利用 TCP 进行音视频数据传输时，服务器及客户端都配备了缓冲及校验机制。一旦建立连接，双方即可直接进行数据传输。传输过程中"秩序良好"，不会出现先包后到或者后包先到的情况，客户端顺序接收后，逐帧解码即可。

然而，TCP 并不适合实时视频数据传输，主要因素如下。

➤ TCP 的验错重传机制可能导致数据包出错时需要重新传送，从而导致延时，这有违实时视频数据传输对数据包出错"可忍"而对长延时"不可忍"的需求。

➤ 数据延时将导致视频播放滞后，进而客户端可能因为解码速度不够而导致缓冲区溢出。

➤ TCP 的报文头比 UDP 的报文头大（TCP 报文头占 40 B，而 UDP 报文头占 12B），并且不提供时间戳（timestamp）服务，而这些信息是客户端解码需要的。

在网络状态良好、丢包率低、缓冲区足够的情况下，利用 TCP 传输实时视频的主要问题是建立连接时的延时，但是一旦建立连接，整个过程还是可以接受的。对于视频的录制和回放，TCP 是不错的选择。

2. UDP

UDP 是一个"非面向连接"且无内置"重发机制"的协议，它允许在不建立连接的情况下直接发送数据，因此不能提供可靠的通信服务。UDP 适用于某些应用程序服务的场合，如应用层的简单文件传输协议 TFTP 便建立在 UDP 上。对于那些只需要单次或有限次数交互的应用，使用 UDP 可以避免建立连接的开销，即使出错重传也比面向连接的方式效率高。

我们经常使用 ping 命令来测试两台主机之间的 TCP/IP 通信是否正常。其实 ping 命令的工作原理就是向对方发送 UDP 数据包，然后对方主机确认收到数据包。如果数据包到达的消息能及时反馈，这表明网络是畅通的。例如，在默认状态下，一次 ping 操作发送 4 个 32 B 数据包，如图 4-36 所示。

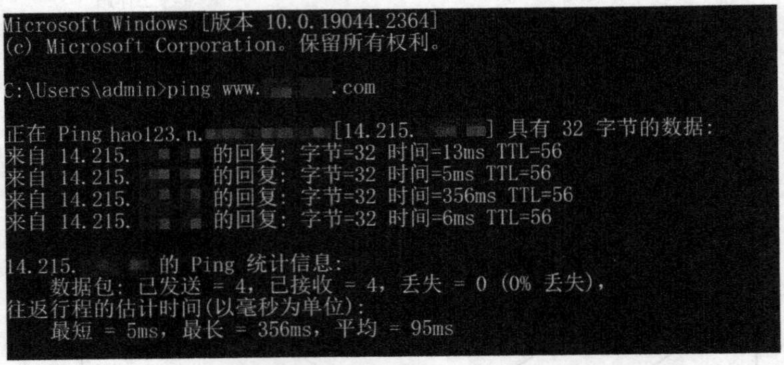

图 4-36　利用 ping 命令测试网络状态

从图 4-36 可以看出，发送的数据包数量是 4，收到的数据包数量也是 4（对方主机收到后会发回一个确认收到的数据包），如果对方收到 3 个包，也不再重发。这充分说明了 UDP 是面向非连接的协议，没有建立连接的过程。因为 UDP 不涉及建立连接的过程，所以它的通信效率高；但也正因为如此，它的可靠性不如 TCP 高。

UDP 在实时视频数据传输方面的情况如下。

➢ 由于 UDP 没有内置的重发机制，数据丢失不再请求重复发送，因此传输效率高。

➢ UDP 通常将数据包分割成 1～2 KB 的小数据包后进行发送，即对于源端发送的大于 2 KB 的数据包，客户端会收到 N 个 1～2 KB 的小数据包，而且是无序的，因此，用 UDP 传输视频数据时，首先需要分割成 1～2 KB 的数据包，加上头信息之后再发送。

➢ 在传输过程中，若发生丢包，会舍弃该帧及后续的 P 帧（等待下一个 I 帧），这样可能导致视频解码时出现局部马赛克或者画面突变现象。另外视频丢包后重传的意义不大，并且造成画面停顿及带宽资源浪费。

3. RTP

RTP（Real-time Transport Protocol，实时传输协议）负责对流媒体数据进行封包并实现媒体流的实时传输。每一个 RTP 数据包由头部（header）和负载（payload）两部分组成，其中头部前 12 B 的含义是固定的，而负载则可以是音频或者视频数据。RTP 的主要应用场景就是实时媒体流的传输。

因为 RTP 负载封装涉及的网络传输基于 IP，所以最大传输单元（Maximum Transmission Unit，MTU）为 1500 B。在使用 IP/UDP/RTP 的协议栈时，IP 头占用 20 B，UDP 头占用 8 B，RTP 头占用 12 B。这些头信息至少占用 40 B，那么 RTP 负载最大为 1460 B。以 H.264 视频编码为例，如果一帧数据大于 1460 B，则需要分片打包，然后到接收端重新组装，以便进行解码和播放。

4. RTCP

RTCP 需要与 RTP 配合使用。当应用程序启动一个 RTP 会话时将同时占用两个端口，分别供 RTP 和 RTCP 使用。RTP 本身并不能为按序传输数据包提供可靠的保证，也不提供流量控制和拥塞控制，这些都由 RTCP 来负责完成。通常 RTCP 会采用与 RTP 相同的分发机制，向会话中的所有成员周期性地发送控制信息，应用程序通过接收这些数据，从中获取会话参与者的相关资料，以及网络状况、分组丢失概率等反馈信息，从而能够对服务质量进行控制或者对网络状况进行诊断。

RTCP 的功能是通过不同的 RTCP 数据报来实现的，主要有如下类型。

- ➤ SR：发送端报告。所谓发送端是指发出 RTP 数据包的应用程序或者终端。发送端同时也可以是接收端（服务器定时发送给客户端）。
- ➤ RR：接收端报告。所谓接收端是指仅接收但不发送 RTP 数据包的应用程序或者终端（服务器接收客户端发送的响应）。
- ➤ SDES：源描述。主要功能是作为会话成员有关标识信息的载体，如用户名、邮件地址、电话号码等，此外还具有向会话成员传达会话控制信息的功能。
- ➤ BYE：通知离开。主要功能是指示某个或者几个源不再有效，即通知会话中的其他成员自己将退出会话。
- ➤ APP：由应用程序自己定义，用于解决 RTCP 的扩展性问题，并且为协议的实现者提供很大的灵活性。

5. RTSP

RTSP（Real-Time Stream Protocol，实时流媒体协议）是一个基于文本的多媒体播放控制协议，属于应用层。RTSP 以客户端方式工作，对流媒体提供播放、暂停、后退、前进等操作。该标准由 IETF 制定，对应的协议是 RFC2326。

RTSP 作为一个应用层协议，提供了一个可供扩展的框架，使得流媒体的受控和点播变成可能。它主要用来控制具有实时特性的数据的发送，但其本身并不用于传送流媒体数据，而且必须依赖下层传输协议（如 RTP/RTCP）所提供的服务来完成流媒体数据的传输。RTSP 负责定义具体的控制信息、操作方法、状态码，以及描述与 RTP 之间的交互操作。

RTSP 传输的是 TS、MP4 格式的流，其传输一般需要 2～3 个通道，命令和数据通道分离。使用 RTSP 传输流媒体数据需要有专门的媒体播放器和媒体服务器，也就是需要支持 RTSP 的客户端和服务器。

一次基本的 RTSP 交互过程如图 4-37 所示。RTSP Player 表示客户端，RTSP Server 表示服务器。首先客户端连接到流媒体服务器并发送一个 RTSP 描述请求（DESCRIBE request），服务器通过一个 SDP（Session Description Protocol）描述来进行反馈（DESCRIBE response），其中，反馈信息包括流数量、媒体类型等信息。客户端分析该 SDP 描述，并为会话中的每一个流发送一个 RTSP 连接建立请求（SETUP request），该命令会告诉服务器用于接收媒体数据的端口，服务器响应该请求（SETUP response）并建立连接之后开始传输媒体流（RTP 包）到客户端。在播放过程中，客户端还可以向服务器发送请求来控制快进、快退和暂停等。最后，客户端发送一个终止请求（TEARDOWN request）来结束流媒体会话。

目前海康威视的网络摄像机、网络球机的 RTSP 视频流格式如下。

rtsp://[username]:[password]@[address]:[port]/Streaming/Channels/[id]?transportmode = [type]

上述格式分段的含义如下。

- ➤ rtsp://：协议格式头。
- ➤ username：用户名，例如 admin。
- ➤ password：密码，例如 123456。
- ➤ address：网络摄像机设备的 IP 地址，例如 192.168.1.65。
- ➤ port：网络摄像机设备的 RTSP 输出端口，默认为 554，若为默认，则可不填写。
- ➤ id：通道号与码流类型。101 表示通道 1 主码流；102 表示通道 1 子码流；103 表示通道 1 第三码流；1201 表示通道 17 主码流；001 表示通道 0 主码流。

> type：可选参数，拉流模式，默认为 unicast。unicast 表示单播模式拉流；multicast 表示组播模式拉流。

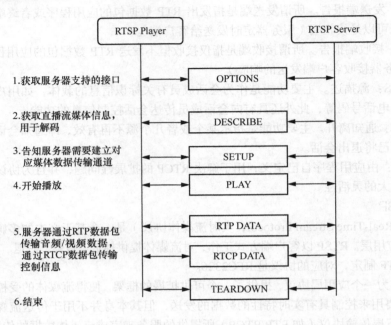

图 4-37　RTSP 交互过程

示例：拉取海康威视网络摄像机通道 1 的 RTSP 地址。

通道 1，主码流，单播拉流。

rtsp://admin:12345@192.168.1.65/Streaming/Channels/101

通道 1，子码流，单播拉流。

rtsp://admin:12345@192.168.1.65/Streaming/Channels/102

通道 1，第三码流，单播拉流。

rtsp://admin:12345@192.168.1.65/Streaming/Channels/103

6. RTMP

RTMP（Real Time Messaging Protocol，实时消息传输协议）是由 Adobe 公司提出的，处于互联网 TCP/IP 5 层架构的应用层。RTMP 是基于 TCP 的，也就是说，RTMP 实际上使用 TCP 作为传输协议。TCP 处在传输层，是面向连接的协议，能够为数据的传输提供可靠保障，因此数据在网络上传输时不会出现丢包的情况。不过这种可靠的保障也会造成一些问题，也就是说，前面的数据包没有交付到目的地，后面的数据无法进行传输。幸运的是，目前网络带宽基本上可以满足 RTMP 传输普通质量视频的要求。

RTMP 传输的数据的基本单元为 Message（消息），但是实际上传输的最小单元是 Chunk（消息块），这是因为 RTMP 为了提高传输速度，在传输数据时，会拆分 Message，形成更小的块，这些块就是 Chunk。

1）RTMP 消息的结构

RTMP 消息的结构如图 4-38 所示。

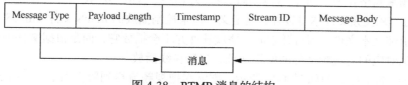

图 4-38 RTMP 消息的结构

➢ Message Type：一个消息类型的 ID，通过该 ID 接收方可以判断接收到的数据的类型，从而进行相应的处理。Message Type ID 为 1～7 的消息用于协议控制，这些消息一般是 RTMP 自身管理要使用的消息，用户一般无须操作其中的数据；Message Type ID 为 8 或 9 的消息分别用于传输音频和视频数据；Message Type ID 为 15～20 的消息用于发送 AMF 编码的命令，负责用户与服务器之间的交互，例如播放、暂停等。

➢ Playload Length：消息负载的长度，即音视频相关信息的数据长度，占用 4 B。

➢ Timestamp：时间戳，占用 3 B。

➢ Stream ID：消息的唯一标识。拆分消息成消息块时添加 Stream ID，从而在还原时根据 Stream ID 识别消息块属于哪个消息。

➢ Message Body：消息体，其中承载音视频等信息。

2）RTMP 消息块的结构

RTMP 消息块的结构如图 4-39 所示。

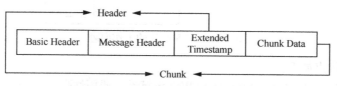

图 4-39 RTMP 消息块的结构

通过图 4-39 可以看出，RTMP 消息块在结构上与 RTMP 消息类似。

➢ Basic Header：基本的头部信息，其中包含 Chunk Stream ID（流通道 ID，用来标识指定的通道）和 Chunk Type（Chunk 的类型）。

➢ Message Header：消息的头部信息，其中包含要发送的实际信息（可能是完整的，也可能是一部分）的描述信息。Message Header 的格式和长度取决于 Basic Header 的 Chunk Type。

➢ Extended Timestamp：扩展时间戳。

➢ Chunk Data：块数据。

在使用 RTMP 传输数据时，发送端首先把需要传输的媒体数据封装成消息，然后把消息拆分成消息块，再逐个传输。接收端收到消息块后，根据 Message Stream ID 将消息块组装成消息，再解除该消息的封装处理就可以还原媒体数据。由此可以看出，采用 RTMP 收发数据时是以 Chunk 为单位，而不是以 Message 为单位。需要注意的是，RTMP 在发送 Chunk 时必须逐个进行，后面的 Chunk 必须等待前面的 Chunk 发送完成后才能进行发送。

7. HLS 协议

HLS（HTTP Live Streaming）协议是一个由苹果公司提出的基于 HTTP 的流媒体网络传输协议。它是苹果公司的 QuickTime X 和 iPhone 软件系统的一部分。HLS 协议的规定如下。

➢ 视频的封装格式是 TS。

> 视频编码格式为 H.264，音频编码格式为 MP3、AAC 或 AC-3。
> 除了 TS 视频文件本身以外，还定义了用来控制播放的 m3u8 文件（m3u8 文件是一个索引纯文本文件，当打开它时，播放软件并不会播放它，而是根据文件中的索引首先找到对应的音视频文件的网络地址，然后在线播放）。

HLS 协议的工作原理如图 4-40 所示。推流端把视频流推到服务器后，Media encoder 将视频源中的视频数据转码到目标编码格式（H.264）的视频数据，之后，Stream segmenter 将视频切片。切片的结果就是 Index file（m3u8）和 TS 文件，Web 服务器把整个流分成一个个小的基于 HTTP 的文件来下载，每次只下载一部分。当播放媒体流时，客户端可以选择从许多不同的备用源中以不同的速率下载相同的资源，以允许流媒体会话适应不同的数据速率。在开始一个流媒体会话时，客户端会下载一个包含元数据的 extended M3U（m3u8）playlist 文件，用于寻找可用的媒体流。

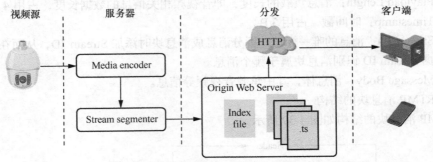

图 4-40 HLS 协议的工作原理

HLS 协议的优点如下。

> 跨平台性：支持 iOS、Android 和 Web 浏览器，通用性强。
> 穿墙能力强：由于 HLS 协议是基于 HTTP 的，因此 HTTP 数据能够穿透的防火墙或者代理服务器，HLS 都可以做到，基本不会遇到被防火墙屏蔽的情况。
> 切换码率快（清晰度）：自带多码率自适应，客户端可以选择从许多不同的备用源中以不同的速率下载相同的资源，允许流媒体会话适应不同的数据速率。客户端可以快速切换码率，以适应不同带宽条件下的播放需求。
> 负载均衡：HLS 基于无状态协议（HTTP），客户端只是按照顺序下载存储在服务器中的普通 TS 文件，因此做负载均衡如同做普通的 HTTP 文件服务器的负载均衡一样简单。

HLS 协议的缺点如下。

> 实时性差：苹果公司官方建议在请求到 3 个片之后才开始播放。所以一般很少将 HLS 协议作为互联网直播的传输协议。假设列表包含 5 个 TS 文件，每个 TS 文件包含 5 s 的视频内容，那么整体的延迟就是 25 s。
> 文件碎片化严重：对于点播服务，由于 TS 切片通常较小，海量碎片在文件分发、一致性缓存和存储等方面都有较大挑战。

8. WebRTC

WebRTC（Web Real-Time Communication，网页即时通信）协议是一个支持 Web 浏览器进行实时语音、视频对话的开源协议。WebRTC 的支持者甚多，Google、Mozilla、Opera 推动其成为 W3C 推荐标准。

目前主流的 Web 浏览器都支持 WebRTC 协议，并且基于 SRTP 和 UDP，即便在网络信号一般的情况下也具备较好的稳定性。WebRTC 协议的工作过程如图 4-41 所示。

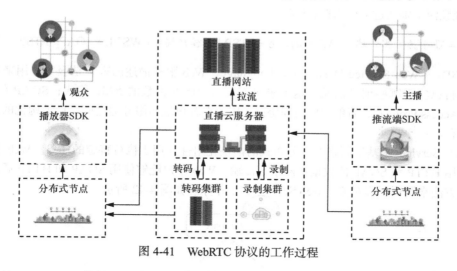

图 4-41　WebRTC 协议的工作过程

此外，WebRTC 协议可以实现点对点通信，通信双方延时低，是实现"连麦"功能比较好的选择。

4.9　视频互联互通

没有规矩不成方圆。任何行业的发展都要有一个评判的标准，不是为了限制其发展而是要让其在发展中能站住脚。没有统一的标准有两方面缺点：一方面，对于行业来说很难管理；另一方面，行业在缺乏标准的状况下，容易导致质量混乱，对行业本身的发展非常不利。关于网络监控的标准，国际上主要有 ONVIF、PSIA（Physical Security Interoperability Alliance，实体安防互通联盟）、HDcctv（High Definition closed circuit television，高清视频监控）三大标准，国内主要有《公共安全视频联网系统信息传输、交换、控制技术要求》标准，另外，海康威视、大华股份等企业由于产品线齐全，资金和技术实力雄厚，因此它们为其网络视频产品通常开发了自有通信协议，同一家厂商的产品之间可以通过自有协议实现相互通信，但为了与其他厂商的产品兼容，通常它们还支持 ONVIF 标准。限于篇幅，本书只介绍常用的 ONVIF 标准。

2008 年 5 月，安讯士（AXIS）、博世（BOSCH）及索尼（SONY）公司宣布携手共同成立一个国际开放型网络视频产品标准网络接口开发论坛，取名为 ONVIF（Open Network Video Interface Forum，开放型网络视频接口论坛），并以公开、开放的原则制定开放性行业标准。ONVIF 标准将为网络视频设备之间的信息交换定义通用协议，包括装置搜寻、实时视频、音频、元数据和控制信息等。2008 年 11 月，论坛正式发布了 ONVIF 第一版规范。2010 年 11 月，论坛发布了 ONVIF 第 2 版规范。规范涉及设备发现、实时音视频、摄像机 PTZ 控制、录像控制、视频分析等方面。

1. ONVIF 规范

在 ONVIF 规范中，设备管理和控制部分所定义的接口均以 Web Service 的形式提供。

ONVIF 规范涵盖了完整的 XML 及 WSDL 的定义。每个支持 ONVIF 规范的终端设备均须提供与功能相应的 Web Service。服务器与客户端的数据交互采用 SOAP。ONVIF 中的其他部分（如音视频流）则通过 RTP/RTSP 进行。

ONVIF = 服务器 + 客户端 =（Web Service + RTSP）+ 客户端 =（WSDL + SOAP+ RTSP）+客户端

WSDL（Web Service Description Language，Web 服务描述语言）是服务器用来向客户端描述自己实现哪些请求以及发送请求时需要带上哪些参数的 XML 格式；SOAP（Simple Object Access Protocol，简单对象访问协议）用于在客户端与服务器之间交换结构化的请求和响应信息。

Web Service 是基于网络的、分布式的模块化组件，用于执行特定的任务。Web Service 主要利用 HTTP 和 SOAP 使数据在网络上传输。Web 用户能够使用 SOAP 和 HTTP 通过 Web 调用的方法来调用远程对象。Web Service 的工作原理如图 4-42 所示。

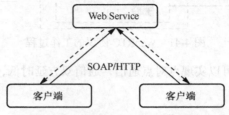

图 4-42　Web Service 的工作原理

Web Service 是基于 XML 和 HTTP/HTTPS 的一种服务，其通信协议主要基于 SOAP。服务器、客户端以传递符合 XML 的 SOAP 消息来实现服务的请求与响应。Web Service 的工作流程如图 4-43 所示。

图 4-43　Web Service 的工作流程

客户端会根据 WSDL 描述文档生成一个 SOAP 请求消息，该请求将首先被嵌入一个 HTTP POST 请求中，然后发送到 Web Service 所在的服务器。接下来，Web Service 服务器解析收到的 SOAP 请求，调用相应的 Web Service，然后生成相应的 SOAP 应答。服务器得到 SOAP 应答后，通过 HTTP 应答的方式把信息送回客户端。

2. ONVIF 概要文件

ONVIF 提供很多 profile（概要）文件，用于规范 ONVIF 设备端与 ONVIF 客户端的通信标准。目前已发布的 profile 文件主要包括 profile S、G、C、Q、A。不同的 profile 文件应用于不同的领域。profile 文件的一致性是确保符合 ONVIF 产品的兼容性的唯一方法，因此只有符合 profile 文件的注册产品才被认为是兼容 ONVIF 的。

其中，profile S 用于网络视频系统；profile G 用于边缘存储与检索；profile C 用于网络电子门禁系统；profile Q 用于快速安装；profile A 用于更广泛的访问控制配置。

第 5 章

视频存储技术

随着存储方式及介质的不断进步，视频监控系统的存储容量越来越大，存储速度和存储效率得到显著提升，同时存储的可靠性也越来越高。从最初的 bit 级存储容量发展到现在的 PB/EB 级，从最初的 bit/s 传输速度发展到现在的 Gbit/s，从原来单一的存储方式发展到现在的网络化存储阵列。存储的每一步发展都留下了坚实的脚印。本章主要对视频存储的相关知识进行介绍。

5.1 存储技术基础

5.1.1 数据的定义

数据是指对客观事件进行记录并能够被区分的符号，是用于记录客观事物性质、状态及其相互关系的物理符号或其组合。它是可识别的、抽象的符号形式。

在计算机系统中，数据以一系列"0"和"1"表示。而这些"0"和"1"的组合构成了信息。信息是为了满足用户的决策需要而经过加工处理的数据。由此可知，信息是从收集到的数据中提取的。在某种程度上，数据可被看作信息的基础。

数据有意义吗？这个问题对每个人都不同。如果企业的核心商业数据被窃取，那么对企业来说，这些数据就有非常重大的价值。

现在人们常常提到的大数据，在某种意义上就是大量数据价值的体现。通过分析海量的数据，并在一定程度上提示出隐藏的规律，进而反映数据背后事物的本质，从而凸显出数据的价值。（前提是拥有足够多的数据，当数据量不够大时，它只是一组离散的"碎片"，难以提示其中的模式。但是，当这些"碎片"积累到一定规模时，大数据的价值就会体现出来。）

数据本身没有价值，经过清洗之后才能转化为信息，信息只有经过整理才会形成知识，而知识只有在实践中应用才能发挥智慧的作用。反过来，这些智慧经过总结又变成数据，形成一个完整的循环过程，如图 5-1 所示。

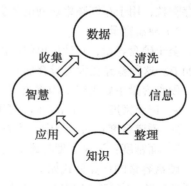

图 5-1　从数据到智慧的循环过程

5.1.2 硬盘的定义

1. 硬盘基础指标

1）硬盘分类

硬盘是计算机、手机等电子产品不可或缺的组成部分，同样在数据中心的存储设备中扮演着核心角色。它们的主要功能是存储和保护数据。随着科技的进步，硬盘在读写速度、容量等方面不断优化。

目前市场上主要的硬盘类型有 3 种——机械硬盘、固态硬盘和混合硬盘。以下是这 3 种硬盘的优缺点概述。

（1）机械硬盘。

机械硬盘（Hard Disk Driver，HDD）是目前最为常见且成本较低的一种硬盘。它由盘片、磁头、转轴、控制电机、磁头控制器、数据转换器、接口和缓存等部件组成。下面介绍主要部件。

➢ 盘片：硬盘通常由多个盘片构成，每个盘片有两个面，每个面都对应一个磁头。数据存储在盘片上的磁性物质中，通过磁极变化来表示二进制的 0 和 1。盘片上的同心圆称为磁道，而扇区则是磁道上的弧段，是硬盘的最小存储单元，通常大小为 512 B 或 4096 B。

➢ 磁头：负责读写数据，通过改变或感应磁性物质的磁极来实现。

➢ 转轴：使盘片高速旋转，一般转速为 5400 rpm 或 7200 rpm，服务器硬盘可达 10 000 rpm 或 15 000 rpm。转速越高，读写速度越快，但同时噪声、功耗增加，使用寿命缩短。

➢ 缓存：用于加速数据读写，缓解内存与硬盘速度差异带来的影响。

（2）固态硬盘。

固态硬盘（Solid State Disk，SSD）与机械硬盘在接口规范、功能及使用方法上相似，但由主控芯片、NAND 闪存芯片和固件算法组成，下面分别介绍。

➢ 主控芯片：负责数据调配、中转、ECC 纠错、耗损平衡等。

➢ NAND 闪存芯片：存储数据，分为 SLC、MLC、TLC 等类型，各有优缺点。

➢ 固件算法：通过主控芯片执行多项关键任务。

（3）混合硬盘。

混合硬盘（Hybrid Hard Drive，HHD）结合了机械硬盘和固态硬盘的特点，内置 NAND 闪存颗粒，用于存储频繁访问的数据，提高读取性能。

2）硬盘容量

至于硬盘容量，其计量单位与内存不同。硬盘的 1 KB 等于 1000 B，而内存的 1 KB 等于 1024 B。这种差异在大容量存储时尤为明显。

硬盘容量主要由以下因素决定。

➢ 记录密度：在 1 in（1 in 等于 2.54 cm）长度的磁道上能够存储的位数。

➢ 磁道密度：从盘片中心出发，半径为 1 in 的圆周内可以容纳的磁道数量。

➢ 面密度：记录密度与磁道密度的乘积，表示每平方英寸的盘片上能够存储的位数。

硬盘容量的计算公式如下：

硬盘容量 = 字节数（扇区）× 扇区数（磁道）× 磁道数（盘面）× 盘面数（盘片）× 盘片数

示例：假如某个硬盘有 5 个盘片，每个扇区 512 B，每个盘面 20 000 条磁道，每条磁道平均 300 个扇区。根据上述公式，硬盘容量为：

$$\text{硬盘容量} = 512\,\text{B} \times 300\,(\text{扇区}) \times 20\,000\,(\text{磁道}) \times 2\,(\text{盘面}) \times 5\,(\text{盘片})$$
$$= 30\,720\,000\,000\,\text{B} = 30.72\,\text{GB}。$$

3）硬盘操作

硬盘通过读写头来读写存储在磁性表面的位。读写头连接到传动臂的一端，通过沿半径前后移动传动臂，可以定位到任意扇区上。机械臂的这种运动称为"寻道"（seek）。寻道完成后，通过硬盘的转动就可以将读写头定位到目标扇区，此时可以进行数据的读写。硬盘的工作原理如图 5-2 所示。

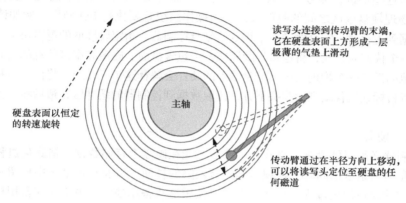

图 5-2　硬盘的工作原理

由上面的描述可知，硬盘数据的读写过程通常分为 3 个关键步骤——寻道、硬盘旋转和数据传输。首先，在寻道阶段，传动臂沿径向移动以定位至正确的磁道；其次，在硬盘旋转阶段，将目标扇区带到读写头的正下方；最后，在数据传输阶段，硬盘驱动器开始对目标扇区进行实际的读写操作。硬盘读写的总时间是这 3 个步骤所需时间的累积。

平均寻道时间（Average Seek Time，用 T_s 表示）：寻道时间取决于磁头的初始位置和传动臂在硬盘上的移动速度。现代硬盘驱动器的寻道时间是通过多次对随机磁道的寻道操作求平均值来确定的，一般介于 3 至 9 ms，最大值可达 20 ms。

平均旋转时间（Average Rotational Latency，用 T_r 表示）：一旦磁头定位到正确的磁道，就需要等待目标扇区旋转至磁头下方。在最坏的情况下，即磁头错过目标扇区，需要等待硬盘完成一整圈的旋转。此时的最大旋转时间 T_{rmax} 可通过如下公式计算：

$$T_{rmax} = (1/\text{转速}) \times 60 \times 1000$$

T_r 通常取最大值的一半，即 $T_r = 1/2 \times T_{rmax}$。

平均传输时间（Average Transmission Time，用 T_{tran} 表示）：当目标扇区的第一个位点对准读写头下方时，硬盘驱动器便开始对该扇区的数据进行读写。传输时间取决于硬盘的旋转速度和每条磁道上的扇区数量。传输时间的计算公式如下：

$$T_{tran} = (1/\text{转速}) \times (1/\text{平均扇区数}) \times 60 \times 1000$$

示例：估计访问表 5-1 所示硬盘上一个扇区的访问时间（单位：ms）。

表 5-1　硬盘上的一个扇区

参数	值
旋转速率	15 000 r/m
平均寻道时间	8 ms
每条磁道的平均扇区数	500

T_r（平均旋转时间）= 1/2 × 1/15 000(r/m) × 60(s/m) × 1000(ms/s) × 1(r) = 2 ms

T_{tran}（平均传送时间）= 1/15 000(r/m) × 60(s/m) × 1000(ms/s) × 1(r)/500 = 0.008 ms

T_{total}（访问时间）= T_s（平均寻道时间）+ T_r（平均旋转时间）+ T_{tran}（平均传送时间）= 10.008 ms

4）逻辑硬盘块

现代硬盘构造复杂，包含多个盘面，每个盘面划分为多个不同的记录区。为了对操作系统隐藏这些复杂性，可以将现代硬盘抽象成一个简单的模型，其中，多个扇区被组织为一个逻辑块，并对这些块进行编号。在硬盘封装时一个称为硬盘控制器的小型硬件设备负责维护逻辑块号与物理硬盘扇区之间的映射关系。当操作系统想要执行 I/O 操作，例如读取一个硬盘扇区的数据到主存时，它会发送一个指令给硬盘控制器，指定要读取的逻辑块号。控制器上的固件执行一个快速表查找，将逻辑号翻译成一个包含盘面、磁道和扇区信息的三元组，这个三元组唯一地标识了一个物理扇区。控制器上的硬件会解释这个三元组，将读写头移动到相应的柱面，等待目标扇区移动到读写头下方，读取数据到控制器的缓冲区，最后将它们复制到主存中。

5）格式化硬盘

硬盘控制器必须对硬盘进行格式化，然后才能在硬盘上存储数据。格式化过程包括将标识扇区的信息填写扇区的间隙，标识并排除有缺陷的柱面，以及在每个区中预留一组备用柱面，如果区的柱面在使用过程中损坏，则可以使用这些备用柱面。由于存在备用柱面，因此硬盘格式化后的硬盘容量比最大理论容量要小。

2. 硬盘接口类型

硬盘接口是硬盘与主机系统间的连接部件，作用是在硬盘缓存和主机内存之间传输数据。不同的硬盘接口决定着硬盘与计算机之间的连接速度，在整个系统中，硬盘接口的优劣直接影响着程序运行的快慢和系统性能的好坏。

从整体上看，硬盘接口类型可分为 IDE、SCSI、SATA、SAS 和光纤通道（Fiber Channel，FC）5 种。其中，IDE 硬盘多用于家用产品，也部分应用于服务器；SCSI 硬盘则主要面向服务器市场；SATA 是一种新兴的硬盘接口类型，目前正处于市场普及阶段，在家用市场中有着广泛的应用前景；光纤通道主要用于高端服务器，价格昂贵。下面简要介绍这几类硬盘接口类型。

1）IDE

IDE（Integrated Drive Electronics，集成驱动电子）是一种并行接口技术，其核心理念是将硬盘控制器与盘体集成在一起。这种设计减少了硬盘接口所需的电缆数量和长度，从而提高了数据传输的可靠性。此外，它简化了硬盘的生产过程，因为制造商不再需要担心硬盘与不同厂商生产的控制器之间的兼容性问题。对于用户，这种设计也使得硬盘的安装变得更加简便。

IDE 接口技术自诞生以来一直在不断发展，其性能也在不断提升。IDE 硬盘以其低廉的价格和强大的兼容性，确立了其在存储市场中的独特地位。在实际应用中，人们通常将 IDE 作为最早出现的 IDE 类型硬盘 ATA-1 的简称。随着技术的进步，原始的 ATA-1 接口已经逐渐被淘汰，而后续发展出更多类型的硬盘接口，例如 ATA、Ultra ATA、DMA、Ultra DMA 等，这些接口的硬盘均属于 IDE 硬盘的范畴。IDE 接口的示意图见图 5-3。

2）SCSI

SCSI（Small Computer System Interface，小型计算机系统接口）并非专为硬盘设计，而是一种广泛应用于小型计算机的高速数据传输技术。SCSI 以其广泛的应用范围、多任务处理能力、高带宽、低 CPU 占用率以及支持热插拔等特点而著称。然而，较高的成本限制了其在消费市场的普及，使得 SCSI 硬盘主要应用于中高端服务器和高端工作站。

SCSI 硬盘的主要优势包括高传输速率、优异的读写性能、能够连接多台设备以及支持热插拔功能。不过，其价格相对较高。SCSI 的示意图见图 5-4。

图 5-3　IDE 接口

图 5-4　SCSI

3）SATA

SATA（Serial Advanced Technology Attachment，串行高级技术附件）接口的硬盘，通常被称为串口硬盘。与传统的并行接口相比，SATA 采用串行连接方式，其总线使用嵌入式时钟信号，这不仅简化了物理连接的结构，还增强了数据传输的纠错能力。SATA 的一个显著特点是能够对传输指令（而不仅仅是数据）进行错误检查和自动校正，从而显著提高数据传输的可靠性。SATA 接口的示意图如图 5-5 所示。

图 5-5　SATA 接口

串行接口的设计还带来了结构简单和支持热插拔的优势。SATA 1.0 版本的数据传输速率已达到 150 Mbit/s，超越了并行 ATA（即 ATA/133）所能达到的最高数据传输速率（133 Mbit/s）。随着技术的发展，SATA 2.0 版本的数据传输速率提升至 300 Mbit/s，而 SATA 3.0 版本则进一步提升至 600 Mbit/s。这些进步使得 SATA 接口在数据传输速度上具有明显的优势。

4）SAS

SAS（Serial Attached SCSI，串行连接 SCSI）接口具有与 SATA 接口向下兼容的特性。兼容性主要体现在物理层和协议层上。在物理层，SAS 接口与 SATA 接口完全兼容，允许 SATA 硬盘直接在 SAS 环境中使用。从接口标准来看，SATA 实际上是 SAS 的一个子集，使得 SAS 控制器能够直接控制 SATA 硬盘。然而，SAS 硬盘不能直接在 SATA 环境中使用，因为 SATA 控制器不支持 SAS 硬盘。在协议层，SAS 由 3 种类型的协议组成：串行 SCSI 协议（SSP），用于传输 SCSI 命令；SCSI 管理协议（SMP），用于维护和管理连接的设备；SATA 通道协议（STP），用于 SAS 和 SATA 之间的数据传输。这 3 种协议的协同工作，使得 SAS 能够与 SATA 以及部分 SCSI 设备无缝集成。此外，SAS 硬盘的传输速率通常比 SATA 硬盘快得多。

5）光纤通道

光纤硬盘是为了提升多硬盘存储系统的速度和灵活性而开发的。它们具有光纤通道接口，使用光纤连接时，这些硬盘具有热插拔性、高速带宽（4 Gbit/s）和远程连接的特点。然而，由于成本较高，光纤硬盘通常仅用于高端服务器领域。

3. 硬盘颜色区别

硬盘的颜色编码系统有助于区分不同类型的硬盘，颜色包括黑色、蓝色、绿色、红色和紫色。每种颜色代表的硬盘特性如下。

➢ 黑盘：代表企业级硬盘，以高品质和卓越性能著称，适用于对性能和稳定性要求极高的企业环境。黑盘价格较高，使用时应避免剧烈震动，以防止损坏。

➢ 蓝盘：代表主流 PC 硬盘，以其通用性和平衡的性能特点广泛应用于消费级 PC 市场。蓝盘返修率相对较高，但物理损坏通常不会影响数据安全。

➢ 绿盘：代表大容量存储硬盘，转速较低，以降低功耗并提供大容量存储解决方案，适合作为数据存储仓库使用。

➢ 红盘：专为网络存储（Network Attached Storage，NAS）系统设计，具有大容量和低转速的特点，以及 NASWare 技术，适合个人和小型办公用户的网络存储需求。

➢ 紫盘：为监控系统优化的硬盘，具有全天候持续读写能力和低功耗特性，通过固件升级和 ATA 流式传输技术减少视频中断。

总的来说，绿盘和蓝盘适合家用计算机，蓝盘因其性能平衡而更受装机者青睐。黑盘通常用于服务器，红盘专为 NAS 系统设计，而紫盘则适合视频监控存储使用。

5.2　存储

5.2.1　存储方式

1. NVR 存储

NVR（Network Video Recorder，网络视频录像机）的核心功能是通过网络接收来自网络摄像机的数字视频码流，并进行存储、管理。NVR 的核心价值在于视频中间件技术，该技术能够广泛兼容不同厂家的数字设备编码格式，实现网络化带来的分布式架构、组件化接入的优势。NVR 的存储架构如图 5-6 所示。

NVR 主要适用于中小型监控系统，但在大型监控应用中，由于监控点众多、视频码流大、系统压力大、存储容量需求大等问题，NVR 可能难以满足需求。对于大型公共监控项目，除了考虑存储解决方案的扩展性和易管理性以外，还可能需要采用 IP SAN 或 CVR 等存储方式。

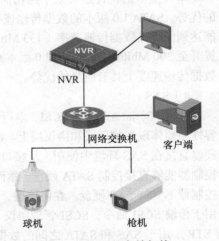

图 5-6　NVR 的存储架构

2. IP SAN 存储

IP SAN 是一种基于 IP 网络的 SAN（Storage Area Network）存储架构，它使用 iSCSI（Internet Small Computer System Interface）协议在 IP 网络上直接传输数据。iSCSI 协议通过将 SCSI 命令封装在 TCP/IP 数据包中实现数据传输，即 SCSI over TCP/IP。IP SAN 作为 SAN 的一种形式，可以使服务器和存储设备通过网络交换机互联，虽然它的性能可能不是最优，但不受地理距离限制，因此广泛应用在大型监控存储中。

IP SAN 能够将存储设备划分为一个或多个卷，并提供给前端应用客户端。客户端可以对这些卷进行新建文件系统（格式化）操作。客户端对卷的访问是设备级的块访问。IP SAN 通过将数据分割成多个数据块并行写入/读出硬盘。利用块级访问的特性，iSCSI 协议提供了高 I/O 性能和低传输延迟。

简单来说，IP SAN 以块为存储单位，可以被视为具有阵列功能的硬盘，实际上是磁盘阵列加上硬盘的组合。IP SAN 的网络拓扑如图 5-7 所示。

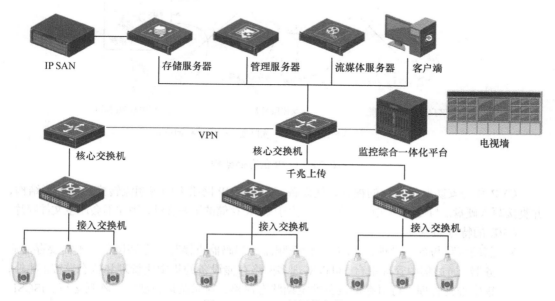

图 5-7 IP SAN 的网络拓扑

与 NVR 存储相比，IP SAN 通常与流媒体服务器配合使用。为了解决多用户同时访问同一实时视频数据时重复占用网络带宽的问题，节省网络带宽资源，降低网络阻塞风险，联网监控中心需要配备流媒体服务器。

IP SAN 的特点如下。

➢ 具有高带宽"块"级数据传输的优势。

➢ 具有 TCP/IP 的所有优点，如可靠传输、可路由等，降低了配置、维护、管理的复杂性。

➢ 可以通过以太网来部署 iSCSI 存储网络，易部署，成本低。

➢ 易于扩展。当需要增加存储空间时，只需要增加存储设备即可完全满足，可扩展性高。

➢ 易于数据迁移和远程镜像。只要网络带宽支持，基本没有距离限制，可以更好地支持备份和异地容灾。

3. CVR 存储

CVR（Central Video Recorder，中央视频记录器）是一种专为安防监控设计的新型视频存储设备，它基于标准的 IP SAN/NAS 网络存储技术，并针对视频监控应用进行了优化。随着市场需求的增长，CVR 因其高效性和稳定性而受到越来越多的青睐。CVR 允许视频流通过编码器直接写入存储设备，从而省去存储服务器的成本，并避免服务器可能成为单点故障和性能瓶颈的风险。CVR 的独特数据结构确保了监控服务的高稳定性和高性能，其存储架构如图 5-8 所示。

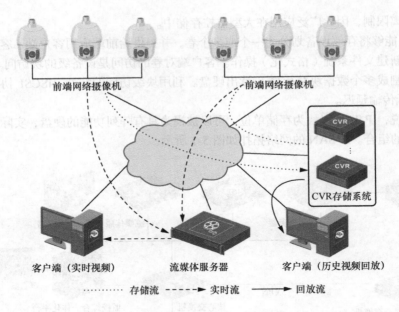

前端网络摄像机　　　　　　前端网络摄像机

CVR
CVR
CVR存储系统

客户端（实时视频）　　　流媒体服务器　　　客户端（历史视频回放）

········· 存储流　----▶ 实时流　——▶ 回放流

图 5-8　CVR 的存储架构

CVR 作为安防监控专用的视频存储设备，能够将 IP 网络上的视频流转换为流数据结构，并直接写入硬盘。与传统的文件存储不同，由于 CVR 存储的不是文件，因此不会产生文件碎片。

CVR 的特点如下。

➤ 前端直写与统一管理：CVR 支持视频流经编码器直接写入存储设备，不需要存储服务器。通过集中管理平台，可以实现多网络存储设备的集中化管理和状态监控。此外，集中告警管理支持对存储设备的定期状态巡检，对系统运行状态、阵列运行、iSCSI、HTTP、CIFS、SCSI 通道等进行实时监控和集中显示。

➤ 简化网络结构：CVR 通过前端编码设备直接写入存储设备，消除了存储服务器的需求，从而减轻了原有设计中存储服务器与存储设备之间的网络压力。

➤ 独有的流媒体文件系统保护技术：CVR 采用 VSPP（Video Stream Pre-Protection，视频流预保护）技术，有效解决了因断电、断网等意外情况引起的文件系统不稳定或损坏问题。CVR 的数据块管理结构和容错机制，减少了对服务器文件系统的依赖，避免了文件系统损坏对监控业务系统的影响，提供了更加稳定和高效的管理方式。

➤ 高效的磁盘碎片免疫技术：CVR 结合磁盘预分配与延迟分配技术，首先在空闲空间区域查找并用于存储新数据，以提高系统性能并避免磁盘碎片。同时，系统在空闲时通过高效的碎片整理程序对磁盘碎片进行整理，进一步提高系统性能。

5.2.2　磁盘阵列技术

1．RAID 基础知识

1）RAID 技术简介

RAID（Redundant Array of Independent Disk，独立磁盘冗余阵列）技术旨在通过组合多块硬盘来提高存储系统的可靠性和性能。虽然 RAID 最初是为了实现更大的存储容量而设计的，但其现代应用更多地关注于数据保护，确保在物理硬盘故障时数据不会丢失。

RAID 的主要功能如下。

- 提高存取速度：通过数据条带化和成块存取，减少硬盘的机械寻道时间，提高数据存取速度。
- 并行访问：同时从阵列中的多块硬盘读取数据，进一步提高存取速度。
- 数据冗余保护：通过镜像或奇偶校验信息，提供数据的冗余保护。

2）RAID 类型与实现方式

尽管存在多种 RAID 类型，但目前只有少数几种得到实际应用。选择不同的 RAID 类型意味着在性能和成本之间做出权衡。RAID 功能可以通过以下两种方式实现。

- 硬件 RAID：使用专用的 RAID 适配器、硬盘控制器或存储处理器，具备自己的处理器、I/O 处理芯片和内存，以提高资源利用率和数据传输速度。硬件 RAID 通常用于服务器。
- 软件 RAID：依赖于主机处理器，没有独立的处理器或 I/O 处理芯片，适用于企业级存储设备，但可能对 CPU 性能有较高要求。

3）RAID 的数据组织形式

RAID 的数据组织形式（见图 5-9）如下。

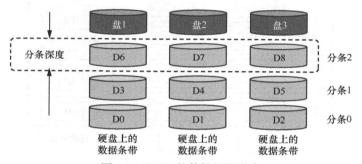

图 5-9　RAID 的数据组织形式

- 条带（Strip）：硬盘中的单个或多个连续扇区构成一个条带，是数据读写的基本单元。
- 分条（Stripe）：在 RAID 阵列中，多块硬盘上相同位置的条带组成一个分条。
- 分条深度：指一个条带的大小。
- 分条宽度：指一个分条中包含的数据盘的数量。

4）RAID 的数据保护方式

RAID 的数据保护方式（见图 5-10）如下。

- 冗余备份：使用额外的硬盘对数据进行备份。
- 奇偶校验算法：通过计算额外的信息来保护数据。常用的奇偶校验算法是异或（XOR）算法，它在数字电子和计算机科学中有广泛应用。

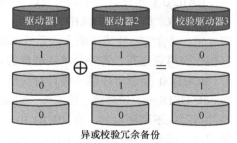

图 5-10　RAID 的数据保护方式

2. RAID 级别

RAID 技术通过不同的组合方式将多块物理硬盘组成逻辑硬盘，以提高性能和数据安全性。不同的 RAID 级别提供了不同的读写性能和数据保护机制。

1）RAID 0

在众多 RAID 级别中，RAID 0（通常称为条带化 RAID）以其卓越的存储性能而著称。

RAID 0 通过条带化技术，将数据均匀分散存储于 RAID 阵列中的所有硬盘上。其逻辑容量等于所有成员硬盘容量的总和。

一个 RAID 0 至少包含两块硬盘。数据被分为大小不一的块，范围从 512 B 到多兆字节。这些数据块被并行写入不同的硬盘中。

以图 5-11 为例，在一个由两块硬盘组成的 RAID 0 阵列中，前两个数据块被写入分条 0，其中，第一个数据块存储在硬盘 1 的第一个条带（条带 0）上，而第二个数据块则并行存储在硬盘 2 的第一个条带（条带 0）上。紧接着，下一个数据块被写入硬盘 1 的下一个条带（条带 1），以此类推。

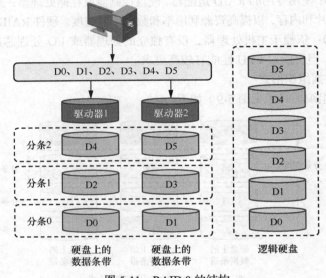

图 5-11　RAID 0 的结构

这种连续的写入模式确保了 I/O 负载平均分布在 RAID 阵列中的所有硬盘上。

由于数据传输总线的速度通常远高于硬盘的读写速度，RAID 0 可以实现近似同时的读写操作，从而显著提高数据存取速度。然而，需要注意的是，RAID 0 没有提供数据冗余或容错能力，因此在一块硬盘发生故障时，整个阵列的数据都将面临丢失的风险。

RAID 0 要求硬盘组中的所有硬盘具有相同的大小和转速，以确保数据能够均匀且高效地分布和存取。如果一个 RAID 0 阵列由 4 块硬盘组成，理论上，其读写速率可以达到单块硬盘的 4 倍，尽管实际性能可能会因系统损耗而略有降低。硬盘的容量和速度都会因 RAID 0 的并行操作而得到提高，容量是单块硬盘的 4 倍，但速度提升取决于最小容量硬盘的性能。

RAID 0 类似于提供一块具有快速 I/O 特性的单一大容量硬盘。与之相比，JBOD（Just Bundle Of Disks，磁盘簇）技术将一组硬盘简单地组合成一块虚拟的大硬盘，但它的数据块不是并行写入不同硬盘的。在 JBOD 中，数据会依次填满每块硬盘，直到所有硬盘的空间都被使用完。因此，JBOD 的总可用容量是所有硬盘容量的总和，但其性能仅相当于单块硬盘。

2）RAID 1

RAID 1，也称为镜像 RAID，是一种高安全性的 RAID 级别。它使用两块相同的硬盘来创建数据的镜像。RAID 1 的存储容量等于单块硬盘的容量，因为另一块硬盘用于存储数据的精确副本。RAID 1 的结构如图 5-12 所示。

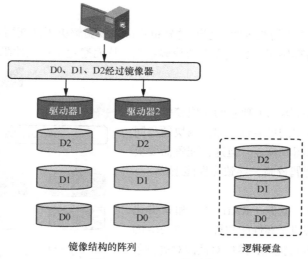

图 5-12　RAID 1 的结构

当数据被写入主硬盘时，其副本会同时被存储在镜像硬盘中。如果主硬盘发生故障，镜像硬盘可以立即接管，确保服务的连续性和数据的完整性。

由于每份数据都存储了两次，因此 RAID 1 的空间利用率为 50%。这意味着对于每 GB 数据，需要 2 GB 的硬盘空间，从而提供了极高的数据可靠性，但以牺牲存储空间为代价。

在 RAID 1 配置中，两块硬盘必须大小相同，以确保镜像的完整性和数据的一致性。如果硬盘容量不同，可用的存储容量将受限于容量较小的那块硬盘。

3）RAID 3

RAID 3 是一种类似于 RAID 0 的配置，但它引入了一块专用的硬盘，用于存储奇偶校验信息。这块硬盘负责保存校验数据，以便在其他硬盘数据丢失或损坏时进行数据恢复。然而，RAID 3 在写入操作时需要重新计算并重写校验信息，这可能导致性能瓶颈，尤其是在大量写入操作时。此外，由于校验硬盘的工作负载较高，它也更容易发生故障。RAID 3 的结构如图 5-13所示。

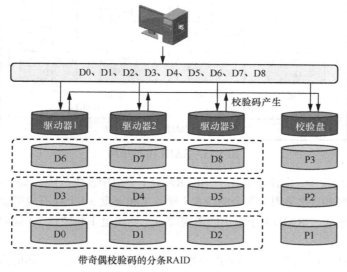

图 5-13　RAID 3 的结构

4）RAID 5

RAID 5 是 RAID 3 的改进版，它通过分布式奇偶校验解决了性能瓶颈问题。在 RAID 5 中，每块硬盘都参与存储用户数据和奇偶校验数据，从而避免了单点故障的风险。RAID 5 的结构如图 5-14 所示。

5）RAID 6

RAID 6 通过增加第二个独立的奇偶校验信息块，进一步增强了数据的可靠性。即使两块硬盘同时失效，数据也可以得到恢复。但这种配置需要更多的硬盘空间用于奇偶校验，导致写性能下降。

6）RAID 10

RAID 10 结合了镜像（RAID 1）和条带化（RAID 0）的优势，提供了高性能和数据保护。RAID 10 首先在硬盘之间进行镜像，然后对镜像对进行条带化。这种配置特别适合对随机写入性能有高要求的应用场景。RAID 10 的结构如图 5-15 所示。

RAID 10 的硬盘数量必须是偶数，一半硬盘用于数据写入，另一半硬盘用于存储镜像副本。

在写入数据时，RAID 10 并行地在子组间写入数据块，同时在子组内通过镜像方式写入数据。

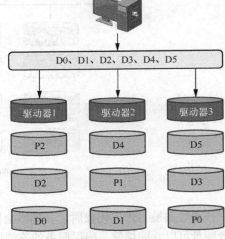

分布式奇偶校验的独立硬盘结构

图 5-14　RAID 5 的结构

例如，在图 5-15 中，物理硬盘 1 和物理硬盘 2 构成一个 RAID 1 子组，物理硬盘 3 和物理硬盘 4 构成另一个子组。这两个子组再结合成 RAID 0，实现数据的快速存取。

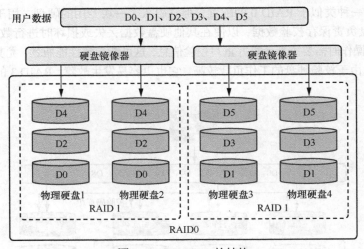

图 5-15　RAID 10 的结构

在 RAID 10 配置中，即使硬盘在不同的 RAID 1 子组中发生故障，如硬盘 2 和硬盘 4，数据访问仍然不受影响。这是因为剩余的硬盘（硬盘 1 和硬盘 3）上存有故障硬盘上数据的完整副本。然而，如果同一 RAID 1 子组中的两块硬盘（如硬盘 1 和硬盘 2）同时发生故障，那么数据将无法访问。

理论上，RAID 10 可以容忍其硬盘总数一半的硬盘故障。但在最坏的情况下，即同一子组的两块硬盘同时故障，RAID 10 也可能遭受数据丢失的风险。通常，RAID 10 用于防止单块硬盘的失效。

7）RAID 50

RAID 50 是 RAID 5 和 RAID 0 的两级组合，其中，第一级为 RAID 5，第二级为 RAID 0。这种配置结合了 RAID 5 的奇偶校验保护和 RAID 0 的条带化性能优势。

RAID 50 至少需要 6 块硬盘，因为每个 RAID 5 子组至少需要 3 块硬盘。

每个 RAID 5 子组独立运作，提供数据的奇偶校验保护。

如图 5-16 所示，物理硬盘 1 至 3 构成一个 RAID 5 子组，物理硬盘 4 至 6 构成另一个 RAID 5 子组。这两个 RAID 5 子组再结合形成一个 RAID 0，以提高整体的读写性能。

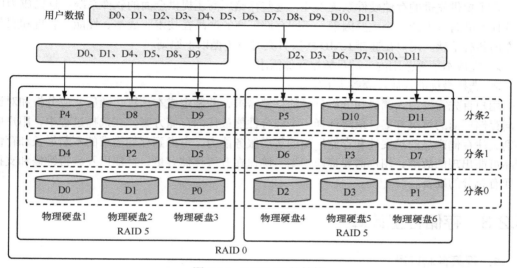

图 5-16 RAID 50 的结构

在 RAID 50 中，系统可以处理多块硬盘的同时故障，但仅限于不同 RAID 5 子组中的硬盘。如果同一 RAID 5 子组中的两块硬盘同时故障，那么存储在该子组上的数据将不可恢复。

主流 RAID 等级技术对比如表 5-2 所示。

表 5-2 主流 RAID 等级技术对比

RAID 等级	别名	容错性	冗余类型	热备份选择	读性能	随机写性能	连续写性能	需要硬盘数	可用容量
RAID 0	条带	无	无	无	高	高	高	$n \geq 1$	全部
RAID 1	镜像	有	有	有	低	低	低	$2n(n \geq 1)$	0.5
RAID 3	专用奇偶校验条带	有	有	有	高	低	低	$n \geq 3$	$(n-1)/n$
RAID 5	分布奇偶校验条带	有	有	有	高	一般	低	$n \geq 3$	$(n-1)/n$
RAID 6	双重奇偶校验条带	有	有	有	高	低	低	$n \geq 4$	$(n-2)/n$
RAID 10	镜像加条带	有	有	有	高	一般	一般	$2n(n \geq 2)$	0.5

在当今快速发展的企业信息化进程中，数据已成为计算的核心。因此，确保信息数据的安全性变得至关重要。随着存储技术的不断进步，RAID 技术在成本、性能和数据安全性等方面展现出其优势，超越了传统的存储技术，如磁带库和光盘库。目前，大多数企业数据中心都将 RAID 作为其首选的存储系统。

当前，众多知名的存储厂商提供全面的磁盘阵列产品线，这些产品既包括面向个人用户和中小企业的入门级低端 RAID 解决方案，也包括面向大中型企业的中高端 RAID 产品。这些厂商包括了国内外的主流存储设备制造商，例如 EMC、IBM、HP、SUN、NetApp、NEC、HDS、H3C 和华赛等。

除了提供先进的存储硬件系统以外，这些存储厂商还提供全面的软件系统，这已成为用户选择产品时考虑的一个主要因素。不同存储厂商的产品在技术、成本、性能、管理和服务等方面各有千秋。用户在选择 RAID 解决方案时应遵循以下原则。

➢ 在成本预算范围内，满足数据存储需求。

➢ 选择最优的存储厂商解决方案。

用户首先需要深入调研和分析自身的存储需求，并制定成本预算。随后，应分析和对比不同存储厂商的解决方案，最终选择一个综合性能最优的存储方案。在选择过程中，用户应特别关注存储产品的扩展性和存储厂商的售后服务能力。考虑到存储需求的不断增长和存储产品可能出现的故障，用户需要提前规划，确保在升级存储容量、性能以及获得维修和支持方面有充分的准备。

5.2.3 存储容量计算

1. 视频存储容量

常见编码标准对应的存储码流要求如表 5-3 所示。

表 5-3　编码标准对应的存储码流要求

编码标准	720P（1280 像素× 720 像素）/Mbit·s⁻¹	1080P（1920 像素× 1080 像素）/Mbit·s⁻¹	4K（3840 像素× 2160 像素）/Mbit·s⁻¹
SVAC	4～6	8～10	—
H.264	2～3	6～8	—
H.265	1～2	4～5	10～12

每路图像记录的存储时间不少于 30 天，涉及反恐等特殊需求的视频图像，存储时间不少于 90 天。

H.265 网络摄像机（1080P，30FPS）视频图像存储容量的计算过程如下。

单个通道 24 小时存储 1 天的计算公式为：

$$码流（Mbit/s）\div 8 \times 3600(s) \times 24(h) \times 1（天）\div 1024$$

在实际建设中，针对最常用的 1080P 分辨率，可以采用 H.264 或 H.265 标准。按 5 Mbit/s 码流计算，存放 1 天的数据总容量为 5 Mbit/s ÷ 8 × 3600(s) × 24(h) × 1（天）÷ 1024 = 52.73 GB，因此，30 天需要的存储容量为 52.73 GB × 30 ÷ 1024 = 1.54 TB。

2. 图片存储容量

对于抓拍摄像机，如果分辨率低于 300 万像素，抓拍图片的存储容量按照大图 450 KB、小图 50 KB 计算；如果分辨率在 300 万像素以上，则按照大图 700 KB、小图 100 KB 计算（含相关抓拍信息，如时间、抓拍设备、GIS 坐标等）。特征数据的大小按照各种分析算法的要求确定。图片的保存时间不少于 90 天，人脸特征数据的保存时间不少于 90 天，其他结构化特征数据（如 Wi-Fi 数据等）的保存时间不少于 1 年。数据存储总容量的设计应考虑抓拍摄像机的平均抓拍次数及大图、小图和特征数据的存储策略。不同抓拍次数下的存储容量要求如表 5-4 所示。

表 5-4　不同抓拍次数下的存储容量要求

分辨率	5000 次/天	7500 次/天	10 000 次/天
300 万像素以下	215 GB	360 GB	430 GB
300 万像素以上	344 GB	515 GB	687 GB

3. 音频存储容量

针对前端选装拾音设备进行音频采集的情况，同样需要考虑音频存储容量。根据《公共安全视频联网系统信息传输、交换、控制技术要求》的规定，音频编码需要支持 G.711、G.723 或 G.729 等标准，应同时支持 G.711、G.723 和 G.729 的音频解码标准，可扩展支持 G.722.1 的音频解码标准。以容量要求最高的 G.711 标准为例，每路音频的码流为 64 kbit/s，单路 24 小时存储 1 天的存储容量计算方式为：

$$64 \text{ kbit/s} \div 8 \times 3600 \text{ s} \times 24 \times 1 \div 1024 \div 1024 = 0.66 \text{ GB}$$

因此，30 天需要的存储容量为 19.8 GB(30 × 0.66 GB)。

5.3　存储系统类型

按照存储架构划分，目前主流的存储架构有 DAS（Direct Attached Storage，直接连接存储）、NAS（Network Attached Storage，网络附加存储）和 SAN（Storage Area Network，存储区域网络）3 种。这 3 种架构的发展动力源于系统对数据转发和存储的要求不断提升，以及大型复杂系统对存储架构的推动。存储架构的分类如图 5-17 所示。

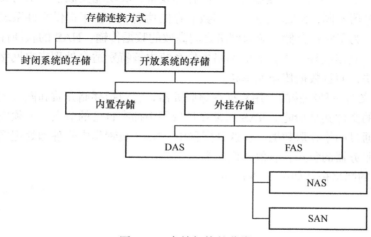

图 5-17　存储架构的分类

1. DAS 架构

在 DAS 架构中，当需要扩展系统的存储容量时，一般采用增加磁盘阵列 RAID 的方式。磁盘阵列提供自动备份功能，这对大型视频监控系统来说至关重要，因为它们不允许数据丢失。所以，在这些系统中，具备 RAID 功能的存储方案显得尤为重要。

DAS 架构以其简洁性而著称，但这种架构中的存储设备是直接连接到服务器的，这限制了连接存储设备的数量及其所能存储的数据量。此外，这种直接连接的方式也使得系统中的数据分散，难以实现有效的共享和管理。更进一步，客户端对数据的访问必须通过服务器，经由 I/O 总线来完成对存储设备的访问。随着客户端连接数的增加，I/O 总线可能会成为系统性能的瓶颈。

DAS 架构不支持物理存储设备在多台服务器之间共享，尽管单台存储设备的容量在不断增加，但随着系统对存储容量和服务器数量需求的增长，这将导致存储设备的使用效率、管理、维护及应用软件的开发成本压力增加。

在选择存储系统的物理存储方式时，如果对中心存储的容量和性能要求不高，DAS 是一个理想的选择。

DAS 的优点如下。

➤ DAS 以服务器为核心，构建初期成本比较低。

➤ 维护过程相对简单。

➤ 适合小规模的应用场景。

DAS 的缺点如下。

➤ 数据的读写完全依赖于服务器，随着数据量的增长，服务器的响应性能可能会下降。

➤ 难以实现集中管理，从长期来看，整体拥有较高成本。

➤ 没有公共管理系统，数据的备份和恢复需要在服务器上单独进行。

➤ 由于不同的服务器连接不同的硬盘，相互之间无法共享存储资源，难以再分配容量。

➤ DAS 的连接方式限制了服务器和存储设备之间的连接距离。

2. NAS 架构

在 NAS 架构中，存储系统不再通过 I/O 总线附属于某个特定的服务器或者客户端，而是通过网络接口直接与网络相连，方便用户通过网络访问存储设备。

NAS 本质上是一台带有"瘦服务器"的存储设备，其功能类似于专用的文件服务器。与传统的通用服务器不同，NAS 去除了大多数非存储功能，专注于提供文件系统服务，从而显著降低了成本。为了实现存储系统与网络之间高效的数据传输，NAS 的软硬件体系结构经过了专门的优化。其多线程、多任务的网络操作系统内核特别适合处理来自网络的 I/O 请求，不仅响应速度快，而且数据传输速率高。

NAS 被定义为一种特殊的专用数据存储服务器，它包括存储介质和嵌入式系统软件，可以提供跨平台的文件共享功能。NAS 通常在局域网中拥有自己的节点，无须应用服务器的介入，允许用户通过网络存取数据。在这种配置中，NAS 负责集中管理和处理网络上的所有数据，从而减轻服务器的负担，有效降低成本。

NAS 架构的网络拓扑如图 5-18 所示。

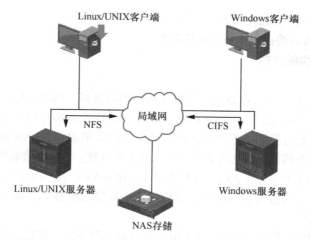

图 5-18　NAS 架构的网络拓扑

NAS 架构的优点如下。

➤ 可以有效释放服务器资源，消除了服务器作为系统瓶颈的问题。

➤ 部署简单，不需要特殊的网络建设投资，通常只需要网络连接。

➤ 服务器的管理非常简单，普遍支持基于 Web 的客户端管理。

➤ 设备的物理位置非常灵活。

➤ 允许用户通过网络存取数据，无须依赖应用服务器。

NAS 架构的缺点如下。

➤ 在处理网络文件系统（Network File System，NFS）或者 CIFS 时，性能开销比较大。

➤ 仅提供文件级别的服务，而不是块级别的服务，不适合大多数数据库及部分视频存储应用。

➤ 用户对硬盘没有完全的控制权，如不能随便格式化硬盘。

➤ 因为 NAS 在数据传输时对带宽资源的消耗较大，所以 NAS 系统的性能受到网络负载的限制。在增加主机后对性能的负面影响方面，NAS 的表现不如 SAN。

3. SAN 架构

SAN 架构采用光纤通道技术，通过 FC 交换机连接到存储阵列和服务器主机，构建了一个专用于数据存储的区域网络。经过多年发展，SAN 已经成为业界的事实标准（但各家厂商的光纤交换技术不完全相同，其服务器和 SAN 存储有兼容性要求）。

SAN 专注于企业级存储的特有问题，如数据与应用系统的紧密结合所产生的结构性限制，以及 SCSI 标准的限制。

SAN 架构的优点如下。

➤ 提供了一种与现有局域网连接的简易方法，支持广泛使用的 SCSI 和 IP。

➤ SAN 的结构允许任何服务器连接到任何存储阵列，服务器可以直接存取，具有更高的带宽。

➤ 简化了运行备份操作，不影响网络总体性能，管理和集中控制更为方便。

SAN 架构的缺点如下。

➤ 后端光纤交换设备价格偏高，初期投资较大。

➤ 对服务器配置有较高的要求，尤其是在处理大量小文件时。

> ➤ 在大量小文件读写性能上没有优势。
> ➤ 对管理维护人员的技术水平要求比较高。

4. 3 种存储架构的比较

1）连接方式对比

在连接方式上，DAS 通过存储设备直接连接应用服务器，具有一定的灵活性，但存在一定的限制；NAS 通过网络技术（如 TCP/IP、ATM、FDDI）连接存储设备和应用服务器，存储设备位置灵活，随着万兆网的发展，传输速率得到很大的提高；SAN 则是通过 FC 技术连接存储设备和应用服务器，具有很好的传输速率和扩展性能。3 种存储架构各有优势，相互共存，占到硬盘存储市场 70%以上的份额。尽管 SAN 和 NAS 产品的价格通常远远高于 DAS，但是许多用户出于价格因素考虑选择了成本较低但效率较低的 DAS，而不是高效率的 SAN。

2）应用场景对比

尽管 DAS 技术相对成熟，它仍然只适用于那些数据量不大、对磁盘访问速度有较高要求的中小企业。

NAS 则更适用于作为存储非结构化数据的文件服务器，但随着 I/O 需求的增加，性能可能会成为瓶颈。尽管如此，NAS 在部署的灵活性和成本效益方面具有优势，尤其是在应用服务器数量不断增加的情况下，不过网络系统效率可能会受到影响。

SAN 则是在 NAS 的基础上进一步发展而来，通过专用的 FC 交换机访问数据，并利用 iSCSI、FC 等协议。SAN 特别适用于需要处理大量数据的大型应用或数据库系统，不过其成本较高且系统相对复杂。

SAN 和 NAS 的关键区别在于文件系统的位置，如图 5-19 所示。

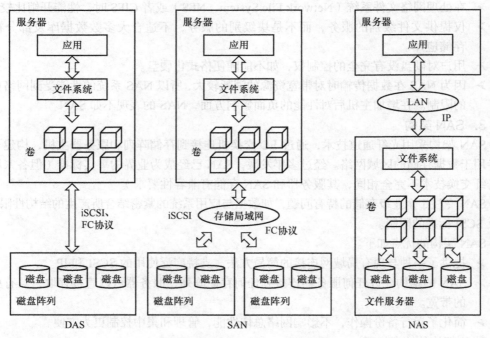

图 5-19　DAS/NAS/SAN 对比图

3 种存储方式的比较如表 5-5 所示。

表 5-5 3 种存储方式的比较

项目	网络	传输内容	可利用带宽性	相互影响	存储	适用性	价格	扩展性	管理效率	适合文件存储	数据库存储	安装复杂性	容错性	灾害恢复的能力
DAS	基于IP网络	传输文件	低	系统应用与存储功能由一台服务器负责，两者互相影响	依靠DAS服务器的网络共享功能实现多台应用服务器间的共享访问	一般只适用于单台或者两台服务器的系统	较低	差	较高	适合	适合	简单	一定程度	没有
NAS	基于IP网络	传输文件	低	系统应用与存储功能分开，两者互不影响	NAS自带共享功能，可在多台应用服务器间自动实现共享访问	适用于各种规模的系统。应用系统数量越多，方便性越高	中等	依赖于解决方案、网关。NAS扩展性比较好，统一、统一NAS扩展性较差	低	适合	不适合	简单	一定程度	没有
SAN	基于FC或者IP网络	传输块	高	系统应用与存储功能分开，两者互不影响	必须安装共享软件才可在多台应用服务器之间实现存储设备的共享访问	适用于各种规模的系统。应用越多，网络设备所占比例越高	较高	依赖于解决方案	低	适合	适合	复杂	较好	较强

5.4 视频云存储

随着视频监控系统的规模越来越大，以及高清视频的广泛应用，系统中需要存储的数据和应用的复杂性不断增加。视频数据不仅需要长时间保存，而且要求随时可以调用，这对存储系统的可靠性和性能等方面都提出了新的要求。在未来的复杂系统中，数据将呈现爆炸性增长，因此，提供对海量数据的快速存储及检索技术显得尤为重要，存储系统正在成为视频监控技术未来发展的关键因素。

面对 PB 级的存储需求，传统的 SAN 或 NAS 在容量和性能扩展上存在瓶颈。云存储可以突破这些限制，并实现性能与容量的线性扩展，为追求高性能、高可用性的企业用户提供新的选择。

云存储是在云计算基础上发展的一个新概念，它通过应用集群、网格技术或分布式文件系统等，利用存储虚拟化技术将网络中各种不同类型的存储设备整合起来，共同提供数据存储和业务访问功能。所以，云存储可以被视为配置了大容量存储设备的云计算系统。

1. 云计算的优点

云计算的优点如下。

➢ 费用。毫无疑问，一项技术之所以兴起，很大程度上是因为其性价比更高。云计算自诞生之日起，就允许用户无须在硬件、软件，以及数据中心的设置和配置上投入资金。

➢ 性能。云计算通常运行在安全数据中心的全球网络上，该网络会定期升级，以提供快速高效的计算硬件。与单个企业数据中心相比，云计算能降低应用程序的网络延迟，提高伸缩性，为快速调配海量计算资源提供硬件基础。

➢ 效率。传统的数据中心通常需要大量的硬件设置、软件补丁和其他费时的 IT 管理任务。云计算避免了这些烦琐的任务，让 IT 团队可以把时间用来实现更重要的业务目标。

➢ 可靠性。云计算简化了数据备份、灾难恢复和业务连续性的过程，通常可以在云服务提供商网络中的多个冗余站点上对数据进行镜像处理。许多云服务提供商也提供了提高整体安全性的策略、技术和控件，以保护数据、应用和基础设施免受潜在威胁。

2. 云计算的类型

并非所有云计算都相同，也没有一种云计算能满足所有需求。一般来讲，部署云计算资源有 3 种不同的方法——公有云、私有云和混合云。

➢ 公有云。由第三方云服务提供商拥有和运营，通过互联网提供计算资源（如服务器和存储空间）。阿里云是公有云的一个示例。用户可以通过 Web 浏览器访问和管理这些服务。

➢ 私有云。专为单一企业或组织使用的云计算资源，可以位于公司的数据中心，或由第三方云服务提供商托管。

➢ 混合云。组合了公有云和私有云的优势，允许数据和应用程序在二者之间移动，提供灵活的业务处理能力和更多的部署选项。

3. 云服务的类型

大多数云服务都可归为 4 类——基础设施即服务、平台即服务、软件即服务和无服务器计算。

- 基础设施即服务（Infrastructure as a Service，IaaS）。IaaS 是云服务最基本的类别。用户可以按需租用 IT 基础设施，如服务器和虚拟机（Virtual Machine，VM）、存储空间、网络和操作系统等。
- 平台即服务（Platform as a Service，PaaS）。PaaS 可以按需提供开发、测试、交付和管理软件应用程序所需的环境。
- 软件即服务（Software as a Service，SaaS）。SaaS 是基于互联网提供软件服务的应用模式，通常以订阅为基础按需提供。云服务提供商托管并管理应用程序和基础设施，并负责软件升级和安全修复等维护工作。用户（通常使用智能手机、平板电脑或 PC）通过互联网连接应用程序。
- 无服务器（Serverless）计算。Serverless 架构允许用户在构建应用程序时无须关注计算资源的获取和运维。云服务提供商可为用户处理设置、容量规划和服务器管理等问题。

4. 逻辑架构

云存储系统采用分层结构设计，从逻辑上可分为 5 层，分别为设备层、存储层、管理层、接口层和应用层，如图 5-20 所示。

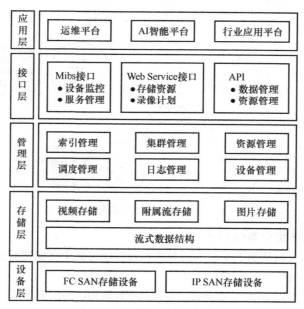

图 5-20　云存储系统逻辑架构

- 设备层。设备层是云存储系统中最基础的部分，由标准的物理存储设备组成，支持 IP SAN、FC SAN 存储设备。在系统组成中，存储设备可以是 FC SAN 架构下的 FC 存储设备或 iSCSI 协议下的 IP 存储设备。
- 存储层。存储层部署了云存储流数据系统，通过调用该系统，实现存储传输协议和标准存储设备之间的逻辑卷或硬盘阵列映射这允许数据（如视频、图片、附属流）与设备层存储设备之间建立通信连接，完成数据的高效写入、读取和调用。
- 管理层。管理层融合了索引管理、日志管理、调度管理、资源管理、集群管理、设备管理等多种核心管理功能。它可以实现存储设备的逻辑虚拟化管理、多链路冗余管理、录像计划的主动下发，以及硬件设备的状态监控和故障维护等。此外，它还实现了整个存储系统的虚拟化统一管理，响应上层服务（如视频录像、回放、查询、智能分析数据请求等）。

> 接口层。接口层是云存储系统最灵活多变的部分，提供了完善且统一的访问接口，包括 Web Service 接口、API、Mibs 接口。根据实际业务需求，可以开发不同的应用服务接口，提供多样化的应用服务。接口层实现了与行业专属平台、运维平台的对接，以及与智能分析处理系统之间的对接；支持视频数据的存储、检索、回放、浏览、转发等操作，实现关键视频数据的远程容灾；支持设备和服务的监控与运维等。

> 应用层。应用层可将行业视频监管平台、运维平台、智能分析平台等通过相应的接口与云存储系统对接，实现数据和信令的交互。

行业视频监控平台可与云存储系统进行配置录像计划和存储策略、检索视频资源、备份存储重要录像等操作，辅助流数据、视频数据、图片数据的存取，如图 5-21 所示。

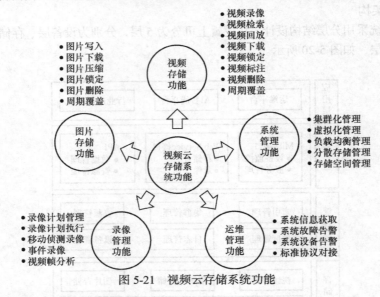

图 5-21 视频云存储系统功能

5. 视频云存储与集中存储对比

在实际项目中，可以从如下 4 个方面对视频云存储与集中存储进行分析。

1）运行管理和维护

集中存储方案中，存储系统的服务接口是挂载硬盘阵列的应用服务器，每台应用服务器通过本机 IP 地址与外界通信。视频云存储采用统一的服务接口，对外只有一个 IP 地址，简化了用户对系统的管理维护。

2）利用率

集中存储的设备容量管理和分配可能导致硬件性能未被充分利用，而视频云存储系统通过虚拟化整合，提高了存储资源的利用率，并通过负载均衡动态调整，优化了资源分配。

3）可靠性

集中存储方案中，数据流需要经过多台服务器转发，增加了故障风险。视频云存储系统采用集群化设计，提高了系统的可靠性和增强了容错能力。

4）对云计算的支撑力度

视频云存储系统与云计算的结合更为紧密，为智能分析等应用提供了良好的数据基础和支持。

以 1000 路前端的数据存储为例，视频监控云存储与传统集中存储的对比如表 5-6 所示。

表 5-6　视频监控云存储与传统集中存储的对比

项目	传统集中存储	视频监控云存储
系统性能	单设备，有性能瓶颈	多设备集群，无上限
设备管理	一对一管理，管理复杂	统一管理，管理便捷
容量管理	逐台设备分配，利用率低	虚拟化整合，按需分配
压力调整	手动调整，维护不便	自动调整，负载均衡
数据下载	单设备响应，低速下载	多设备并发响应，高速下载
存储模式	数据转发，需要部署服务器	数据直存，节省服务器
系统扩展性	扩展复杂，有容量上限	扩展便利，无容量上限
系统可靠性	单点故障，业务中断	单/多点故障，业务不中断
面向应用	无安防行业应用扩展	集成安防定制化应用功能

6. 视频云存储的发展基础

视频云存储的发展依赖如下几个关键基础。

➢ 数据安全问题。云存储将存储设备资源以服务的形式提供，用户无须了解底层数据存储的细节，这要求云存储有足够的机制以保证数据的安全性和保密性。数据安全包括数据的完整性、高可靠性、容灾能力、数据加密、防入侵及可恢复性等。

➢ 远程访问能力。云存储强化了"云 + 端"的概念，要求云与端之间必须具有强大的网络传输系统支撑。云存储系统通常跨区域、跨城市，甚至遍布全球。用户通过网络实时、持续且快速地访问云存储系统。

➢ 集群技术、网格技术和分布式文件系统。云存储系统是一个多存储设备、多应用、多服务协同工作的集合体。通过集群、分布式文件系统和网格计算等技术，实现多个存储设备之间的协同工作，提供统一且强大的数据访问性能。

➢ 存储虚拟化技术、存储网络化管理技术。云存储系统中的存储设备数量庞大且分布在不同区域。如何实现不同厂商、不同型号甚至不同类型的存储设备之间的逻辑卷管理、存储虚拟化管理和多链路冗余管理是一个巨大的难题。解决这一问题对于避免性能瓶颈和实现系统整体结构至关重要。

5.5　安防大数据

5.5.1　安防大数据的特点

大数据是需要新处理模式才能处理的具有海量、高速增长和多样化的信息资产，它赋予了更强的决策力、洞察发现力和流程优化能力。

一般来说，大数据的特征包括数据种类繁多、数据规模大、数据价值密度低和数据处理速度快，如表 5-7 所示。

表 5-7 大数据的特征

大数据的特征	具体内容	对应挑战
数据种类繁多	包含结构化数据（可用二维表结构表示的传统关系数据模型）、半结构化数据（数据的结构和内容混在一起，如 XML、HTML 文档等）和非结构化数据（如文本、图像、声音、影视、超媒体等信息）	需要进行清洗、整理、筛选等操作，将其统一转换为结构化数据
数据规模大	大数据通常指 100 TB 规模以上的数据量，数据量大是大数据的基本属性	需要分析 TB、PB 乃至 EB 级别的数据
数据价值密度低	数据呈现指数增长的同时，隐藏在海量数据的有用信息却没有以相应比例增加	需要通过强大的机器算法更迅速地完成数据的价值"提纯"
数据处理速度快	数据从生成到消耗，时间窗口非常小，可用于生成决策的时间非常短	需要快速地对数据进行创建、处理及分析

安防行业的大数据有自身的特点。首先，安防大数据以非结构化的视频监控数据为主，侧重于对非结构化数据的分析和处理；其次，对传输、存储和计算过程中的带宽及存储空间要求较高；再次，信息价值密度低，从海量图像信息中提取有用信息的难度较大；最后，视频监控数据持续更新，对时效性要求较高。

5.5.2 安防大数据与视频监控

1. 大数据视频监控的优势

以 Hadoop 为代表的大数据技术的核心特点是 Hadoop 分布式文件系统（Hadoop Distributed File System，HDFS）架构及分布式计算框架 MapReduce，非常适合高清网络视频监控的需求。Hadoop 技术非常适合一次写入、多次读取、高效计算、海量数据存储及分析计算的需求。

在中大型高清网络视频监控项目中，采用大数据架构的优势如下。

➢ 系统扩展性：基于 HDFS，系统可以根据需求灵活扩展，避免了初期的过度投资。

➢ 成本效益：虚拟化及大数据技术架构允许使用成本较低的通用硬件，通过软件技术保证高可靠性，从而降低投资成本。

➢ 高效视频分析：分布式计算架构支持并行视频分析计算，提高了海量视频分析的效率。

2. 面向大数据的视频监控系统

结合视频监控业务特点，引入 Hadoop 技术，可以解决许多现有视频监控系统的问题。基于 Hadoop 的视频监控架构包括数据源层、HDFS 和 MapReduce 分布式计算等，如图 5-22 所示。

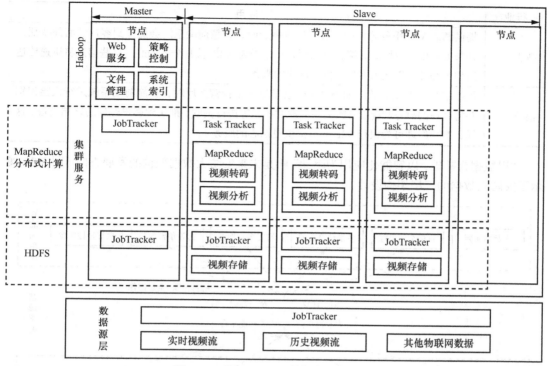

图 5-22　基于 Hadoop 的视频监控架构

5.5.3　安防大数据的应用及发展趋势

随着人工智能和物联网技术的发展，安防大数据的应用范围不再局限于传统的安全防护领域，逐渐应用到非安防领域（如商超、酒店、银行等），基于视觉技术的智能物联市场逐步成型。安防大数据的行业应用如表 5-8 所示。

表 5-8　安防大数据的行业应用

行业	应用
电商	依托于电商平台的大数据资源，通过视觉技术进行智能分析，帮助电商构建统一的零售云，搭建智慧零售
媒体	在媒体推广领域，例如通过在大屏上叠加智能前端技术，可以对广告投放后的关注人群、人群分布、观看效果等进行分析，从而指导下一批广告的投放策略和区域内媒体内容的选择
商铺	将视觉大数据技术应用于商超，赋能前端设备进行智能分析，以满足不同客户的需求，优化商品销售，提升服务水平并增加营业利润等。此外，人工智能摄像机方案还将助力无人超市的落地
能源、建筑	智能监控摄像机可以监督安全规范的执行，确保如员工是否佩戴安全帽、设备旁边是否有灭火器等安全措施得到落实，并能够及时识别并纠正违规行为

续表

行业	应用
酒店	提供酒店 VIP 服务等。如当客户走进酒店时，智慧前端系统会捕捉到客户的面部特征，并与大数据平台按需对接，以识别客户是否为 VIP 及其个人偏好。这些信息将迅速传达给相关经理，以便为客户提供个性化的服务
银行	提供银行 VIP 服务等。如当高净值会员进入银行营业厅时，智能前端系统进行人脸识别并将客户的财务状况、可能关注的理财产品等进行关联，推送到客户经理的终端设备。这样，客户经理可为银行 VIP 会员提供更贴心的服务

"以数据为基础，以智能化应用为驱动"将是未来安防大数据架构的发展方向。图 5-23 展示了安防大数据的三层架构设计。

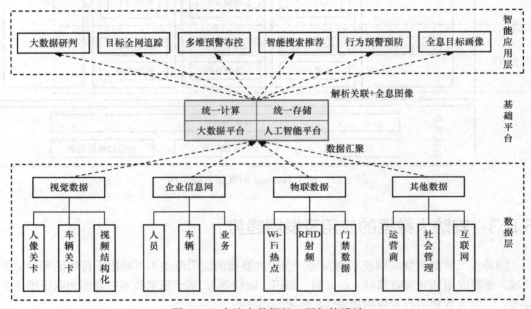

图 5-23 安防大数据的三层架构设计

目前安防大数据的主要特征为"数据量高速增长，数据类型日益多样化"。在此背景下，安防大数据可改进升级的空间如下。

➢ 面对大量数据产生的存储和计算需求，具有高效、低成本的后端存储设备和能够处理海量数据的服务器设备，预计将拥有广阔的市场前景。

➢ 目前，非结构化数据的开发和利用尚未充分。随着算法的成熟，预计未来将出现更多基于非结构化数据的智能分析应用场景。

➢ 当前，数据的割裂和孤立现象仍然存在，数据分散在不同的系统、设备和区域中。因此，未来安防大数据的发展趋势将朝着数据标准化、统一化，加强数据的联动性和关联性。在此基础上，建立智能化应用模型，输入海量历史数据，实现事前预测和预防。

智能安防大数据解决方案将视频监控系统和其他渠道产生的数据汇集到大数据系统中，进行智能分析、数据拆解和关联，形成基于数据的全息画像，以实现事前预防和情报研判。

第 6 章

视频大屏系统

在视频监控系统中，视频采集、传输、存储之后，视频解码与显示是用户的最终应用界面，也是系统中的重要一环。本章主要对视频大屏系统的相关知识进行介绍。

6.1 屏幕类型

大屏拼接屏在大型项目的中央监控室或指挥中心的应用日益增多。它由多个显示单元和图像控制器组成，可以全屏显示一个画面或多个窗口显示多个画面。输入信号可以是监控摄像机视频、计算机信号等，通过图像处理器分配到显示单元，每个单元显示图像的一部分，共同构成完整的大画面。大屏幕软件可以实现拼接屏的布局调整、窗口调用、矩阵切换等功能，并可预设"预案"功能，实现快速调用。

常见的大屏拼接系统按显示单元的工作方式可分为 3 种主要类型——LCD 显示单元拼接、PDP 显示单元拼接和 DLP 显示单元拼接。LCD 和 PDP 属于平板显示单元拼接系统，而 DLP 属于投影单元拼接系统。

6.1.1 LCD 显示单元

LCD（Liquid Crystal Display，液晶显示器）的工作原理是通过电流刺激液晶分子产生图像并与背部灯管配合显示画面。

液晶是一种介于固体和液体之间的有机化合物，它在常态下呈液态，但其分子排列和固体晶体一样非常规则。液晶的特殊性质是，如果给它施加一个电场，就会改变它的分子排列顺序，这时如果配合偏振光片，它就会具有阻止光线通过的作用（在不施加电场时，光线可以顺利通过）；如果再配合彩色滤光片，改变电压的大小，就能改变某颜色的透光量，也可以形象地说，改变液晶两端的电压就能改变液晶的透光度（但实际中必须和偏光板配合）。LCD 屏幕的工作原理如图 6-1 所示。

对于笔记本电脑或者桌面型 LCD 等采用的更加复杂的彩色显示器，还要配备专门处理彩色显示的色彩过滤层。通常，在彩色 LCD 面板中，每个像素由 3 个液晶单元格构成，每个单元格前面分别有红色、绿色或蓝色的色彩过滤器。这样，通过不同单元格的光线就可以在屏幕上显示出不同的颜色。

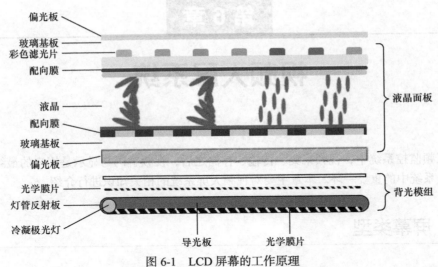

偏光板
玻璃基板
彩色滤光片
配向膜

液晶
配向膜
玻璃基板
偏光板

} 液晶面板

光学膜片
灯管反射板
冷凝极光灯

} 背光模组

导光板   光学膜片

图 6-1　LCD 屏幕的工作原理

　　LCD 克服了 CRT 体积庞大、耗电和闪烁的问题，但也存在成本高、视角窄和彩色显示不足等问题。CRT 显示器可选择一系列分辨率，而且能按屏幕要求加以调整，而 LCD 显示器的分辨率固定。

　　LCD 不存在聚焦问题，因为每个液晶单元都是单独开关的。这正是 LCD 图像如此清晰的原因。LCD 无须关注刷新频率和闪烁，因为液晶单元状态只有开或关，即使在低刷新频率下也不会增加闪烁。不过，LCD 屏幕的液晶单元很容易出现瑕疵。对于 1024 像素 × 768 像素的屏幕约需 240 万个单元。很难保证所有单元都完好无损。

6.1.2　LED 显示单元

　　LED（Light-Emitting Diode，发光二极管）显示器是液晶显示器的一种，使用 LED 作为背光，提供高亮度、稳定的亮度和色彩表现，以及更宽广的色域。LED 显示器易于实现功率控制，且不含汞，更环保、节能。

　　LED 显示器的优势在于节能、环保和色彩真实。由于使用固态发光器件，LED 背光源对环境适应能力强，具有广泛的使用温度范围、低电压和耐冲击性，且无射线、低电磁辐射，是一种绿色光源。

6.1.3　DLP 显示单元

　　DLP（Digital Lighting Process，数字光处理）无缝拼接显示屏是一种具有极细边框的显示技术。尽管拼接后的屏幕之间并非完全没有缝隙，但缝隙极小，仅为 0.2 mm，细如线条。DLP 技术的核心是美国德州仪器公司研发的数字微镜装置（Digital Micromirror Device，DMD）芯片。DMD 芯片由数以百万计的微镜片组成，每个微镜片的尺寸微小到比头发断面还小，能够将光线反射至两个方向。DLP 无缝拼接显示屏的结构如图 6-2 所示。

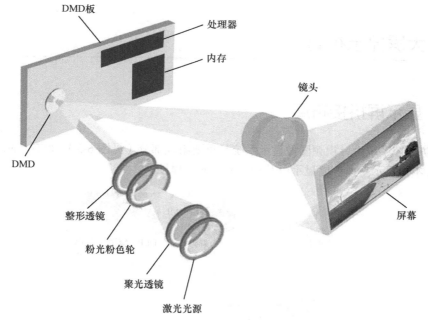

图 6-2　DLP 无缝拼接显示屏结构

  DLP 无缝拼接显示屏的工作原理基于三基色（红、绿、蓝）投射到 DMD 芯片。DMD 芯片上的每一个微镜片对应一个像素点。例如，如果分辨率为 1920 像素 × 1080 像素，则 DMD 芯片上约有 200 万个微镜片。DLP 投影机的物理分辨率由微镜片的数目决定。每个微镜片均可在-10°～+10°自由旋转，由电荷定位。信号输入经过处理后作用于 DMD 芯片，从而控制微镜片的偏转，使入射光线经过微镜片反射后，通过投影镜头形成图像。

  DLP 投影机具有清晰度高、画面均匀和色彩锐利等优势。DLP 技术能够还原 3500 万种颜色，超过影片标准 8 倍；在分辨率方面，可以达到全高清甚至超高清的显示效果。然后 DLP 在亮度方面略低，三片机具有 1500 lx 的亮度，略低于普通投影机的 2000～3000 lx。无缝拼接显示系统是目前各大型显示中心所广泛采用的优秀显示系统。

6.1.4　PDP 显示单元

  PDP（Plasma Display Panel，等离子显示屏）是 CRT 和 LCD 之后的一种新颖直视式图像显示屏。PDP 以其出众的图像效果和独特的数字信号直接驱动方式，成为优秀的视频显示设备和高清晰度的计算机显示屏，是高清数字电视的理想选择。

  与直视型显像管彩电相比，PDP 的体积更小、重量更轻，而且无 X 射线辐射。另外，因为 PDP 各个发光单元的结构完全相同，所以不会出现显像管常见的图像几何畸变问题。PDP 的亮度非常均匀，没有亮区和暗区，不受磁场影响，具有更好的环境适应能力。PDP 也不存在聚焦问题和色彩漂移，提供了更加清晰、色彩更加鲜艳的图像，为观看者带来更舒适的视觉体验，效果更理想。

  与 LCD 相比，PDP 在亮度、色彩还原、灰度层次、对迅速变化的画面响应速度等方面有优势。由于显示屏亮度高达 150 lx，因此可以在明亮的环境下观看大屏幕视频。PDP 的视角高达 160°，远超普通显示屏和 LCD 的视角范围，提供了更广阔的观赏角度。

6.2　大屏显示布局

6.2.1　显示屏拼接布局

在安防监控系统中，视频图像显示系统是重要组成部分（见图 6-3）。视频显示类型通常包括 NVR 本地显示、监控墙显示以及基于网络的远程显示。

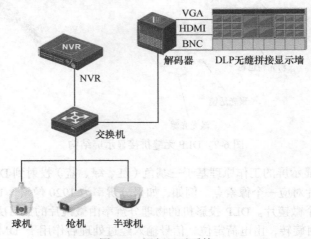

图 6-3　视频显示系统

对于监控点数量较少的系统，可以通过 NVR 设备接入并输出至显示器。在需要领导视察或大型显示时，可以通过视频分配器将 NVR 输出的视频信号分配至多台显示设备。

对于监控点数量较多的系统，监控中心可能采用功能更强大、价格更高的监控显示墙，如由窄边框液晶屏、DLP 无缝拼接屏或混合型监控墙组成的显示系统。

中小型监控中心通常采用多块工业级窄边框显示屏组成的监控墙，而大中型指挥控制中心则倾向于使用 DLP 屏幕组成的无缝拼接显示墙。

液晶显示屏与 DLP 无缝拼接显示屏组成的混合显示系统在中大型监控中心广泛应用，相比纯无缝拼接显示系统更为经济。工程用显示屏与家用液晶显示屏的主要区别在于，工程用显示屏须满足更高的安全可靠性要求和长时间不间断工作的需求。

在监控中心的实际应用中，通常不需要安保人员 24 小时监控大屏幕，而是通过控制台监视器进行观察。为了节约能源和延长显示器寿命，可以轮流开启部分大屏幕或在非紧急情况下关闭大屏幕。

6.2.2　大屏拼接显示系统

大屏拼接显示系统包括拼接显示墙体、数字解码器及大屏幕控制管理软件等组件。其中，数字解码器是系统的核心，支持多种音视频信号输出，如 VGA 数字显示信号、HDMI 数字显示信号及 BNC 接口的数字信号灯，并且可通过控制软件实现高级显示功能，如开窗、漫游、叠加、缩放和画中画等。

在网络视频监控时代，视频显示可以在网络中任意位置实现，包括本地和远程计算机终端及移动终端，只需要在终端安装相应的 APP 监控软件，通过软件设置即可实现，给单位领导及监控系统的运维人员带来便利。

不同的大屏拼接显示技术有各自的优势和劣势，没有绝对的好坏之分，在项目应用中，需要根据具体需求、应用场景、环境空间、视觉效果、行业特色、成本预算、运维资源等因素，综合考虑并选取合适的拼接系统。

在选择时重点考虑以下参数。

➤ 亮度：决定显示效果的关键因素，影响屏幕的可视性。

➤ 对比度：高对比度能够增强画面的层次感，使图像细节更加丰富。

➤ 色彩饱和度：色彩饱和度高的屏幕能够展示更加鲜艳的画面，提升视觉体验。

➤ 分辨率：分辨率直接影响画面的清晰度，是衡量显示质量的重要指标。

➤ 寿命：LCD 和 DLP 的使用寿命主要取决于发光器件，通常与屏幕本身无关。通过定期更换背光灯管或灯泡，可以延长其使用寿命。而 PDP 的寿命与屏幕直接相关，且屏幕一旦损坏，无法更换。

➤ 灼伤：灼伤是指长时间显示静止画面后，在屏幕上留下的残影。LCD 和 DLP 由于其显示原理，不易发生灼伤现象。然而，PDP 屏幕则相对容易出现灼伤。

➤ 画面均匀性：画面的均匀性关系到画质的一致性，影响整体的显示效果。

3 种大屏拼接显示技术的参数比较如表 6-1 所示。

表 6-1　3 种大屏拼接显示技术的参数比较

技术	亮度（均值参考）/lx	对比度	饱和度	分辨率/像素	均匀性	拼接缝	功耗/W	寿命/h	是否会灼伤	运维成本
背投（DLP）拼接	500	300:1～500:1	70%左右	1024×768	稍差	最小（1 mm）	300（50 in）	5000～10 000（灯泡）	不会	较高
液晶（LCD）拼接	800	1000:1～1500:1	90%左右	1366×768	较好	较小（6.7 mm）	200（46 in）	50 000（背光）	不会	较低
等离子（PDP）拼接	1000	最高可达3000:1	93%左右	852×480	较好	较小（5 mm）	500（42 in）	5000～10 000（屏幕）	会	较低

6.3　大屏与投影显示技术的发展趋势

随着信息技术的飞速发展，人们对视觉体验的要求日益提升，"视觉冲击力"已成为衡量显示性能的重要标准之一。这种冲击力不仅源自高清晰度的画面，还源自超大尺寸的视觉效果。为了满足这一需求，大屏拼接技术应运而生。此外，边缘融合技术，一种基于投影技术实现超大画面的方法，也逐渐受到重视。

目前市场上常见的大屏幕拼接系统主要分为两大类：一类是PDP、LED、LCD等平板显示单元拼接系统，其主要缺点是存在拼接缝隙；另一类是DLP投影单元拼接系统，其显著优点是无缝拼接。边缘融合拼接系统同样实现了无缝拼接的效果。

边缘融合技术通过将多台投影机投射的画面边缘进行重叠，并通过融合处理，创造出一个无缝、明亮、超大尺寸、高分辨率的统一画面。这种技术使得画面效果仿佛由单台投影机投射，但更为壮观。当多台投影机组合投射时，部分影像灯光会重叠。边缘融合技术的核心功能在于调整重叠区域的亮度，确保整幅画面亮度的一致性。边缘融合技术的优势如下。

> 增加图像尺寸和完整性：多台投影机拼接投射的画面尺寸远超单台，为观众带来震撼的视觉冲击。无缝边缘融合技术保证了画面的完美性和色彩的一致性。

> 提高分辨率：每台投影机负责投射整幅图像的一部分，从而提高了整体图像的分辨率。例如，3台800像素×600像素分辨率的投影机融合后，图像分辨率可提升至2000像素×600像素。

> 实现超高分辨率：利用多通道高分辨率输出的图像处理器，可以产生更高分辨率的合成图像。通过边缘融合技术，可以进一步优化分辨率，达到前所未有的高度。

> 缩短投影距离：边缘融合技术使得在相同画面尺寸下，所需的投影距离大幅缩短，提高了空间利用率。

> 适应特殊形状屏幕：边缘融合技术能够适应圆柱形或球形等特殊形状的屏幕，提供更佳的图像分辨率、亮度和聚焦效果。

> 增强画面层次感：边缘融合技术配合高质量投影屏幕，显著提升了显示系统的画面层次感和表现力。

边缘融合技术理论上可以实现无限大且清晰的显示画面，而大屏拼接技术在扩大画面时可能会面临技术和空间布局的挑战。因此，边缘融合技术更适合于空间广阔的场所，满足超大空间的高清显示需求。

展望未来，大屏拼接显示技术预计将朝着DLP和边缘融合技术的方向发展，以满足市场对更高视觉体验的追求。

第 7 章

安防云

云计算是一种与信息技术、软件和互联网紧密相关的服务模式。它基于一个称为"云"的计算资源共享池，通过软件自动化管理，将众多计算资源整合在一起。这种管理方式仅需要少量人力参与，便能迅速地提供所需资源。简而言之，云计算使得计算能力像水、电、煤气一样，成为一种可通过互联网流通的商品，用户可以轻松获取并享受其相对低廉的价格。

鉴于云计算已成为一个不可逆转的趋势，构建一个高效合理的云平台已成为信息技术领域构建系统时的共识。对于安防行业，这一点尤其重要。

本章将首先介绍云原生的基础知识，然后深入探讨安防云的当前发展状况。

7.1 云原生

《中华人民共和国国民经济和社会发展第十四个五年规划和 2035 年远景目标纲要》明确指出，要"加快云操作系统迭代升级，推动超大规模分布式存储、弹性计算、数据虚拟隔离等技术创新，提高云安全水平。以混合云为重点培育行业解决方案、系统集成、运维管理等云服务产业"。《中国安防行业"十四五"发展规划（2021—2025 年）》同样强调了"加强云边端全场景资源协同，推动人工智能的普惠应用。建立云计算、云平台、云服务等行业技术标准体系，促进云化资源分层解耦、异构兼容的安全服务云生态的形成。加强基础资源能力的建设和共享，面向各行各业提供定制化业务，保障应用能力"。

中国信息通信研究院发布的《云计算发展白皮书（2020 年）》总结了云计算发展的 6 个关键词及其背后的重要趋势。其中，6 个关键词包括云原生、SaaS、分布式云、原生云安全、数字化转型和新基建；6 个趋势表现为：云技术从粗放向精细转型；云需求从 IaaS 向 SaaS 迁移；云架构从中心向边缘延伸；云安全从外部向原生转变；云应用从互联网向行业生产渗透；云定位既是基础资源又是基建操作系统。

7.1.1 云原生定义

云原生（cloud native）是一个复合术语，其中"云"表示应用程序运行于分布式云环境中，"原生"表示应用程序在设计之初就充分考虑云平台的弹性和分布式特性，即它们是为云环境量身定制的。云原生并不是简单地使用云平台运行现有的应用程序，它是一种能充分利用云计算优势对应用程序进行设计、实现、部署、交付和操作的应用架构方法。

云原生技术一直在不断地变化和发展，关于云原生的定义也在不断地迭代和更新，不同的社区、组织或公司对云原生也有自己的理解和定义。

Pivotal 公司是云原生应用架构的先锋，云原生的定义最早也是由员工 Matt Stine 于 2013

年提出的。Matt Stine 在 2015 年出版的 *Migrating to Cloud Native Application Architectures*
一书中提出了云原生应用架构应具备的因素，如表 7-1 所示。

表 7-1　云原生应用架构应具备的 12 个因素

因素	描述
基准代码	一份基准代码，多份部署
依赖	显示声明依赖关系
配置	应用配置存储在环境中，与代码分离
后端服务	将通过网络调用的其他后端服务当作应用的附加资源
构建、发布、运行	严格分离构建、发布和运行
进程	以一个或者多个无状态进程运行应用
端口绑定	通过端口绑定提供服务
并发	通过进程模型进行扩展
易处理	快速启动和优雅终止的进程可以最大化应用的健壮性
开发环境和线上环境一致性	尽可能保证开发环境、预发环境和线上环境的一致性
日志	把日志当作事件流的汇总
管理进程	把后台管理任务当作一次性进程运行

2017 年，Matt Stine 对云原生的定义进行了修改，认为云原生应用架构应该具备 6 个主要特征——模块化、可观测性、可部署性、可测试性、可处理性和可替换性。Pivotal 公司对云原生的定义包含 4 个要点——DevOps（Development & Operations，开发和运维）、持续交付、微服务和容器。

除了对云原生技术发展作出贡献的 Pivotal 公司以外，云原生计算基金会（Cloud Native Computing Foundation，CNCF）也扮演了不可或缺的角色。CNCF 是由 Google 等公司共同发起的，致力于维护一个中立的云原生生态系统。目前该基金会已经是云原生技术发展的主要推动力量。

CNCF 对云原生的定义强调了其在各种云环境中构建和运行可弹性扩展应用的能力。云原生技术，如容器、服务网格、微服务、不可变基础设施和声明式 API，共同促进了高容错性、易于管理和观察的松耦合系统的构建。结合自动化工具，云原生技术为安防工程师提供了频繁且可预测地进行系统重大变更的能力。

2018 年被广泛认为是云原生技术的元年。在这一年，众多科技公司开始拥抱云原生理念，并加入了云原生技术的行列。同时，主流云计算供应商也纷纷加入 CNCF，为云原生生态系统的繁荣贡献力量。

7.1.2　云原生关键技术

云原生不是一项具体的技术，而是一种涵盖行为方式和设计理念的概念。它代表着能够提高云上资源利用率和应用交付速度的方法。云原生的关键技术如图 7-1 所示。

1. 容器

容器是一种相对于虚拟机更加轻量级的虚拟化方法，它能为我们高效地打包、分发和运行应用程序。容器提供的方式是标准化的，可以将不同应用程序的不同组件组装在一起，同时保持它们之间的隔离性。

　　容器的基本思想就是将需要执行的所有软件打包到一个可执行包中，如将 Java 虚拟机、Tomcat 服务器和应用程序本身打包进一个容器镜像中。用户可以在基础设施环境中使用这个容器镜像启动容器并运行应用程序，还可以将容器化运行的应用程序与生产环境隔离。

　　容器具有高度的可移植性，用户可以轻松地在开发测试、预发布或生产环境中运行相同的容器。如果应用程序被设计为支持水平扩展，就可以根据当前业务的负载情况启动或停止容器的多个实例。

　　Docker 项目是当前最受欢迎的容器实现，以至于很多人经常都将 Docker 和容器互换使用，但是 Docker 项目只是容器技术的一种实现，将来有可能会被替换。

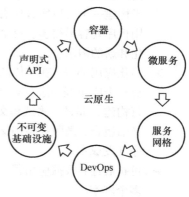

图 7-1　云原生的关键技术

　　因为具备轻量级的隔离属性，容器技术已然成为云原生时代应用程序开发、部署和运维的标准基础设置。使用容器技术开发和部署应用程序的好处如下。

> - 应用程序的创建和部署过程更加敏捷：与虚拟机镜像相比，使用应用程序的容器镜像更简便和高效。
> - 可持续开发、集成和部署：借助容器镜像的不可变性，可以快速更新或回滚容器镜像版本，进行可靠且频繁的容器镜像构建和部署。
> - 提供环境一致性：标准化的容器镜像可以保证跨开发、测试和生产环境的一致性，不必为不同环境的细微差别而苦恼。
> - 提供应用程序的可移植性：标准化的容器镜像可以保证应用程序运行于 Ubuntu、CentOS 等操作系统或云环境中。
> - 为应用程序的松耦合架构提供基础设置：应用程序可以被分解成更小的独立组件，可以很方便地进行组合和分发。
> - 资源利用率更高。
> - 实现了资源隔离：容器应用程序和主机之间的隔离、容器应用程序之间的隔离可以为运行应用程序提供一定的安全保证。
> - 容器技术大大简化了云原生应用程序的分发和部署，可以说容器技术是云原生应用发展的基石。

2. 微服务

　　微服务是一种将大型应用程序按照功能模块拆分成多个独立自治的小型服务的软件架构方法。每个微服务仅实现一种功能，具有明确的边界。

　　微服务基于分布式计算架构，其主要特点可以概括为如下两点。

> - 单一职责：微服务架构中的每一个服务都应是符合高内聚、低耦合及单一职责原则的业务逻辑单元。不同的微服务通过 REST 等形式的标准接口互相调用，进行灵活的通信和组合，从而构建出庞大的系统。
> - 独立自治性：每个微服务都应该是一个独立的组件，它可以被独立部署、测试、升级和发布，应用程序中的某个或某几个微服务被替换时，其他的微服务不应该被影响。

　　微服务凭借其分布式计算、弹性扩展和组件自治的特性，与云原生技术相辅相成，为应用程序的设计、开发和部署提供了如下便利。

> 简化复杂应用：微服务的单一职责原则要求一个微服务只负责一项明确的业务，相对于构建一个可以完成所有任务的大型应用程序，实现和理解只提供一项功能的小型应用程序要容易得多。每个微服务单独开发，可以加快开发速度，使服务更容易适应变化和新的需求。

> 简化应用部署：在单体的大型应用程序中，即使只修改某个模块的一行代码，也需要对整个应用程序进行重建、部署、测试和交付，而微服务则可以单独对指定的组件进行构建、部署、测试和交付。

> 灵活组合：微服务架构支持重用现有的微服务来组合新的应用程序，进而降低应用程序开发成本。

> 可扩展性：根据应用程序中不同的微服务负载情况，可以为负载高的微服务横向扩展多个副本。

> 技术异构性：在大型应用程序中，不同的模块具有不同的功能特点，可能需要不同的团队使用不同的技术栈进行开发。可以使用任意新技术对某个微服务进行技术架构升级，只要对外提供的接口保持不变，其他微服务就不会受到影响。

> 高可靠性和高容错性：由于微服务独立部署和自治，因此，当某个微服务出现故障时，其他微服务不受影响。

微服务虽然具备上述优点，但需要一定的技术成本，而且数量众多的微服务也增加了运维的复杂性，是否采用微服务架构需要根据应用程序的特点、企业的组织架构和团队能力等多方面来综合评估。

3. 服务网格

随着微服务的普及，应用程序可能会演变由成百上千个互相依赖的服务组成的复杂系统。服务与服务之间通过内部或者外部网络进行通信。如何管理这些服务的连接关系以及保持通信通道无故障、安全、高可用和健壮，就成了一个非常大的挑战。

服务网格（service mesh）作为服务间通信的基础设施层，可以解决上述问题。

服务网格是轻量级的网络代理，能解耦应用程序的重试/超时、监控、追踪和服务发现，并且能做到应用程序无感知。服务网格可以使服务与服务之间的通信更加流畅、可靠、安全。服务网格的实现模式是 Sidecar 模式，其中代理实例和对应的服务一同部署在环境中，可处理服务之间通信的负载均衡、服务发现等功能。

服务网格的架构主要分为两部分——控制平面与数据平面，如图 7-2 所示。控制平面主要负责协调 Sidecar 的行为，提供 API，以便运维人员操控和监控整个网络。数据平面则负责截获不同服务之间的调用请求并对其进行处理。

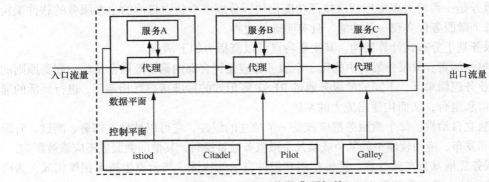

图 7-2　服务网格的典型架构

与微服务架构相比，服务网格具有如下 3 个显著优势。

➤ 可观测性：因为所有服务间通信都需要经过服务网格，所以在此处可以捕获所有与调用相关的指标数据，如来源、目的地、协议、URL、状态码等，并通过 API 供运维人员监控和分析。

➤ 流量控制：服务网格可以为服务提供智能路由、超时重试、熔断、故障注入和流量镜像等控制能力。

➤ 安全性：服务网格提供认证机制、加密通信和安全策略强制执行能力。

4. DevOps

DevOps 是一种促进软件开发人员和 IT 运维人员紧密合作的方法论，它融合了工作环境、文化和实践，旨在实现软件交付和基础设施变更流程的高效自动化。开发和运维团队通过持续不断的沟通和协作，可以以一种标准化和自动化的方式快速、频繁且可靠地交付应用。DevOps 的实施流程如图 7-3 所示。

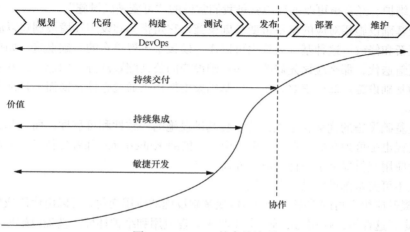

图 7-3 DevOps 的实施流程

开发人员通常以持续集成和持续交付的方式快速交付高质量的应用。

持续集成是指开发人员频繁地将开发分支代码合并到主干分支。这些开发分支在真正合并到主干分支之前，都需要持续编译、构建和测试，以检查和验证其中的缺陷。持续集成的本质是确保开发人员新增的代码与主干分支正确集成。

持续交付是指软件产品可以稳定、持续地保持随时可发布的状态。它的目标是促进产品迭代更频繁，持续为用户创造价值。

与持续集成关注代码构建和集成相比，持续交付关注的是可交付的产物。持续集成只是对新代码与原有代码的集成进行检查和测试。在可交付的产物真正用于生产环境之前，一般还需要将其部署到测试环境和预发布环境中，进行集成测试和验证，最后才会用于生产环境，以保证新增代码在生产环境中稳定可用。

使用持续集成和持续交付的优势如下。

➤ 避免重复性劳动，减少人工操作的错误：自动化部署可以将开发与运维人员从应用集成、测试和部署等重复性劳动中解放出来，而且人工操作容易犯错，机器犯错的概率则较小。

➤ 提前发现问题和缺陷：持续集成和持续交付能让开发与运维人员更早地获取应用的变更情况，进入测试和验证阶段，也就能提前发现和解决问题。

- 迭代更频繁：持续集成和持续交付缩短了从开发、集成、测试、部署到交付各个环节的时间，中间有任何问题都可以快速"回炉"改造和更新，整个过程敏捷且可持续，大幅提升了应用的迭代频率和效率。
- 更高的产品质量：持续集成可以结合代码预览、代码质量检查等功能，对不规范的代码进行标识和通知；持续交付可以在产品上线前充分验证应用可能存在的缺陷，最终提供给用户一款高质量的产品。

云原生应用通常包含多个子功能组件，DevOps 可以大大简化云原生应用从开发到交付的过程，实现真正的价值交付。

5. 不可变基础设施

从开发、测试到上线的整个过程中，应用通常需要被频繁部署到开发环境、测试环境和生产环境中。在传统的可变架构时代，通常需要系统管理员保证所有环境的一致性，而随着时间的推移，这种靠人工维护的环境很难维持一致性，环境的不一致又会导致应用容易出错。这种由人工维护、经常被更改的环境就是我们常说的"可变基础设施"。

与可变基础设施相对应的是不可变基础设施，它是指基础设施环境被创建以后不接受任何方式的更新和修改。这种基础设施也可以作为模板来扩展更多的基础设施。如果需要对基础设施做更新迭代，那么应该先修改这些基础设施的公共配置部分，构建新的基础设施，从而替换旧的基础设施。简而言之，不可变基础设施架构是通过整体替换而不是部分修改来创建和变更的。

不可变基础设施的优势在于能保持多套基础设施的一致性和可靠性，而且基础设施的创建和部署过程也是可预测的。在云原生架构中，借助 Kubernetes 和容器技术，云原生不可变基础设施为应用交付提供了一种全新的方式。

云原生不可变基础设施具有以下优势。

- 能提升应用交付的效率：基于不可变基础设施的应用交付，可以由代码或编排模板来设定，这样可以使用 Git 等控制工具来管理应用和维护环境。基础设施环境一致性能保证应用在测试环境、预发布环境和生产环境的运行表现一致，不会频繁出现故障。
- 能快速、可靠地水平扩展：基于不可变基础设施的配置模板，可以快速创建与已有基础设施环境一致的新基础设施环境。
- 能保证基础设施的快速更新和回滚：基于同一套基础设施模板，若某一环境被修改，则可以快速进行回滚和恢复；若须对所有环境进行更新升级，则只须更新基础设施模板并创建新环境，替换旧环境即可。

6. 声明式 API

声明式设计是一种软件设计理念，它侧重于描述一个系统或事物期望达到的目标状态并将其提交给工具。工具内部自动处理如何实现目标状态。

与声明式设计相对应的是过程式设计。在过程式设计中，需要描述为了让事物达到目标状态的一系列操作，这一系列的操作只有都被正确执行，才会达到期望的最终状态。

在声明式 API 中，需要向系统声明期望的状态，系统将不断努力达到这一状态。以 Kubernetes 为例，声明式 API 指的是集群的期望运行状态。如果集群的实际状态与期望状态不一致，Kubernetes 将会根据声明做出对应的合适的操作。

使用声明式 API 的好处可以总结为以下两点。

- 声明式 API 能够使系统更加健壮，当系统中的组件出现故障时，组件只需要查看 API 服务器中存储的声明状态，就可以确定接下来需要执行的操作。

➢ 声明式 API 能够减少开发与运维人员的工作量，极大地提升工作效率。

总之，Kubernetes 是云原生的基石，容器是 Kubernetes 的底层引擎，Docker 是应用最广的容器工具，微服务是 Docker 的好搭档，服务网格是微服务的辅助，建立在 Kubernetes 上的针对请求的扩展功能，不可变基础设施是现代运维的基石，声明式 API 是 Kubernetes 的编码方式。

7.1.3 云原生应用与传统企业应用的区别

云原生应用专为云模型而开发。小的专用功能团队可以快速将构建应用并部署到可提供横向扩展和硬件解耦的平台，为企业提供更高的敏捷性、弹性和云间的可移植性。云原生应用与传统企业应用的区别如表 7-2 所示。

表 7-2 云原生应用与传统企业应用的区别

条目	云原生应用	传统企业应用
可预测性	可预测。云原生应用符合旨在通过可预测行为最大限度地提高弹性的框架或"合同"。云平台中使用的高度自动化的容器驱动的基础架构推动着软件编写方式的发展	不可预测。传统应用的架构或开发方式使其无法实现在云原生平台上运行的所有优势。通常此类应用的构建时间更长，大批量发布，只能逐渐扩展，并且会发生更多的单点故障
操作系统依赖性	操作系统抽象化。云原生应用架构要求开发人员将平台作为一种方法，从底层基础架构依赖关系中抽象出来，从而实现应用的简单迁移和扩展。实现云原生应用架构最有效的抽象方法是提供一个形式化的平台	依赖操作系统。传统的应用架构允许开发人员在应用和底层操作系统、硬件、存储和支持服务之间建立紧密的依赖关系。这些依赖关系使应用在新基础架构间的迁移和扩展变得复杂且充满风险
容量	合适的容量。云原生应用平台可自动进行基础架构的调配和配置，根据应用的日常需求在部署时动态分配和重新分配资源。基于云原生运行时的构建方式，可优化应用生命周期管理，包括扩展以满足需求、资源利用率、可用资源编排，以及从故障中恢复，最大限度地减少停机时间	过多容量。传统 IT 会为应用设计专用的自定义基础架构解决方案，这延迟了应用的部署。由于基于最坏情况估算容量，因此解决方案通常容量过大，同时几乎没有能力继续扩展以满足需求
协作性	协作。云原生可协助 DevOps，从而在开发和运营职能部门之间建立密切协作，将完成的应用代码快速顺畅地转入生产环境	孤立。传统 IT 将完成的应用代码从开发人员"隔墙"交接到运营人员，然后由运营人员在生产中运行此代码。企业的内部问题严重，以致无暇顾及客户，导致内部冲突产生，交付缓慢，员工士气低落
交付方式	持续交付。IT 团队可以在单个软件更新准备就绪后立即发布。快速发布软件的企业可获得更紧密的反馈循环，并能更有效地响应客户需求。持续交付适用于其他相关方法，包括测试驱动开发和持续集成	瀑布式开发。IT 团队定期发布软件，通常间隔几周或几个月。事实上，当代码构建至发布版本时，该版本的许多组件已提前准备就绪，并且除了人工发布工具之外没有依赖关系。如果客户需要的功能被延迟发布，那么企业将会错失赢得客户和增加收入的机会

条目	云原生应用	传统企业应用
独立性	独立。微服务架构将应用分解成小型松散耦合的独立运行的服务。这些服务映射到更小的独立开发团队，可以频繁进行独立的更新、扩展和故障转移/重新启动操作，而不影响其他服务	依赖。一体化架构将许多分散的服务捆绑在一个部署包中，使服务之间出现不必要的依赖关系，导致开发和部署过程丧失敏捷性
可扩展性	自动化可扩展性。大规模基础架构自动化可消除因人为错误造成的停机。计算机自动化无须面对此类挑战，可以在任何规模的部署中始终如一地应用同一组规则。云原生还超越了基于以虚拟化为导向的传统编排而构建的专用自动化。全面的云原生架构包括适用于团队的自动化和编排，而不要求他们将自动化作为自定义方法来编写。换句话说，自动化可轻松构建和运行易于管理的应用	手动扩展。手动基础架构包括人工运营人员，他们负责手动构建和管理服务器、网络及存储配置。由于复杂程度较高，运营人员无法快速地大规模正确诊断问题，并且很容易去执行错误的措施。手动构建的自动化方法可能会将人为错误硬编码到基础架构中
恢复速度	快速恢复。容器运行时和编排程序可在虚拟机上提供动态的高密度虚拟化覆盖，与托管微服务非常匹配。编排可动态管理容器在虚拟机群集间的放置，以便在发生故障时提供弹性扩展和恢复/重新启动功能	恢复缓慢。基于虚拟机的基础架构对基于微服务的应用来说是一个缓慢而低效的基础，因为单个虚拟机启动或关闭的速度很慢，甚至在向其部署应用代码之前就存在很大的开销

7.2 安防云市场

国际权威数据公司 IDC 发布的《中国视频云市场跟踪（2021 下半年）》报告显示，2021下半年中国视频云市场规模达到 50.4 亿美元[①]，同比增长 32.7%。预计 2026 年市场规模达到 364 亿美元。面对巨大的产业蛋糕，众多安防企业纷纷进行调整，并推出相关产品。

2017 年，海康威视针对物联网应用提出 AI Cloud 计算架构。海康威视的 AI Cloud 可以概括为"云边融合"，由边缘节点、边缘域和云中心构成，遵循"边缘感知、按需汇聚、多层认知、分级应用"的核心理念，如图 7-4 所示。AI Cloud 中的边缘节点和边缘域位于智能物联网中，充分利用边缘计算能力；云中心位于智能物联网或信息网中，形成跨云端计算能力。从分工上说，边缘节点侧重多维感知数据采集和前端智能应用；边缘域侧重感知数据汇聚和智能应用；云中心侧重跨网数据融合及宏观综合应用。数据从边缘节点到边缘域，实现"聚边到域"；从边缘域到云中心，实现"数据入云"。域和云中心可多级多类，根据不同应用，边缘域汇聚的数据和上传到云端的数据在模型和内容上也会不同。边缘域所发挥的作用就像足球"中场"，负责决定在什么时候、将什么类型、处理到什么程度的数据发送到云中心，实现"按需汇聚"。

---

① 2021 年 1 美元约 6.45 元人民币。

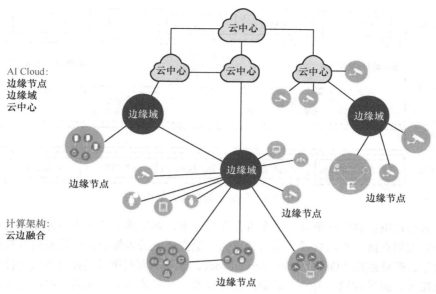

图 7-4　AI Cloud "云边融合"

　　大华股份推出了面向企业业务的软件品牌，一个是云端部署的"云睿"平台，另一个是本地化部署的"浩睿"平台。大华云睿基于公有云架构，为企业提供智慧物联 SaaS 服务，具备成本低、易扩展、运维便捷、功能迭代快速、智能应用丰富等优势，助力用户实现安全防损、高效运营、智慧管理和数据应用。在连锁商店场景中，大华云睿提供专业连锁行业产品"云睿连锁"，通过公有云架构，不但能够轻松实现全国门店的统一管理，还有完善的巡店考评功能，帮助企业实现管理增效。大华浩睿是赋能企业数智化转型升级的私有云平台，以智能物联为核心，具备物联感知、智能运维、兼容开放、弹性扩展、个性定制等丰富优势，为企业构建智能物联感知底座，组件化扩展行业应用。在停车场景中，大华浩睿帮助社区解决"老大难"问题——以往，小区停车收费规则不同，物业公司很难对其进行统一管理。通过大华浩睿停车产品，多个小区的停车可实现统一管理，面向业主、租户、外来人员等不同角色停车情况，实现嵌套式三级停车场区收费，统一收费管理。

　　华为视频云构筑了一个人工智能业务使能平台，利用其强大的视频算法训练、推理与检索引擎，打造了算法超市。算法超市允许多家厂商独立升级、替换与组合其人、车识别算法，并支持按需选择最优应用。华为视频云围绕视频监控全生命周期管理，整合视频、卡口图片、结构化数据资源，满足不同场景下数据处理的要求，有效提升系统间数据流转和处理效率，支持随时随地查看视频。搭建覆盖中心与边缘的完整平台：既保障"中心"的无限算力，又支持"边缘"的强大智能，支持随时随地分析视频。华为智能视频云架构如图 7-5 所示。

　　佳都科技研发了"视频云＋大数据平台"，以视频结构化、人脸动态比对技术为核心，在重点管控小区、地铁、机场、汽车站等出入口，利用人脸识别、车辆识别、Wi-Fi 采集、电子围栏、门禁、证件感知等智能感知设备，获取重点管控人员、车辆的时空轨迹信息，形成"前端感知—人脸识别及图像结构化—大数据关联碰撞—形成抓捕、管控对象两类数据流"的综合应用模式，使得排查隐性犯罪、跟踪异常人员更加全面精细，事前能编织一张密而不疏的追踪网，事后通过大数据关联分析，成为精准追踪寻迹的捕捞网，使得治安防控模式从事后被动翻查转变为事前主动防控，侦查研判模式从靠人力和经验转变为大数据关联碰撞比对。

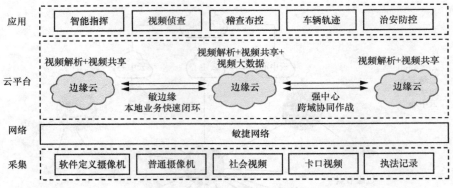

图 7-5　华为智能视频云架构

七牛云公司围绕数字化浪潮下的在线音视频需求，基于强大的云边一体化能力和低代码能力，深耕视频点播、互动直播、实时音视频、摄像机上云等领域，提供面向场景的音视频服务。七牛云视频监控（Qiniu Video Surveillance，QVS）面向视频监控设备或监控平台提供音视频流接入、流式存储、分发、录制回放等服务。视频流接入云端后，可与七牛智能多媒体服务等产品集成，快速构建智能视频监控服务。QVS 以公有云 PaaS 服务为立足点，同时也支持本地化/私有云/专有云部署，如图 7-6 所示。

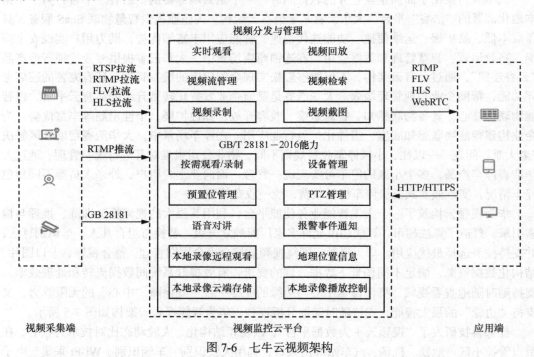

图 7-6　七牛云视频架构

高新兴视频云解决方案以"多维感知、资源汇聚、数据融合、平台开放、服务集成、智慧应用"为理念，构建物理分布、逻辑统一的公安视频云。通过建立一个以视频图像为主、多种资源关联叠加的视频资源智能化服务体系，实现视频、手机、车辆等信息的整合和汇聚，达到人、屋、车、场等信息关联融合，为各警种、各地市、各基层实战单位提供一个资源共享、能力开放、安全可控的多元化视频资源服务平台。

第 8 章

人工智能安防

随着大数据分析技术、深度学习算法与人工智能芯片技术的发展，基于视频分析的人工智能安防得以快速实现应用落地。作为安防重点应用领域的公安行业，目前正在依托物联网、云计算、人工智能等技术，大力推进公安信息化以及智慧警务建设。在这一过程中，人工智能发挥着越来越重要的作用。

本章首先介绍人工智能发展历程，然后重点介绍人工智能技术的相关基础知识，最后对人工智能技术在安防行业的应用及智能化发展趋势展开介绍。

8.1 人工智能基础

8.1.1 人工智能发展历程

从 20 世纪 50 年代开始，众多学者、工程师帮助和巩固了人们对人工智能概念的整体理解。每一个新的 10 年都见证了创新和发现，这些进步不仅改变了人们对人工智能领域的基本认知，也见证了人工智能从幻想到现实的历程。

1950 年，艾伦·图灵发表了划时代的论文 "Computing Machinery and Intelligence"。他在论文中提出了 "机器会思考吗" 的问题，并预言了创造真正智能机器的可能性。图灵相信，计算机最终将可以进行与人类没有区别的思考，并提出了图灵测试来评估机器智能。这一论文至今仍被视为人工智能研究的基石。

1956 年 8 月，众多科学家在美国达特茅斯学院召开了一个研讨会，在会上 John McCarthy 提出了 "人工智能"（Artificial Intelligence，AI）这个术语。自此，"人工智能" 一词逐渐被广泛接受和使用。因此，这一年也被称为人工智能元年。

1959 年，Arthur Samuel 在讨论如何编程计算机以超越人类棋手的国际象棋游戏时，首次创造了 "机器学习"（Machine Learning，ML）这一术语。

1961 年，George Devol 在 20 世纪 50 年代发明的工业机器人 Unimate 成为第一个在通用汽车新泽西州装配线上工作的机器人，负责运输压铸件和焊接汽车零件。

1997 年，IBM 的国际象棋计算机深蓝（Deep Blue）成为第一个在国际象棋比赛中战胜人类世界冠军的计算机系统。

2011 年，苹果公司发布了 Siri，这是 iOS 操作系统的虚拟助手，使用自然语言处理技术来响应、观察、回答用户的问题并提供 "个性化的体验和推荐"。

2015—2017 年，DeepMind 开发的 AlphaGo 人工智能程序在围棋游戏中战胜人类顶尖选手，通过深度学习技术来学习和预测游戏策略。

2022 年，OpenAI 推出一种人工智能技术驱动的自然语言处理工具——ChatGPT（Chat Generative Pre-trained Transformer）。ChatGPT 不仅能对话，还能撰写邮件、编写视频脚本与文案、翻译、编写代码、绘画等。ChatGPT 的出现进一步推动了 AIGC（AI Generated Content，人工智能技术生成内容）进入发展元年。

8.1.2　人工智能三要素

人工智能的构建和发展依赖的三要素为数据、算法和算力。如果将人工智能比作一辆汽车，算法相当于发动机，提供动力；数据则是燃料，为发动机提供能量；算力则是车轮，驱动车辆前行。这 3 个要素相互依存，缺一不可，如图 8-1 所示。

1. 数据

实现人工智能的首要因素是数据。它是一切智慧物体的学习资源。没有数据，任何智慧物体无法学习知识。

20 世纪 70 年代初，康奈尔大学的贾里尼克教授在做语音识别研究时另辟蹊径，换了个角度思考问题：他将大量的数据输入计算机，让计算机进行快速匹配，显著提高了语音识别率。

图 8-1　人工智能三要素

这一突破性的方法将复杂的智能问题转换为统计问题，而处理统计数据正是计算机的强项。从此，学术界开始认识到大数据是开启智能的关键。

在当今时代，数据（包括语音、文本、影像等）不断产生，人工智能产业的快速发展催生了垂直领域的大量数据需求。这些大数据需要进行复杂的预处理（如特征化、标量化、向量化），才能为人工智能算法有效利用。

2. 算法

人工智能算法是数据驱动的，是智能系统背后的推动力量。目前，主流的算法是机器学习算法，它们能够从数据分析中学习规则，并利用这些规则来预测未知数据。机器学习算法主要分为传统算法和神经网络算法，后者尤其是深度学习，近年来取得了飞速发展，成为人工智能研究的热点。

3. 算力

算力是人工智能技术的基础设施，它支撑着算法和数据的处理，直接影响着人工智能的发展。算力的强弱直接关系到数据处理的能力。

20 年前，一台机器人使用 32 颗 CPU，可以达到 120 MHz 的运行速度。现在人工智能系统通过成百上千颗 GPU 来提升计算能力，这极大地增强了学习或处理智能任务的能力。之前 CPU 一个月的计算量，现在 GPU 一天之内就可以完成，大大加快了算法迭代的速度。

8.1.3　人工智能芯片

1. 人工智能芯片发展概述

1）人工智能芯片产生的背景

随着云计算的普及和深度学习的兴起，人工智能对于算力的需求急剧增加。

CPU 可以执行人工智能算法，但因为内部有大量其他逻辑，而这些逻辑对于目前的人工智能算法来说是完全用不上的，所以造成 CPU 并不能达到最优的性价比。因此，具有海量并行计算能力、能够加速人工智能计算的人工智能芯片应运而生。

2）什么是人工智能芯片

人工智能芯片，亦称为人工智能加速器或计算卡，是专门用于加速人工智能应用中的计算任务的模块。

广义上，所有面向人工智能计算应用的芯片都可以称为人工智能芯片。除了以 GPU、FPGA、ASIC 为代表的人工智能芯片（基于传统芯片架构，对某类特定算法或者场景进行人工智能计算加速）以外，还有比较前沿性的研究，例如类脑芯片、可重构通用人工智能芯片等。

以 GPU、FPGA、ASIC 为代表的人工智能芯片是目前可大规模商用的技术路线，也是人工智能芯片的主战场。本节主要讨论的就是这类人工智能芯片。

2. 人工智能芯片的分类和市场划分

1）从两个维度进行分类

维度1：部署位置（云端、终端）。

人工智能芯片部署的位置有两种——云端和终端。根据部署的位置不同，人工智能芯片可以分为云人工智能芯片和端人工智能芯片。

云人工智能芯片的特点是性能强大，能够同时支持大量运算，并且可灵活地支持图片、语音、视频等不同人工智能应用。基于云人工智能芯片的技术能够让各种智能设备和云端服务器进行快速连接，并且保持最大的连接稳定性。

端人工智能芯片的特点是体积小、耗电少，而且性能不需要特别强大，通常只需要支持一两种人工智能能力。

维度2：承担任务（训练、推理）。

人工智能的实现包括两个环节——训练和推理。根据承担任务的不同，人工智能芯片可以分为用于构建神经网络模型的训练芯片和利用神经网络模型进行推理预测的推理芯片两种。

训练芯片注重绝对的计算能力，而推断芯片更注重综合指标，需要考虑单位能耗算力、时延、成本等因素。

相对来说，推理对性能的要求并不高，对精度的要求更低，在特定的场景下，对通用性要求也低，能完成特定任务即可，但因为推理的结果直接提供给终端用户，所以更关注用户体验方面的优化。

2）人工智能芯片市场划分

以部署位置和承担任务为横纵坐标，可以清晰地划分出人工智能芯片的市场领域。

（1）云端训练。

训练芯片受算力约束，一般只在云端部署。

CPU 由于计算单元少，并行计算能力较弱，不适合直接执行训练任务，因此进行训练时一般采用"CPU + 加速芯片"的异构计算模式。目前，NVIDIA 的 GPU + CUDA 计算平台是非常成熟的人工智能训练方案，此外，还有如下两种方案。

➢ 第三方异构计算平台 OpenCL + AMD GPU 或 OpenCL + Intel/Xilinx FPGA。

➢ 云计算服务商自研加速芯片（如 Google 的 TPU）。

（2）云端推理。

相比训练芯片，推理芯片考虑的因素更加综合，如单位功耗算力、时延、成本等。人工智能发展初期推理也采用 GPU 进行加速，目前来看，竞争态势中 NVIDIA 依然占大头，但由于应用场景的特殊性，依据具体神经网络算法优化会带来更高的效率，FPGA/ASIC 的表现可能更突出。

（3）终端推理。

在面向智能手机、智能摄像机、机器人/无人机、自动驾驶、VR、智能家居设备、物联网设备等的终端推理人工智能芯片方面，目前多采用 ASIC，还未形成一家独大的态势。

终端的数量庞大，而且需求差异较大。人工智能芯片厂商可发挥市场作用，面向各个细分市场，研究应用场景，以应用带动芯片。

3. 人工智能芯片的技术路线

1）人工智能芯片主要技术路线

目前，人工智能芯片的主要技术路线有 3 条——GPU、FPGA 和 ASIC，如表 8-1 所示。

表 8-1　GPU、FPGA 和 ASIC 对比情况

方向	GPU	FPGA	ASIC
定制化程度	通用型	半定制化	定制化
灵活性	好	好	不好
成本	高	较高	低
编程语言/架构	CUDA、OpenCL 等	Verilog、VHDL 等硬件描述语言	—
功耗	大	较大	小
优点	峰值计算能力强，产品成熟	平均性能较高，功耗较低，灵活性强	平均性能很强，功能弱，体积小
缺点	效率不高，不可编辑，总体功耗较高	量产单价高，峰值计算能力较低，编程语言难度大	前期投入成本高，不可编辑，研发时间长，技术风险大
应用场景	云端训练、云端推理	云端推理、终端推理	云端训练、推断推理、终端推理

（1）GPU。

GPU 是一种由大量核心组成的大规模并行计算架构，专为同时处理多重任务而设计。GPU 是专门处理图像计算的，包括各种针对图像的算法。这些算法与深度学习的算法有比较大的区别。当然，GPU 非常适合进行并行计算，也可以用来加速人工智能。

GPU 因良好的矩阵计算能力和并行计算优势，最早被用于人工智能计算。GPU 采用并行架构，超过 80%部分为运算单元，具备较高性能运算速度。

在深度学习上游训练端（主要用于云计算数据中心），GPU 是当仁不让的第一选择。目前 GPU 的市场格局以 NVIDIA 为主（超过 70%）、AMD 为辅，预计未来几年内 GPU 仍然是深度学习训练市场的第一选择。

另外，GPU 无法单独工作，必须由 CPU 进行控制调用才能工作。

（2）FPGA。

FPGA（Field-Programmable Gate Array，现场可编程门阵列）作为专用集成电路领域中的一种半定制电路出现。FPGA 利用门电路直接运算，速度快，而用户可以自由定义这些门电路和存储器之间的布线，改变执行方案，以期得到最佳效果。

FPGA 可以采用 OpenCL 等更高效的编程语言，降低了硬件编程的难度，还可以集成重要的控制功能，整合系统模块，提高了应用的灵活性。与 GPU 相比，FPGA 具备更强的平均计算能力和更低的功耗。

FPGA 适用于多指令、单数据流的分析，与 GPU 相反，因此常用于推理阶段。由于 FPGA

是用硬件实现软件算法，因此在实现复杂算法方面有一定的难度，缺点是价格比较高。

FPGA 因其在灵活性和效率上的优势，适用于虚拟化云平台和推理阶段。

在云计算架构中，相比 CPU，CPU + FPGA 的混合异构功耗更低、性能更高，适用于高密度计算。这种混合异构在深度学习的推理阶段有着更高的效率和更低的成本。

（3）ASIC。

ASIC（Application Specific Integrated Circuit，特定应用集成电路）是一种为专用目的设计的面向特定用户需求的定制芯片，在大规模量产的情况下具备性能更强、体积更小、功耗更低、成本更低、可靠性更高等优点。

ASIC 与 GPU 和 FPGA 不同，GPU 和 FPGA 除了是一种技术路线之外，还是实实在在的确定的产品，而 ASIC 只是一种技术路线或者方案，其呈现出的最终形态与功能也是多种多样的。

近年来，越来越多的公司开始采用 ASIC 芯片进行深度学习算法加速，其中表现最为突出的是 Google 的 TPU。与同时期的 GPU 或 CPU 相比，TPU 平均提速 15～30 倍，能效比提升 30～80 倍。相比 FPGA，ASIC 芯片具备更低的能耗与更高的计算效率。但是 ASIC 研发周期较长、商业应用风险较大等不足也使得只有大企业或背靠大企业的团队愿意投身进行开发。AlphaGo 使用了 TPU，同时 TPU 也支撑着 Google 的 Cloud TPU 平台和基于此的机器学习超级计算机。

2）人工智能芯片技术路线走向

（1）短期：GPU 仍延续人工智能芯片的领导地位，FPGA 增长较快。

GPU 短期将延续人工智能芯片的领导地位。目前 GPU 是市场上用于人工智能计算最成熟、应用最广泛的通用型芯片，在算法技术和应用层次尚浅时期，GPU 由于其强大的计算能力、较低的研发成本和通用性将继续占领人工智能芯片的主要市场份额。

FPGA 的最大优势在于可编程带来的配置灵活性，在目前技术与运用都在快速更迭的时期 FPGA 具有巨大的实用性，而且 FPGA 具有比 GPU 更高的功效能耗比。企业通过 FPGA 可以有效降低研发调试成本，提高市场响应能力，推出差异化产品。在专业芯片发展得足够重要之前，FPGA 是最好的过渡产品，所以科技巨头纷纷布局"云计算 + FPGA"的平台。

随着 FPGA 的开发者生态逐渐丰富，适用的编程语言增加，FPGA 运用会更加广泛。因此短期内，FPGA 作为兼顾效率和灵活性的硬件选择仍将是热点。

（2）长期：三大类技术路线各有优劣，长期并存。

GPU 主攻高级复杂算法和通用型人工智能平台。GPU 未来的进化路线可能会逐渐发展为两条：第一条是主攻高端复杂算法的实现，相比 FPGA 和 ASIC，GPU 的高性能计算能力较强，同时对于指令的逻辑控制也更复杂，在面临通用型人工智能计算的应用方面具有较大优势；第二条是通用型人工智能平台，GPU 在设计方面具有通用性强、性能较高的优点，应用于大型人工智能平台时能够高效地完成不同种类的调用需求。

FPGA 适用于变化较多的垂直细分行业。FPGA 独一无二的灵活性优势可以适应部分市场变化迅速的行业。同时，在 FPGA 的高端器件中，DSP、ARM 核等高级模块也在增多，以实现较为复杂的算法。因为 FPGA 以及新一代 ACAP 芯片具备高度的灵活性，可以根据需求定义计算架构，而且开发周期远小于设计一款专用芯片，所以更适用于各种细分的行业。

ASIC 芯片作为全定制芯片，从长远看适用于人工智能。算法复杂度越高，越需要一套专用的芯片架构与其对应，而 ASIC 基于人工智能算法进行定制，发展前景好。ASIC 是人工智能领域未来潜力较大的芯片，人工智能算法厂商有望通过算法嵌入切入该领域。

目前，由于人工智能产业仍处在发展的初期，较高的研发成本和变幻莫测的市场使得很多企业望而却步。未来，当人工智能技术、平台和终端的发展达到足够成熟，人工智能应用的普及使得专用芯片能够达到量产水平时，ASIC 芯片的发展将更上一层楼。

8.2　人工智能技术

人工智能生态架构分为 3 层，分别是基础资源支持层、技术层和应用层，如图 8-2 所示。

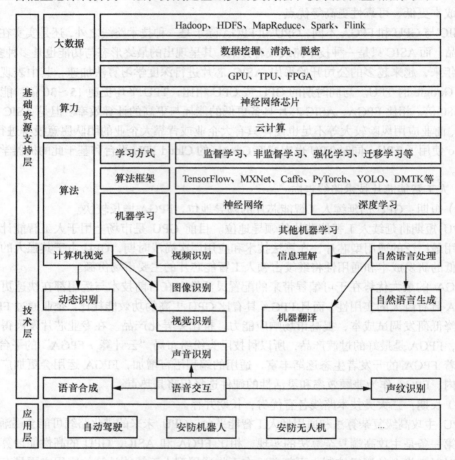

图 8-2　人工智能生态架构

下面简单介绍各个层。

- ➤ 基础资源支持层。主要包括人工智能核心处理芯片和大数据，是支撑技术层的计算机视觉、自然语言处理等人工智能算法的基石。人工智能算法需要用到大量的卷积等特定并行运算，常规处理器（如 CPU）在进行这些运算时效率较低，适合人工智能的核心处理芯片要求具备低延时、低功耗、高算力的特点。人工智能核心处理芯片和大数据成为支撑人工智能技术发展的关键要素。
- ➤ 技术层。技术层根据算法用途可划分为计算机视觉、语音交互和自然语言处理等。计算机视觉包括视频识别、图像识别、视觉识别、动态识别等；语音交互包括语音合成、声音识别、声纹识别等；自然语言处理包括信息理解、机器翻译、自然语言生成等。

> 应用层。应用层主要包括人工智能在各个领域的具体应用场景，如自动驾驶、安防机器人、安防无人机等。

8.2.1 机器学习

机器学习是实现人工智能的一种途径，核心在于通过算法赋予机器自动"学习"和"预测"的能力。算法即一系列清晰的指令，用来描述解决问题的方法。

简单来说，机器学习算法就是让计算机去分析现有数据，发现其中的规律（即模型），然后使用这些规律来分析新数据的一种方法。机器学习与人类学习逻辑处理流程的对比如图8-3所示。

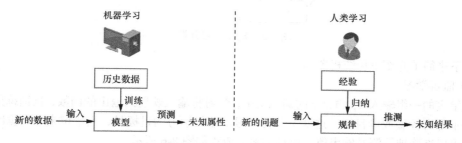

图8-3 机器学习与人类学习逻辑处理流程对比

机器学习中的"训练"和"预测"过程对应人类学习中的"归纳"和"推测"过程。

深度学习是目前热门的机器学习算法。深度学习通过训练海量数据自动生成模型。与传统机器学习的主要区别是，深度学习不需要人工提取特征的环节。机器学习与深度学习的关系如图8-4所示。

类型	传统机器学习	深度学习
特征提取	人工提取	模型自动提取
需要海量数据	不需要	需要
对计算性能要求	要求较低	要求高

人工智能、机器学习和深度学习的关系　　　　　传统机器学习和深度学习的区别

图8-4 机器学习与深度学习的关系

因为深度学习需要大量数据进行模型训练，且学习参数量众多，所以对算力有很高的要求。

得益于计算机硬件基础设施的进步、数据量的增长和模型训练技巧的发展，深度学习在很多复杂应用中展现出巨大的潜力，并且效果不断提升。

1. 机器学习分类

按照智能程度不同，人工智能可分为运算智能、感知智能、认知智能3个阶段。运算智能即快速计算和记忆存储能力，在这一阶段主要是算法与数据库相结合，使得机器开始像人类一样计算和传递信息；感知智能即视觉、听觉、触觉等感知能力，在这一阶段，数据库与浅层学习算法相结合，使得机器开始看得懂和听得懂，并做出判断、采取行动；认知智能即能理解、会思考的能力，这一阶段主要采用深度学习算法，使得机器能够像人一样思考，主动采取行动。

根据数据类型的不同，对一个问题会采用不同的建模方式，即学习方式。按照学习方式来分类，人工智能算法可以分为传统机器学习和神经网络算法，其中传统机器学习又可细分为监督学习、无监督学习、半监督学习和强化学习，如图8-5所示。

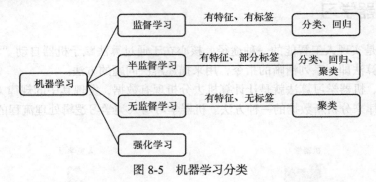

图 8-5　机器学习分类

接下来简单介绍下传统机器学习。

1）监督学习

从给定的一组输入 x、输出 y 的训练集中，学习将输入映射到输出的函数，且训练集中的数据样本都有标签或者目标，这就是监督学习。监督学习的目标是，当给定未知数据时，推断函数可以准确地预测其输出值。监督学习的流程如图8-6所示。

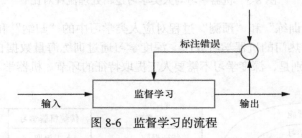

图 8-6　监督学习的流程

监督学习通常用于分类与回归任务。例如，首先通过对历史短信息或电子邮件做垃圾分类标记，然后对这些带有标记的数据进行模型训练，当获取新的短信息或电子邮件时，进行模型匹配，以识别短信息或电子邮件是不是垃圾短信息或者电子邮件。

监督学习的难点是获取具有目标值的样本数据成本较高，尤其是这些训练集的数据绝大部分要依赖于人工标注。

2）无监督学习

无监督学习和监督学习最大的区别是无监督学习的训练数据没有标签。无监督学习的目标是从没有人工注释的训练数据中抽取信息，通过采样、去噪等操作，寻找数据分布的结构、模式或将数据中的相关样本聚类。无监督学习的流程如图8-7所示。

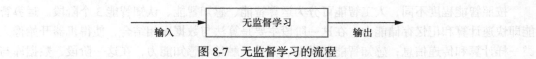

图 8-7　无监督学习的流程

典型的无监督学习算法是在搜索引擎中实现将来自不同类型网站的相似网页汇聚到一起。当搜索某个关键词时，该算法会将相似的内容从上至下显示，最上面显示的是最接近搜索词的内容。另外，在社交网络中预测不同的交际圈、在市场客户群体细分中将客户按照不同类型聚类等，都是无监督学习的案例。

无监督学习相比监督学习的优势在于数据获取成本较低，无须进行人工标注，可以直接对数据进行处理。

3）半监督学习

介于监督学习和无监督学习之间的方式叫作半监督学习。半监督学习利用大量的无标签样本和少量带有标签的样本来训练模型，解决有标签样本不足的难题。

4）强化学习

强化学习（reinforcement learning）是一种让计算机通过不断尝试，从错误（反馈）中学习如何在特定的情境下，选择可以得到最大回报的行动，最后找到规律、实现目标的方法。强化学习具有明确的"分数导向性"，每次尝试都会给结果打分，机器的目标是尽量获得更高的分数。强化学习的输入包括状态（state）、动作（action）、奖励（reward），输出是策略（policy），相当于在每个状态下选择下一步的动作。强化学习的流程如图 8-8 所示。

从图 8-8 中可以看出，强化学习的流程是智能体接收从环境传来的状态并进行下一步的动作，环境感知到智能体的动作后更新状态，同时反馈给智能体一个奖励。智能体从这种不断试错的经验中发现最优方案，从而在这个过程中获取更多的奖励。

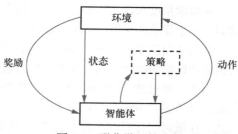

图 8-8　强化学习的流程

强化学习和监督学习不同，它不是利用明确的动作（有标签的训练数据）来指导，而是利用已有的训练信息对动作进行评价。强化学习与无监督学习也不同，无监督学习的本质是从一堆未标记样本中发现隐藏的结构，而强化学习的目的主要是通过学习怎样获得最大化奖励信号来反复尝试直到模型收敛。

不同的机器学习类型有各自适用的场景。在同一场景下，采用不同的机器学习类型也会获得不同的效果。

2. 机器学习应用

在说明机器学习的分类时简单介绍了不同的机器学习方法解决什么问题。接下来将具体介绍一些常用的应用场景，主要说明机器学习怎么用，不过多分析其中的算法和原理。

1）分类

分类是指已知组的类别，然后对数据进行判断，判断这些数据所属的组。例如，做广播体操时要求男生一组，女生一组，这就是一种分类。

从数学函数角度来说，分类任务就是通过学习得到一个目标函数 f，把每个属性集 x 映射到一个预先定义的类标号 y 中，即根据已知的一些样本（包括属性与类标号）来得到分类模型（即得到样本属性与类标号之间的函数），然后通过此目标函数判别只包含属性的样本数据进行分类。

分类属于监督学习的方法，例如图像识别，从一些图像中识别猫或狗的照片，它解决的是"是或否"的问题。

在分类中，对于目标数据中存在哪些类是已知的，要做的就是确定每一条记录所属的类。

2）聚类

聚类是指事先不知道数据的类别或者标签，需要通过算法来分析数据参数的特征值，然后进行数据划分，把相似的数据聚到一起。因此，聚类属于无监督学习。

这里通过一个例子来阐释分类和聚类。假设有 10 000 张照片，事先定义好猫、狗的照片，如果通过算法从这些照片中筛选出猫、狗的照片，那么这是分类；假设事先没有定义猫、狗的照片，只是对这些照片进行归类，看看哪些照片相似度高，分类完成后，将相似度比较高的划为一类，再定义这些类别是猫、狗或其他动物，那么这是聚类。

3）回归

从统计学角度来说，回归指的是确定两种或者两种以上变量间相互依赖的定量关系的一种统计分析方法。回归分析按照涉及的变量的多少，分为一元回归分析和多元回归分析；按照因变量的多少，可以分为简单回归分析和多重回归分析；按照自变量和因变量之间的关系类型，可以分为线性回归分析和非线性回归分析。

在大数据分析中，回归分析是一种预测性的建模技术，它研究的是因变量（目标）和自变量（因子）之间的关系。这种技术通常用于预测分析、建立时间序列模型以及发现变量之间的因果关系。

从数学角度来说，回归是一种方程式，一种解题方法，一种具有函数的关系的学习方法。例如，一个简单的函数 $y = ax + b$，其中，y 是目标预测值，x 是影响目标值的因子。

从算法角度来说，回归是对有监督的连续数据结果的预测，例如，对一个人过去工资收入相关的影响参数建立回归模型，然后通过相关参数的变更来预测他未来的工资收入。

当然，通过建立回归模型，再结合数学上对方程式的解析，也可以倒推出为了得到一个预定的结果需要对哪些参数值进行优化。回归最重要的是得到相关的参数和参数的特征值，因此，在做回归分析时，通常会进行目标参数相关性分析。

只要有足够的数据，都可以通过一些回归分析来协助进行预测和决策。例如，某应用程序上线了一些功能，可以通过点击率、打开率、分享情况等因子对产生的业务结果进行回归分析，如果建立了函数关系，就可以预测一些结果。再如，通过历史上年龄、体重、血压、血脂、是否抽烟、是否喝酒等指标与某种疾病进行回归分析，可以预测某人患此类疾病的风险等。

4）降维

降维是指去除冗余的特征，降低特征参数的维度，用更少的维度来表示特征。例如，在图像识别中将一幅图像转换为高维度的数据集合，而高维度数据处理很复杂，就需要进行降维处理，减少冗余数据造成的识别误差，提高识别精度。

8.2.2　深度学习

1. 感知机

如果数据集中的数据能够用一条直线分为两类，就称该数据集线性可分。感知机就是这样一种线性分类器，它也是最简单的人工神经网络。尽管感知机的结构非常简单，但是它能够学习并解决相当复杂的问题。

感知机是一种单层神经网络模型，它通过模拟人类大脑的神经元的细胞行为来处理线性可分的模式识别问题。

1）生物神经元

在介绍感知机之前，先了解一下生物神经元的基本结构。神经元也称为神经细胞，它由一个细胞体、一些树突和一根轴突组成。树突由细胞体向各个方向长出，本身可有分支，用来接收信号。轴突通过分支的神经末梢和其他神经细胞的树突相接触，形成突触。神经细胞通过轴突和突触把产生的信号送到其他神经细胞。

神经元存在两种状态——未激活和激活。

神经元与其他部分神经元相互连接，并接收来自其他神经元的信号和突触的强度变化。突触的强度变化表示一种抑制或者加强状态。当这种外来的信号及突触的强度变化总量超过阈值时，神经元就会从未激活状态转为激活状态。激活状态下神经元会产生电脉冲，电脉冲沿轴突传递给其他神经元或者传递到神经末梢。

实际上，大脑的神经元细胞有多种不同的形态，神经末梢和细胞体可以在不同的位置组合。

人脑通过不同神经元之间的网络连接和神经元细胞的反应特性，在每次输入相同的信息时，都会产生相同的输出。这就是人脑的基本记忆机理。我们眼睛看到的、耳朵听到的信息都被大脑转化为电信号和化学信号后在神经元之间进行传输，神经元之间不同的连接位置和连接强度的组合决定了记忆的内容和强度。

2）M-P 模型

1943 年，受生物神经元工作原理的启发，Warren McCulloch 和 Walter Pitts，提出了利用神经元网络对信息进行处理的数学模型。这是最早的人工神经元模型，也被人们称为 M-P 模型。M-P 模型的结构如图 8-9 所示。

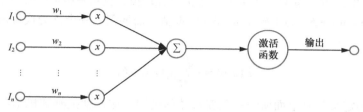

图 8-9　M-P 模型的结构

可以看出，M-P 模型使用简单线性加权机制来模拟神经元处理信号的机制。其中，I 代表输入，w 代表权重，模型的性能取决于权重。

3）感知机

M-P 模型需要手动调整权重参数，工作量大且效果差。感知机对 M-P 模型进行了改进，可以自动优化权重。

一个感知机可以表示为一个神经元。神经元的突触在感知机中被称为权重，细胞的状态通过设计使用激活函数（activation function）来模拟。

如图 8-10 所示，感知机的输入是一个数据序列 x_1，x_2，$\cdots$，x_n，输出是一位二进制数，也就是输出表示的是两种状态——"是"或者"不是"。

感知机对输出计算制定了一套简单的规则，它对每一项输入设定权重，例如，x_1 对应的权重是 w_1，x_2 对应的权重是 w_2。权重使用一个实数来表示各输入对输出的重要程度。

在感知机中，有向箭头表示连接，这种连接表达的是值的加权传递。因为连接的输入端为传递的信号初始值 x_i，所以末端信号值变成 $w_i x_i$。

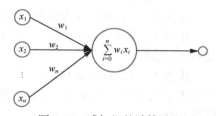

图 8-10　感知机的计算过程

通过计算每项输入的加权和 $\sum_{i=0}^{n} w_i x_i$，判断其是否大于阈值。阈值可以用实数表示。如果加权和大于阈值就输出 1；如果加权和小于或等于阈值就输出 0。感知机的输出可使用式（8-1）来表示。

$$输出 = \begin{cases} 1, & \sum_{i=0}^{n} w_i x_i > 阈值 \\ 0, & 其他 \end{cases} \quad (8\text{-}1)$$

在感知机中，需要通过训练集来逐步调整分类器的参数。参数主要有两个——权重和偏置，通常用 w 和 b 表示。感知机的计算方式如式（8-2）所示。

$$f(x) = \text{sign}(wx + b) \quad (8\text{-}2)$$

其中，sign() 函数实际上就是感知机的输出，其定义如下。

$$\text{sign}(x) = \begin{cases} 1, & x \geq 0 \\ -1, & 其他 \end{cases} \quad (8\text{-}3)$$

感知机是在工作中不断调整的，首先随机确定分类直线，然后从训练集中选取一个训练数据，如果这个训练数据被误分类，则按照一定规则更新参数，使得该训练数据被正确分类，如此循环，直到训练数据中没有误分类数据。

对应到式（8-2）中，就是要确定 w 和 b 的最佳取值，找到一条可以将数据集中的数据分为两类的直线 $y = wx + b$。为了确定 w 和 b 的取值，需要引入一个称为代价函数的定义，如式（8-4）所示。

$$E(a, b) = -\sum_{i=1}^{n} y_i (wx_i + b) \quad (8\text{-}4)$$

代价函数的定义就是上面所说的更新参数的规则，这样就把感知机学习问题转换为在代价函数下求解 w 和 b 的最优化问题。如果只考虑最优化问题，求解的方法有很多，如梯度下降法（gradient descent）、共轭梯度法（conjugate gradient）等。这里以梯度下降法为例进行介绍。

此时最优化问题转换为如何对 w 和 b 进行更新，具体更新方式如式（8-5）所示。

$$\left. \begin{aligned} w + \eta y_i x_i &\longrightarrow w \\ b + \eta y_i &\longrightarrow b \end{aligned} \right\} \quad (8\text{-}5)$$

其中，η 称为学习率（learning rate），也称为步长，表示每次更新参数的程度。对应到图像中，w 实际体现的是旋转的变化，b 实际体现的是平移的变化，η 表示变化量大小的系数。

w 和 b 具体什么时候更新呢？当在训练集中选取一个错误分类点 (x_i, y_i) 时就需要更新了。

综上，感知机训练过程的一般步骤如下。

步骤 1：随机选取 w 和 b 的初始值 w_0 和 b_0。

步骤 2：在训练集中选取一个训练数据，如果该数据分类错误，则按式（8-5）所表示的规则更新参数。

步骤 3：以最新的 w 和 b 将样本重新进行分类，重复步骤 2，再找一个数据分类错误样本，利用式（8-5）对 w 和 b 再次进行更新。如此重复，不断修正 w 和 b，直到所有的数据都被正确地分类。

感知机有两个层次——输入层和输出层。输入层包含多个输入单元，输入单元只负责传递数据；输出层则包含输出单元，输出单元需要对输入层的数据进行计算。需要计算的层次也被称为计算层。由于感知层只包含一个计算层，因此它被称为单层神经网络。有的文献把输入层和输出层作为两层，因此感知机又被称为两层神经网络。不管是单层还是两层，其本质都是一样的，只是说法不同罢了。

2. 神经网络

将大量的神经元按一定的结构连接，就构成了神经网络。具体的结构方式有很多种。图 8-15 展示了一种常见的神经网络结构。这是一个 3 层的神经网络，其中，输入层不计入层数。

从左往右看，输入层输入数据，经过两层隐藏层的处理，最终由输出层输出结果，其中箭头表示数据的流向。图 8-11 中的隐藏层有两层，更简单的只有一层，而复杂的则可能有数十层甚至上百层。

根据组织和训练方式的不同，神经网络可以分为多种类型。图 8-11 中的 3 层神经网络只能实现简单的功能，如果要实现更复杂的功能，就需要更复杂的神经网络。当神经网络层数比较多时，就称其为深度学习神经网络。当前，人工智能的大多数应用成果都是基于深度学习神经网络得出的。

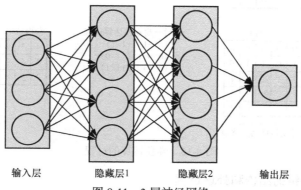

输入层　　　隐藏层1　　　隐藏层2　　　输出层

图 8-11　3 层神经网络

3. 卷积运算

2012 年，卷积神经网络 AlexNet 在 ImageNet 图像识别大赛中获得冠军，此后卷积神经网络蓬勃发展，并获得广泛应用。

卷积神经网络是以卷积运算为核心算法的神经网络。卷积是两个函数之间进行的一种数学运算。这里结合图像识别的例子进行讲解。图像识别的例子如图 8-12 所示。

为了便于理解，用了一个很简单的原图——只有 5 像素 × 8 像素，图中每一个方格代表 1 像素，每个像素的值只有两种可能——0 或者 1。卷积核以 3 像素 × 3 像素为例，为了与原图区别加了灰色。

原图

1	1	1	0	0	0	0	0
0	1	1	1	0	1	1	0
0	0	1	1	1	1	1	1
0	0	1	1	0	0	1	1
0	1	1	0	0	0	0	1

卷积核

1	0	1
0	1	0
1	0	1

图 8-12　图片识别的例子

卷积运算的过程如图 8-13 所示。

卷积核先从左上角开始，灰色代表叠加上去的卷积核，每次都进行一次求内积。按顺序"滑动"卷积核，直到"滑"过整幅图像，从而完成整个卷积过程，得出卷积结果。

卷积运算并不复杂，只是计算量比较大。那么，做卷积的目的是什么呢？简单地说，是为了从复杂的原图中提取特征。

不同的卷积核可以从图像中提取不同的特征。提取的特征越多，机器识别图像的准确率越高。例如，机器识别出一个物体的嘴像鸭子嘴、脖子像鸭子脖子、翅膀像鸭子翅膀、腿像鸭子腿，可以据此判断这个物体是鸭子。

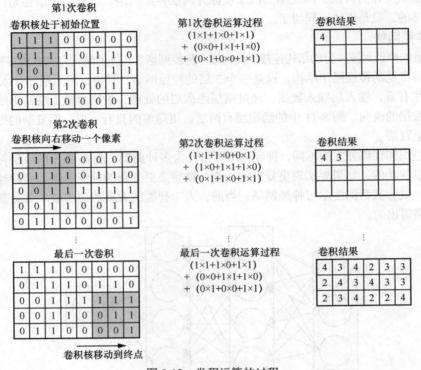

图 8-13　卷积运算的过程

4. 卷积神经网络的结构和处理过程

理解了卷积运算及其作用，接下来看看卷积神经网络的结构和处理过程。

人类在识别图像时，首先获取颜色和亮度特征，其次获取边、角等局部特征，然后获取纹理等更复杂的信息，最后形成整个物体的概念。卷积神经网络模拟了人类的识别过程。

因为卷积神经网络是以卷积运算为核心的，所以卷积层是它的核心层。此外，卷积神经网络还包括其他类型的层，它们紧密配合卷积层来提取、归纳图像的特征，最终在输出层输出结构。

在图 8-14 所示的卷积神经网络中，层数较少，只能识别 0～9 这 10 个阿拉伯数字。

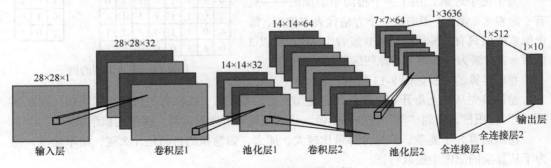

图 8-14　卷积神经网络示例

在这个卷积神经网络中，输入层和输出层之间有 6 个隐藏层：2 个卷积层、2 个池化层和 2 个全连接层。

1）卷积层

卷积运算的目的是提取特征，为最终的综合判断奠定基础。图 8-18 所示的卷积神经网络有 2 个卷积层，可以提取更多、更细的有用特征。

2）池化层

有研究人员根据实际作用将池化层翻译为"下采样层"。池化是对经过卷积处理后的图像再次进行有效特征提取和模糊处理的过程。可以简单地将其理解为对图像数据的一次"有损压缩"，以便减少数据的处理量。

池化的具体算法是将图像的某一个区域用一个值代替，如最大值或者平均值。如果取最大值，就叫作最大池化；如果取平均值，就叫作均值池化。最大池化如图 8-15 所示。

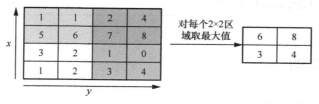

图 8-15　最大池化

图 8-15 的左侧展示了池化之前的情况，其中包含 4 个 2×2 的区域。采用最大池化法，在每个 2×2 区域内取最大值来代表这个区域。图 8-19 的右侧展示了池化完的数据，可以看出数据量大幅减少。

卷积层和池化层交替出现，从而一步步提取特征、减少数据量。

3）全连接层

全连接层的每一个节点都与上一层的所有节点相连，这是全连接层名称的由来。卷积层提取的是局部特征，而全连接层将诸多的局部特征组合起来，从而在输出层进行最后的判断。

卷积神经网络不仅涉及卷积算法，还涉及最大池化等算法。因为卷积是核心算法，所以将这种神经网络命名为卷积神经网络。

8.2.3　人工智能发展面临的问题

当前人工智能的发展如火如荼，但是也面临着如下问题。

➤ 数据不足：在 AIoT 时代，数据是核心资源。然而，目前大多数可用的数据集规模有限，人们常常需要在算法优化和数据收集之间做出选择。尽管自然语言处理等任务有多种算法可供选择，但所有算法在特定方向上可能得出相似的结果，这使得数据的重要性有时被认为超过了算法本身。但现实情况是，现有的数据集规模仍然不足，且多为异构数据，需要在批量学习前进行预处理。此外，许多用于学习的数据缺乏代表性，这直接影响了人工智能算法的统计基础、样本量和样本的代表性，进而影响预测结果的准确性。

➤ 噪声问题：算法可能会错误地将无关的样本纳入模型训练中，这可能是由于字面上的巧合，例如中文中的谐音梗"哈利·波特= ha reporter =哈·记者"，这可能导致语音语义识别的人工智能错误地将哈利·波特识别为记者。

> 脏数据：脏数据指的是那些在源系统中不符合规范、格式错误、编码不规范或业务逻辑含糊的数据，这些数据对实际业务没有意义，可能会对模型训练造成干扰。

> 无关特征：特征是描述数据样本的属性，如一个人的身高。在算法学习之前，需要识别对学习任务有用的特征。无关特征指的是对当前学习任务没有帮助的信息，例如学生的身高对于预测其成绩没有帮助。

> 过度拟合：这是机器学习中的一个常见问题，指的是模型对训练数据过度适应，以致在新的、未见过的数据上表现不佳。例如，基于小规模数据集得出的结论可能只是偶然事件，并不能泛化到更大的数据集上。

8.3 人工智能安防应用

8.3.1 人脸识别

1. 人脸识别工作原理

人脸识别技术是一种基于人的脸部特征对输入的人脸图像或者视频流进行身份确认的生物识别技术。这一技术首先判断是否存在人脸，如果存在，则进一步识别人脸的位置、尺寸和面部器官的相对位置。接着依据这些信息，进一步提供人脸所蕴含的身份特征，并与已知的人脸进行对比，从而识别人脸所对应的身份。

广义的人脸识别实际包括构建人脸识别系统的一系列相关技术，包括人脸图像采集、人脸定义、人脸识别预处理、身份确认及身份查找等，而狭义的人脸识别特指通过人脸进行身份确认或者身份查找的技术或系统。

下面以二维人脸识别为例介绍人脸识别流程，如图 8-16 所示。

图 8-16　二维人脸识别的流程

1）人脸图像的采集与预处理

人脸图像的采集是人脸识别的基础，常规采集方式包括摄像机采集、人脸照片采集和视频录像采集等。

摄像机采集是指采用高清人脸抓拍网络摄像机进行采集。

> 人脸照片采集是指通过会员注册或后期补录照片的方式借助 APP 或小程序等将人脸数据录入系统中。

> 视频录像采集是通过技术手段提取视频中的人脸照片，然后进行采集和存储。

预处理是人脸识别过程中的一个重要环节。由于图像采集环境的不同，如光照明暗程度和设备性能的优劣等，输入图像往往存在有噪声、对比度不够等缺点。另外，距离远近、焦距大小等又使得人脸在整幅图像中的大小和位置不确定。为了保证人脸图像中人脸大小、位置及人脸图像质量的一致性，必须对图像进行预处理。

人脸图像的预处理主要包括人脸扶正、人脸图像增强及归一化等工作。人脸扶正是为了得到人脸位置端正的图像；人脸图像增强是为了改善人脸图像的质量，不仅在视觉上使图像更加清晰，而且使图像更利于计算机的处理与识别；归一化的目标是取得尺寸一致、灰度取值范围相同的标准化人脸图像。

2）人脸检测

需要说明的是，人脸检测只是人脸识别的一个环节，千万不要把人脸检测和人脸识别弄混淆了。由于早期人脸识别研究主要针对具有较强约束条件的人脸图像（如无背景的图像），往往假设人脸位置一致或者容易获得，因此人脸检测问题并未受到多大重视。但是随着人脸识别的应用场景增多，在人脸识别前应检测图像中是否包含人脸。

目前对人脸检测的普遍定义是：对于任意一幅给定的图像，采用一定的策略对其进行搜索以确定其中是否含有人脸，如果含有，则返回人脸的位置、尺寸和姿态。

3）人脸特征提取

以基于知识的人脸识别提取方法中的一种为例，因为人脸主要由眼睛、额头、鼻子、耳朵、下巴、嘴巴等部位组成，这些部位及其之间的结构关系都可以用几何形状特征进行描述，也就是说，每个人的人脸图像都可以对应一个几何形状特征，可以将其作为识别人脸的重要差异特征。

4）人脸识别

人脸识别（信息比对）大致可以分为两种。

第一种，1:1 筛选，其身份验证模式本质上是计算机对当前人脸与人像数据库进行快速人脸比对，并得出是否匹配的过程，可以简单理解为"证明你就是你"。

这种模式最常见的应用场景便是人脸解锁，终端设备（如手机）只须将用户事先注册的照片与临场采集的照片作对比，判断是否为同一人，即可完成身份验证。

第二种，1:N 比对，即系统采集"我"的一张照片之后，从海量的人像数据库中找到与当前使用者人脸数据相符合的图像，并进行匹配，找出来"我是谁"。

5）活体鉴别

生物特征识别的共同问题之一就是要区别该信号是否来自真正的生物体，例如，指纹识别系统需要区别待识别的指纹是来自人的手指还是指纹手套，人脸识别系统所采集到的人脸图像是来自真实的人脸还是含有人脸的照片。因此，实际的人脸识别系统一般需要增加活体鉴别环节，例如，要求人左右转头、眨眼睛、开口说句话等。

2. 三维人脸识别

人脸识别包括基于二维人脸图像的人脸识别和基于三维人脸图像的人脸识别。其中二维人脸识别是通过二维摄像机平面成像，无法接收物理世界中的第三维信息（尺寸和距离等几何数据），即使算法及软件再先进，在有限的信息接收状态下，安全级别终究不够高，通过照片、视频、化妆、人皮面具等方式可以很容易进行破解，无法满足智能门禁安全级别的需求。

三维人脸识别指的是利用三维摄像机立体成像，进而可以识别视野范围内空间每个点位的三维坐标信息，并且让计算机获取空间的三维数据进而复原完整的三维世界，且能够真正实现智能三维定位。

目前三维人脸识别在市场上根据使用摄像机成像原理主要分为三维结构光、TOF 和双目立体视觉。三维人脸识别的 3 种技术路线对比如表 8-2 所示。

表 8-2　三维人脸识别的 3 种技术路线对比

项目	基础原理	弱光环境表现	强光环境表现	图像分辨率	深度精度	响应时间	识别距离	功耗	缺点
三维结构光	主动投射编码图案	良好	弱	中	中	慢	最大 5 m	中	容易受光照影响
TOF	红外反射时间差	良好（红外线）	中	低	中高	快	1～10 m 的效果较好	高	精度、分辨率不高
双目立体视觉	双目相机成像	弱	良好	高	低	根据摄像机成像时间	理论上，根据双目的距离可以有很大的范围	低	不适合颜色接近和灰暗环境

　　三维人脸识别处理的是三维数据，如点云、体素等，这些数据是完整的、立体的，能表达出物体各个角度的特征，不管是一个人的正脸还是侧脸，理论上都是同一个人的。但是，因为点云等三维数据具有数据量大且无序、稀疏等特点，所以三维人脸识别开发难度比较大。

　　人脸识别二维、三维主要的区别是图像数据的获取和人脸特征的提取方式不一样。但是二维人脸识别跟三维人脸识别步骤基本一致，都是图像数据获取→人脸检测→特征提取→信息比对。

8.3.2　车牌识别

　　车牌识别（License Plate Recognition，LPR）技术是指能够检测受监控路面车辆，自动提取车辆牌照信息（含汉字、英文字母、数字及车牌颜色）并进行处理的技术。车牌识别是现代智能交通系统中的重要组成部分，应用十分广泛。它以数字图像处理、模式识别、计算机视觉等技术为基础，对摄像机所拍摄的车辆图像或者视频进行分析，得到每辆汽车的唯一车牌号码。

　　通过一些后续处理手段可以实现停车场收费管理、交通流量统计与控制、车辆定位与监控、汽车防盗、高速公路超速自动化监管、闯红灯电子警察执法、公路收费站自动化等功能，对于维护交通安全和城市治安、防止交通堵塞、实现交通自动化管理有着现实意义。

　　车牌识别系统主要包括 4 个模块——图像预处理、车牌定位、字符分割和字符识别。车牌识别系统的整体结构如图 8-17 所示。

　　1.　图像预处理

　　图像预处理负责对获取的原始图像进行一系列（如灰度化、灰度均衡、高斯滤波等）预处理，尽可能地改变图像质量，为车牌区域定位与车牌识别做准备。

　　2.　车牌定位

　　车牌定位模块包含边缘检测和车牌区域定位两个子功能模块。为了突出汽车牌照的边缘，采用 Sobel 算法实现图像的边缘检测，寻找图像灰度值发生急剧变化的区域。选择基于边缘检测和投影法相结合的定位方法，提取大致需要的车牌区域，经过边界调整和去除边框等操作，进一步精确车牌区域。

　　3.　字符分割

　　字符分割模块根据水平和垂直投影，从车牌区域中分割出字符，并进行归一化处理，统一字符图像的大小，为字符识别做准备。

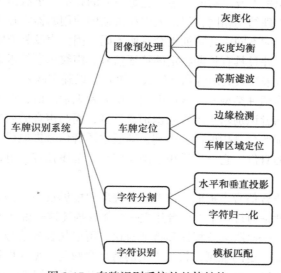

图 8-17　车牌识别系统的整体结构

4. 字符识别

字符识别模块可以对提取后的字符进行编码、识别并输出。

根据模块的划分，车牌识别系统的工作流程如图 8-18 所示。

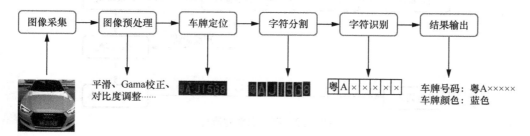

图 8-18　车牌识别系统的工作流程

8.3.3　声纹识别

1. 声纹识别概述

想象一下，在一间会议室中，7 个人在开会，需要做会议纪要。做好会议纪要，首先是把每个人的话记下来，然后提取关键信息。现在的语音技术可以高效地实现语音转文本。但是，如何在语音转文本的过程中提取每个人说的话，就需要用到声纹识别（Voiceprint Recognition，VPR）技术。

声纹识别关心的是"谁在说"，用于解决生物身份确认和识别，而语音识别关心的是"说了什么"，用于解决对说话内容的识别问题。

语音识别必然会从"说什么"发展到"谁在说"。传统智能语音技术的瓶颈是它不能区分说话人身份，也就无法提供相应的个性化服务，实现真正意义上的交互。语音场景下要解决身份识别的问题，需要基于声纹生物信息 ID 的声纹识别技术。

2. 声纹识别原理

声纹是可以唯一识别人或事物的声谱。它是声波的频谱，承载由电声仪器显示的语音信息。尽管人声器官的生理结构相同，但是人们在讲话中使用的器官在大小和形状上都会有很大的不同，并且每个人的不同声音特征也会有所不同。因为声纹具有唯一性，所以声纹可以用作人体的身份特征，并且具有长期稳定的特征信号。声纹识别技术通过声纹图的语音声学特性，比较和全面分析未知人类语音和已知人类语音，以确定两者是否相同。

声纹识别大致分为两种类型——语音识别和说话者识别。语音识别基于说话者的发音来识别说话的内容；说话者识别基于语音来识别说话者，而与声音的内容和含义无关。目前，一般意义上的声纹识别概念是指说话者识别，即通过语音信号提取代表说话者身份的相关特征，然后确定说话者的身份。它可广泛用于国家安全、刑事侦查、电话银行、智能访问控制和娱乐增值等领域。

声纹识别要求从语音信号中提取个体差异，提取出能够反映人是谁的信息，从而进行说话者识别。其基本原理是为每一个说话者建立一个能够描述这一说话者个性特征的模型。

声纹识别分两步——提取声纹特征和特征对比。可以从音频信号中提取有效区分该说话者的特征参数，再根据一定的准则，将未识别的特征参数与模型库中训练好的模型进行相似度匹配，最终根据相似度得出最匹配的结果并进行输出。声纹识别的流程如图 8-19 所示。

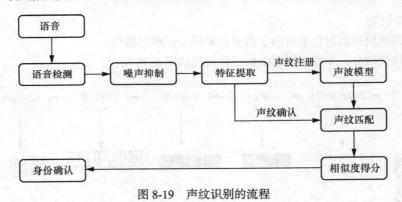

图 8-19　声纹识别的流程

3. 声纹识别的关键技术

声纹识别的处理过程如下。

- ➢ 预处理。对输入的语音信号进行预处理。预处理过程的好坏在一定程度上也影响系统的识别效果，通常预处理过程为：采样量化→预加重→取音框→加窗→将音框通过低通滤波器。
- ➢ 特征提取。特征提取是提取可以反映单个信息的声音的基本特征。这些基本特征必须能够准确有效地区分不同的发声个体，并且对于同一个人，这些基本特征应该是相对稳定的。
- ➢ 模式匹配。声纹识别技术的关键在于对各种声学特征参数进行处理，并确定模式匹配方法。主要的模式匹配方法包括概率统计法、动态时间规整法、隐马尔可夫模型法、矢量量化法和人工神经网络法。

4. 声纹识别的应用

1）声纹 1 : 1 和 1 : N

声纹 1 : 1，即说话者确认，可验证自己的身份，多用于登录、支付等场景。

声纹 1 : N，即说话者辨认，该功能需要具备声纹库，其中包含已收集的人员的声纹特征，对录音提取特征后，和库里所有人员的声纹特征一一对比，得出一个或多个匹配结果。

2）活体检测

为防止声音被合成伪造或者录音重播仿冒当事人，声纹识别也有活体检测技术，可以辨认出录音回放的声音和合成录音，大大增加识别的安全性。

3）性别识别

只需要说一句话，就能判断说话者的性别。

4）年龄识别

可以根据用户声音判断出该用户的年龄范围，不过现在年龄识别的准确率还有待提高。

5）情绪识别

情绪识别，对于成年人，不同人在相同情绪下的声音的共性并不明显，而儿童或者婴儿的共性会更明显。

5. 声纹识别的行业应用

目前，指纹识别和面部识别已为公众所熟知，但声纹识别作为生物识别技术仍处于技术挑战的最前沿。目前声纹识别技术广泛应用于公安司法、军队国防等领域。

除了上述相关应用领域以外，说话者检测和追踪技术也有着广泛的应用。在包含多个说话者的语音段中，如何高效、准确地把目标说话者检测和标识出来有着十分重要的意义。例如，在音视频会议系统中，通常通过多麦克风阵列来实时记录每个说话者的讲话。通过将说话者追踪技术嵌入该会议系统，可实时标识每段语音所对应的说话者。该技术广泛应用于远程会议，方便会议纪要总结，有利于提高工作效率。

8.3.4　安防机器人

1. 安防机器人的发展历史与特点

安防机器人是一种半自主、自主或者在人类完全控制下协助人类完成安全防护工作的机器人。安防机器人作为机器人行业的一个细分领域，立足于实际生产生活需要，用来解决安全隐患、巡逻监控及灾情预警等，从而减少安全事故的发生，减少生命财产损失。

1）安防机器人的发展历史

1920 年，作家 Karel Capek 在其科幻小说中提出"机器人"一词。

1968 年，美国斯坦福研究所宣布成功研发出世界上第一台智能机器人 Shakey。

1973 年，世界上第一次机器人和小型计算机携手合作，诞生了美国机器人 T3。

2002 年，美国 iRobot 公司推出吸尘器机器人 Roomba。该机器人能避开障碍，自动设计行进路线，在电量不足时，还可自动充电。

国际上，安防机器人的研究在 1991—1994 年起步，2011 年后加速增长。目前该领域的创新潜力巨大，Knight scope、Cobalt Robotics 等是国外安防机器人领域中的典型企业。

国内方面，2016 年 4 月，首台集安全保护与智能服务于一体的机器人 AnBot 亮相。这款机器人由国防科技大学研发，湖南万为安防机器人公司生产。其外形似俄罗斯套娃，最大时速为 18 km/h，巡逻时速为 1 km/h。它有类似人脑及耳目的智能系统和传感器装置，集成了地图同步构建及定位、动态路径规划、深度学习智能大脑、视频智能分析等先进技术，具有自主巡逻、智能监控探测、遥控制暴、声光告警、身份识别、自主充电等功能，续航时间为 8 h。

当前安防机器在应用场景上分为室内、室外两方面，在产品形态上，有轮式和轨道式两种。

2）安防机器人的特点

安防机器人以移动控制平台为基础，并在此之上搭建导航系统、巡检系统、视觉处理、特征识别、定位等技术。相比于以往的安防体系，安防机器人具有如下特点。

（1）全天候自主巡逻。

在自主巡逻模式下，无须过多人为干涉，安防机器人会根据自身的导航系统和定位系统来控制移动平台的运动。同时，可以在巡逻区域利用多台机器人组成无死角的巡逻网络，这样即使有机器人在自动充电，也有其他机器人能够自动巡逻，这使得安保工作更加严密。

（2）智能分析与告警。

安防机器人可以搭载各种传感器，如摄像机、温度传感器、气体传感器等。安防机器人可通过利用传感器的信息，并结合计算机视觉、语音识别等技术来实时监测周围环境。当安防机器人通过行人识别、烟雾检测、温度检测等手段发现疑似异常情况时，可以主动开启警报装置，并通过网络等手段告知相应安保人员。

（3）能承受恶劣工作环境。

相比于人类，安防机器人能够在比较恶劣的环境（如大风、暴雨、寒冷、高温等）下继续安防巡逻工作，从而有效节省人力，实现工作效率提升。

2. 安防机器人的构成

安防机器人的核心技术包括本体的低速无人驾驶技术〔由底盘技术、传感器组合和自主导航 SLAM（Simultaneous Localization and Mapping，同步定位与地图构建）技术组成〕、以计算机视觉为主的 VSLAM 技术、人工智能视频分析技术和网络传输、云平台管控技术等。

安防机器人系统包括机器人、网络系统、机器人云平台、可拓展设备和充电坞等。其中，机器人本体近年来不断增加边缘计算能力，多采用 CPU + GPU 的芯片模式；由于在网络传输方面多为视频传输需求，因此可以使用包括 Wi-Fi、移动互联网（如 4G、5G）、LoRA 等多渠道实现数据传输。云平台的主要作用是多机器人管理调度、应急控制、业务处理、视频分析、数据报表、安全态势分析、第三方数据平台接入等。云平台是开放性合作的重要载体。安防机器人在落地部署方面主要包括机器人运行环境勘察、网络部署方案制定、机器人巡检/巡逻方案制定、机器人建图，以及机器人巡检/巡逻路径和工作目标设定等。安防机器人的核心功能如图 8-20 所示。

图 8-20　安防机器人系统及其核心功能

由于安防机器人的技术要求比较高，因此机器人公司在交付时会提供强大的技术支持。这首先就要求技术人员对安防机器人的各项功能以及各类网络特性了如指掌。对于不一样的行业特征，在实施时需要采取不同的部署方式，这就需要机器人公司的技术人员拥有敏锐的行业洞察能力。未来随着机器人的整体技术不断迭代更新，部署过程也会变得越来越简单。

3. 安防机器人的应用

目前，安防机器人在处理安全防范事故，如巡检安保、反恐应急、工业生产及智能家居等方面发挥越来越重要的作用。因此，相对应地出现了智能巡检机器人、反恐机器人、工业机器人和家庭智能机器人等。

1）巡检安保

由于智能巡检机器人在环境应对、性能强大等方面具有人力所不具备的特殊优势，因此越来越多的智能巡检机器人被应用到安防巡检、电力巡检、轨道巡检等特殊场所。智能巡检机器人作为新兴的产品，既可以代替人们完成重要场合的监控安保工作，又可以实现数据收集，构成完整的监控系统，在安全性上具备绝对优势。

2）反恐应急

反恐机器人一般用在商场等人员密集的公共场所，极少量家庭也会使用。此外，频繁爆发的犯罪案件对事前安防、事后防暴处置都提出了很高的要求。反恐机器人是特种机器人的重要应用方向，无论是侦查突击，还是防爆拆解，都离不开它们的身影。

3）工业生产

工业机器人应用广泛，主要应用在汽车制造、电子电器、橡胶及塑料、铸造、食品、化工、玻璃、冶金、烟草等行业。

4）智能家居

目前，家庭智能机器人可以分为 3 种类型。第一种是应用型机器人。这类机器人有着非常明确的功能，例如扫地机器人、擦窗机器人等。第二种是社交陪伴型机器人。这类机器人能够与人类互动交流，陪伴用户一起成长。第三种是仿生机器人。这类机器人从原理上模仿生物的动作、表情、思考方式等，如本田研发的 Asimo 机器人可以完美模仿两脚运动，完成很多复杂的动作，包括上下楼梯等，美国的情感机器人索菲亚则可以根据人类语言反馈不同的表情，达到和人类交流的目的。

8.3.5　安防无人机

1. 无人机系统的组成

无人驾驶航空器（Unmanned Aerial Vehicle，UAV），简称无人机，是一种由遥控站管理（包括远程操纵或自主飞行）的不搭载操作人员的动力空中飞行器。它是采用空气动力为飞行器提供所需的升力，能够自动飞行或者远程引导，可以携带有效负载，可重复使用的飞行器。

无人机要完成任务，除了需要飞机及其携带的任务设备以外，还需要有地面控制设备、数据通信设备、维护设备，以及指挥控制和必要的操作、维护人员等。较大型的无人机还需要专门的发射/回收装置。完整意义上的无人机应称为无人机系统（Unmanned Aerial System，UAS）。其中，无人机系统的核心子系统包括如下内容。

1）飞控系统

飞控系统是无人机的"大脑"，是无人机完成起飞、空中飞行、执行任务和返场回收等整个飞行过程的核心系统。

飞控系统一般包括传感器、机载计算机和伺服作动设备 3 部分，实现的功能主要有无人机姿态稳定和控制、无人机任务设备管理和应急控制 3 类。其中，机身大量装配的各种传感器（如角速率、姿态、位置、加速度、高度和空速等）是飞控系统的基础，是保证飞机控制精度的关键。

飞控系统是开源和闭源系统的结合体。Arduino 是早期的开源飞控系统之一，后来逐渐成为相关衍生品的基础。目前，主要的开源系统有 APM、PX4、PPZ 和 MWC 等。

为了提高系统的专业化，国内大部分无人机厂商在开源系统的基础上演化出自己的闭源系统。相比开源系统，无人机厂商自己的闭源系统加入了许多优化算法，简化了调参与线束，变得更加简单易用。

2）导航系统

导航系统是无人机的"眼睛"，多技术结合是未来的发展方向。导航系统向无人机提供参考坐标系的位置、速度、飞行姿态等，多方面参数引导无人机按照指定航线飞行。

目前，无人机所采用的导航技术主要有惯性导航、定位卫星导航、地形辅助导航、地磁导航、多普勒导航等。无人机载导航系统主要分非自主（GPS/北斗导航等）和自主（惯性制导）两种，但分别有易受干扰和误差积累增大的缺点。未来无人机具备障碍回避、物资或武器投放、自动进行着陆等功能，需要具备高精度、高可靠性、高抗干扰性能，因此多种导航技术结合的"惯性+多传感器+GPS/北斗+光电导航系统"将是未来的发展方向。

3）动力系统

目前民用工业无人机以油机为主，消费级无人机以电动为主。不同用途的无人机对无人机动力装置的要求不同。低速、中低空小型无人机倾向于使用活塞发动机；低速短距、垂直起降无人机倾向于使用涡轴发动机；小型民用无人机则主要采用电动机、内燃机或喷气发动机。

随着涡轮发动机的推重比、寿命等性能不断提高，油耗降低，涡轮发动机将取代活塞发动机成为无人机的主力动力机型。太阳能、氢能等新能源电动机也有望为小型无人机提供更持久的动力。

4）数据链系统（通信系统）

数据链系统（通信系统）是无人机和控制站之间的桥梁，是无人机的真正价值所在。上行通信链路主要负责地面站到无人机的遥控指令的发送和接收。下行通信链路主要负责无人机到地面站的遥测数据、红外或者电视图像的发送和接收。普通无人机大多采用定制视距数据链，而中高空、长航时无人机则采用超视距卫星通信数据链。

现代数据链技术的发展推动无人机数据链向着高宽带、保密、抗干扰的方向发展。机载传感器、定位的精细程度和执行任务的复杂程度不断上升，对数据链的带宽提出了更高的要求。随着机载高速处理器的突飞猛进，预计几年后现有射频数据链的传输速度将翻倍，未来可能出现激光通信方式。

2. 无人机的应用

1）警用领域

采集现场数据，迅速将现场的音视频信息传送到指挥中心，跟踪事件的发展态势，以便指挥者判断和做出决策。多数情况下，街头的监控设备会被不法分子破坏，致使无法了解事发现场的事件情况，而无人机机载摄像机则完全不受影响，到达现场之后它们能够迅速开展工作，还可以多角度、大范围进行现场观察，具有不可替代的作用。这是一般监控设备无法比拟的，无人机的空中优势明显，如图 8-21 所示。

可见光+热成像

违法犯罪
现场

控制信号

视频数据

视频数据

监控中心

图 8-21　无人机工作

进行空中喊话，传递政府领导者讲话，表达警方意图。突发事件具有不确定性，如果在处置过程中不能使用正常的宣传工具与民众进行沟通，则可通过无人机搭载扩音设备对现场进行喊话，传达正确的舆论导向。

保持监控地区的数据传输链路进行通信中继。应急出警的通信设备一般租用卫星线路，申报手续繁杂，另外高楼林立，通信信号盲区较多，信号不能及时传递到指挥中心，导致决策滞后。无人机搭载的小型通信设备则可以起到低空卫星的作用，对地面形成不间断的信号连接，使指挥系统能及时接收事发现场的详细警情。

2）能源领域

在能源领域，民用无人机主要在天然气管道巡线、石油管道巡线和电力巡线检查等方面发挥作用。

在石油产业，输送油管往往需要穿越无人居住的戈壁、高山等自然条件恶劣的地区，油气管道需要人工定期检测是否漏油。在风力发电产业，大型风力发电机组建设在高山上，其叶片会随着时间推移逐渐受损，维修人员需要经常利用绳索或者高台进行高空检查，十分危险。在太阳能产业，不仅需要现场采集电池板的发热情况数据，还需要对设备上的灰尘进行定期清理来确保发电效率。针对以上 3 种情况，无人机均能取代人类，进行油气管道的检测、高空风扇叶片的检查与太阳能电池板的清理维护，极大地节约人工成本和时间成本。

3）应急救援

火灾蔓延的判断、高层建筑起火的救生等方面都是消防工作部署的关键，无人机可将详细情况实时传送至地面指挥车；当发生洪水时，无人机可携带救生绳或救生圈，并将其投送到需要者身边；中高空无人机可提供洪水受灾面积、地震毁坏程度等评估，为救灾部门提供最真实、最及时的资料；携带生命探测仪的无人机是搜救幸存者的有力工具。

有些海水浴场配备了监测、救生两用无人机，发现有人溺水可第一时间报警、定位并投递救生圈；在马拉松、登山等比赛中，无人机可携带常用急救药品飞到患者身边。无人机救生应用会越来越普及。

8.4　视频结构化

视频结构化是一种视频内容信息提取的技术，它对视频内容按照语义关系，采用时空分割、特征提取、对象识别等处理手段，组织成可供计算机和人理解的文本信息的技术。从数据处理的流程看，视频结构化描述技术能够将监控视频转换为人和机器可理解的信息，并进一步转换为公安实战所用的情报，实现视频数据向信息、情报的转换。

除了公安行业以外，视频结构化技术的应用场景还包括智能交通。目前，电警卡口在图侦上的应用需求和频率早已超越交警，因为案件几乎都要与车辆发生联系，这样能找出更多的线索。但是现阶段电警卡口对于车辆的抓拍角度相对固定，急需开发出相应的车辆特征识别技术。电警卡口属于业务需求和技术实现的一个很好的匹配点。而这恰好是视频结构化的应用储备。目前国内的部分厂家开发出的摄像机能突破平面图像特征的局限，得到更精准的三维信息，如人体数量、高度及物体长度等。

在视频结构化描述的内容方面，公共安全关注的视频信息主要包括人员、车辆和行为等。在视频中把人作为一个可描述的个体进行展现，其中包括人员的面部精确定位、面部特征提取、面部特征比对，以及人员的性别、年龄范围、大致身高、发饰、衣着、物品携带、步履形态等多种结构化描述信息。对于车辆的描述信息包括车牌、车身颜色、车型、品牌、子品牌、车贴、车饰物等。对于行为的描述信息包括越界、区域、徘徊、遗留、聚集等。

经过视频结构化处理后，可以达到如下目的。

首先，视频查找速度得到极大提高。视频结构化之后，从百万级的目标库（对应数百到1000 h 的高清视频）中查找某张截图上的行人嫌疑目标，数秒即可完成；从千万级目标的库中查找，几分钟即可完成（如果实现云化，查找速度会更快）。在结构化基础上进行检索查询，可以解决快速目标查找问题。

其次，存储容量得到极大减少。经过结构化后的视频，人的结构化检索信息和目标数据不到视频数据量的 2%；车辆的结构化检索信息和目标数据不到视频数据量的 1%；对于行为则降得更多。存储容量极大减少，可以解决视频长期存储的问题。

最后，视频结构化可以盘活视频数据，作为数据挖掘基础。视频经过结构化处理后，存入相应的结构化数据仓库，可以对各类数据仓库进行深度的数据挖掘，充分发挥大数据的作用，提升视频数据的应用价值，提高视频数据的分析和预测功能。

8.5　安防智能化

随着人工智能的发展，安防已从原来的"人看"发展到"机器看"，未来将朝着"机器研判""机器决策"的方向演进。安防事件的处理也将从原来的"事后研判"向"事前预防"发展，借助人工智能技术，以及算力、算法、数据要素的进一步提升，可以提前预知可能的问题及风险，驱动自动化处理或者人工干预，实现安防产业腾飞。安防智能化的发展主要体现在 4 个方向，如图 8-22 所示。

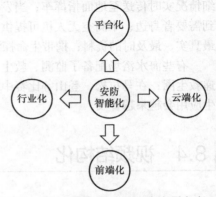

图 8-22　安防智能化的 4 个发展方向

➢ 前端化: 随着芯片的集成度越来越高，处理能力越来越强，许多厂商推出了智能网络摄像机和智能 NVR，将一些简单通用的智能移植到前端设备中。未来将有更多的复杂专用的智能算法在前端设备中实现。在前端设备上实现的优势在于组网灵活、延时低、成本低，同时减轻了一部分后端分析的压力，为大规模部署提供了可能性。

➢ 云端化：已有的智能化产品大多是将多种智能功能固化在某一类硬件中，每台硬件设备提供一种或有限的几种智能化服务。未来，硬件资源的概念将逐步淡化，智能化以服务模块的方式提供给客户。云端会根据客户的需要（功能、路数等）提供服务，实现资源按需分配，最大化地满足客户需求和提高资源利用率。

➢ 平台化：每个安防厂商在推进自己的智能化解决方案时，日益需要整合软件平台及其配套的硬件设备。目前国内的主流监控厂商都拥有自己的软件平台。未来安防监控的应用类型会越来越清晰，相关的技术标准、开发接口等将越来越趋于统一。大厂商制定标准，小厂商兼容标准的产业模式将逐渐形成。所以，推出自主可控的解决方案平台是有实力的安防企业在发展过程中必须考虑的课题。

➢ 行业化：智能化解决的是行业客户在业务应用中存在的问题，因此智能化需要往行业化方向进一步深化。首先，智能化厂家要从行业出发，定位目标行业和细分市场，确定自己的发展方向。其次，在具体行业中深入业务应用、业务流程等，剖析行业问题，寻找解决之道。最后，结合自身的技术积累，为行业客户提供优质的行业智能解决方案，未来的智能化将是行业智能化的天下。

第9章

视频监控综合管理系统软件

视频监控综合管理系统软件在操作上，简单易学，能够快速上手；在功能上，功能全面、整合能力强，能够涵盖所有监控领域的需求。该软件的核心功能包含实时视频、云台控制、视频回放、电子地图、一键报警、视频上墙、系统配置等。这些功能皆可在监控界面上实现管理和控制。

9.1 软件通用架构

视频监控综合管理系统软件的架构包含基础层、服务层和应用层，如图9-1所示。

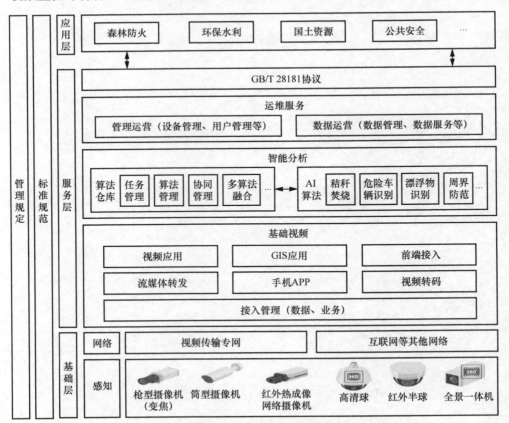

图 9-1 视频监控综合管理系统软件的架构

基础层包含感知和网络部分。基础层以各类摄像机为主要感知工具，辅以其他被动传感技术，将相关感知数据通过视频传输专网、互联网等网络方式传输到服务层。

服务层包含基础视频、智能分析和运维服务 3 个模块。

➢ 基础视频：负责提供前端接入、视频应用和流媒体转发等服务，满足各行业用户及管理用户基于自身业务的视频基础服务需求。同时，为智能分析、运维服务提供相关业务及数据支撑。

➢ 智能分析：负责对前端回传的视频流或图像数据提供针对环保、林业和国土等行业场景的分析服务，满足各行业定制的告警分析需求。

➢ 运维服务：分为管理运营和数据运营两部分。管理运营统筹整个系统软件的运行管理，包括设备管理和用户管理等功能；数据运营负责系统软件的数据管理，并基于行业需求、管理决策需求等提供相关数据服务，丰富系统软件数据的价值。系统软件各模块均支持最小功能粒度的能力封装，可根据需求自由组合。

应用层提供统一门户，规范各行业用户的相关使用界面，统一为各行业应用提供综合应用服务。

9.2 软件功能

9.2.1 基础功能

1. 实时视频

视频监控综合管理系统软件支持通过 PC 客户端、Web 客户端和移动端 APP 浏览前端摄像机的实时视频，支持 H.264、H.265、MPEG-4 等主流视频编码格式，支持 720P、1080P、4K 等高清、超高清视频的播放。

➢ 通过 PC 客户端和 Web 客户端，支持不同画面的显示方式，包括 1、4、6、9、16 等画面；支持全屏、关闭、一键开启及一键关闭操作。

➢ 主码流与子码流切换功能：单击"码流切换"，进行主码流与子码流的切换。

➢ 具备视频自动复位功能：可对监控点的摄像机设定默认监视状态，正常状态下摄像机保持默认状态，在控制完成的可设定的时间段内恢复默认监视状态。

➢ 图像的三维定位功能：在浏览球机监控图像时，如果要查看监控图像中某部位的细节画面，可选择三维定位功能，球机能够进行自动对焦并放大。

➢ 能够实现对前端云台镜头的全功能远程控制，包含上、下、左、右方向控制，放大与缩小，光圈聚焦等。

➢ 画面文字显示：包括组织机构、OSD、标识、通道名称、日期和时间等。

2. 视频回放

视频监控综合管理系统软件可以对前端设备和中心存储的视频图像按照时间段、类型等检索条件查询信息。

➢ 支持按组织结构、录像时间等多级约束条件检索视频图像，支持从资源树拖动视频通道到监看区的回放窗口中，执行快速检索。

➢ 提供时间线展现控制功能，在时间线操作控制区内可对回放窗口内的视频图像执行操作控制。

➢ 通过对时间线上两个时间点进行打点操作，可以实现对该时间段视频图像的下载功能，具有时间选择灵活、操作方便的特点。

3. 电子地图

视频监控综合管理系统软件支持电子地图功能，可以把前端网络摄像机的具体位置标注在地图上，同时在地图界面上直接观看视频。软件支持的电子地图功能如下。

➢ 支持基于地图位置模糊搜索，定位到摄像机点位后可进行实时视频、录像回放、查看工单信息（告警信息、告警图像、工单流程）等操作。

➢ 支持通过框选、圈选、自定义形式选择设备并查看视频图像。

➢ 支持资源分类，可对普通摄像机、球机和抓拍机等设备种类进行筛选，以图层的形式进行展示。

4. 用户管理

视频监控综合管理系统软件可实现如下用户管理功能。

➢ 可以对所有用户进行添加、删除、权限分配等操作。可详细登记用户信息，如用户名、所属机构、用户级别、联系电话、手机号码和 E-mail 等。

➢ 可为用户分组，一个用户可隶属于多个组，对组进行授权将作用到该组中的所有用户。

➢ 组织架构明确，有一套比较清晰的优先等级制度。相应的优先级包括登录用户优先等级、预览/控制前端摄像机优先级、回放优先级、告警联动优先级等。

➢ 支持精细化权限设定，可针对任何用户、图像资源进行精细权限设置，如为每个用户设置对每个摄像机的访问权限（是否可以实时监控、录像文件点播、云台控制等），不限制权限类型和用户级别数量。

➢ 支持自动同步功能，授权用户对系统进行设置修改后，系统可自动进行全网更新。

5. 资源管理

视频监控综合管理系统软件可实现如下资源管理功能。

➢ 组织机构管理，包括组织机构的添加、删除、修改，为本组织的通道分组，根据本组织的所有通道的不同监控职能进行分组管理。

➢ 负责平台所辖的设备资源的添加与管理，包括本组织的监控前端设备、服务器、监视屏组、平台其他控制管理设备等，可以在系统内对所有的前端设备进行远程参数配置，修改设备及通道的参数等。

➢ 为保证所添加的服务器已正确安装，可以在看门狗程序中查看服务器的运行状态，以确保设备正常运行。

6. 权限管理

视频监控综合管理系统软件可实现如下权限管理功能。

➢ 用户权限配置分为用户、部门和角色 3 个部分。可以为不同用户设置所属部门和隶属角色，在进行相关操作时，提供优先级高的用户优先使用的权利，用户权限可以在线进行授权、转移和取消。

➢ 在角色权限配置中，可以针对功能进行授权，如控制云台摄像机的权限、查看系统日志权限、设备广播权限等。

➢ 可在角色管理中对相同角色权限进行克隆，实现自动为具有相同权限功能的用户复制权限功能，无须另行配置，以提高权限配置效率。

7. 角色管理

视频监控综合管理系统软件可对系统用户按业务职责划分，实现角色管理，主要包括角色定义、角色变更、角色注销和为用户分配角色等功能。可以个性化设置不同类型角色系统所展示的画面及功能，包括但不限于系统界面、功能模块、报表统计和数据精细度等。

8. 日志管理

视频监控综合管理系统软件可实现如下日志管理功能。

➤ 系统日志管理。按操作模块、操作类型、操作人员、姓名、操作时间、Web 浏览器、访问 IP 地址和操作内容等进行查询与管理。

➤ 接口访问日志。记录接口访问及调用的情况，通过接口访问日志可排查接口错误及非法访问。

➤ 审计管理。能够对每个重要的操作或事件进行记录，通过审计日志，可追溯相关操作的详细记录。

9.2.2 业务功能

1. 告警处理功能

1）告警查看

当发生告警时，值班人员可查看告警信息中的告警图片、实时视频等。系统支持以列表和图片形式展示告警信息，以及按告警点位、告警类型、处理状态、时间段、模糊匹配进行查询。

2）确认告警

一方面，值班人员在查看告警信息后可以判断是误报还是实报，并根据实际情况通知相关人员进行处理。

另一方面，系统支持对同一点位重复告警进行合并处理，即多条告警合并以产生一个工单并进行处理。

3）处理告警

确认告警为实报后，系统会自动将告警信息发送到相关处理人员的移动端 APP 上。处理人员在未到达现场前，可通过移动端 APP 查看告警信息，并可对告警工单进行处理。

4）处理记录

告警处理完成后，处理人员或值班人员可根据告警处理的实际情况，在系统中记录告警从发生到处理完成每个关键节点的处理时间、处理人员、处理情况、位置、轨迹、图片、视频等信息。

5）告警归档

告警处理完成后，系统会自动归档和保存，方便以后调用和查阅，可作为执法事件追溯依据。同时系统支持对告警信息进行管理和查看。

6）告警日志

系统支持告警日志查询，可按多种条件查询当前设备的告警信息列表，包括告警时间、告警内容、告警类型、处理状态、处理类型、处理人等信息。

系统支持告警日志统计，可按多种条件统计各区域的告警量。

系统支持操作日志，可记录操作人员进入、退出系统的时间和主要操作情况。

系统支持告警类型分析，可通过饼状图对告警类型进行统计分析。

2. 通用告警处理流程

当软件收到告警信息（来自视频分析后的告警信息、移动端 APP 或者 Web 客户端发出的告警信息）后，根据告警类型（如秸秆焚烧、危险品车辆等），在 Web 客户端或者移动端 APP

上显示告警的摄像机信息和当前观看的监控点位信息，并在电子地图上显示。

同时把该告警信息通过短信息或移动端APP方式推送至管理员移动设备上。确认警情后，可在系统中直接确认，并通过工单派送方式，将该信息发送到代维/网格人员的移动端APP，便于现场追踪处理。

代维/网格人员处理完工单后，将该告警信息置于"已完成"状态。

管理员通过Web客户端或者移动端APP来查看工单的执行情况——"进行中"或者"已完成"，以确保告警处理流程闭环。

9.2.3　移动端APP功能

1. 电子地图

以地图形式显示摄像机图标，点击摄像机图标可查看对应摄像机的实时视频图像及进行云台控制。

同时，系统支持跳转查看监控、告警记录以及调用第三方服务导航至该点位。

2. 视频播放

可通过移动端APP观看摄像机实时视频图像，并可通过云台控制观看的视频图像。同时，用户可以选择点位进行查看。系统支持对该点位进行云台控制、码流切换等操作。

3. 告警列表

以图片列表形式显示登录用户可查看和处理的所有告警信息。可显示待办告警、已办告警、误报告警等，如图9-2所示。

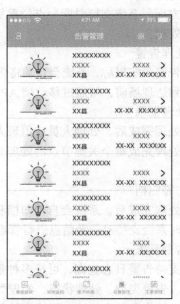

图9-2　移动端APP显示的告警列表示意

系统支持以列表、图片形式展示告警列表，可以按开始时间、结束时间、告警类型、告警状态、区域及模糊匹配进行查询，同时支持查看告警详情并处理。

4. 告警查看

系统支持告警信息图片放大功能。可放大查看告警发生时设备抓拍的告警图片。

5. 工作流

系统支持告警处理并对处理情况进行记录，包括处理时间、处理人员、处理情况、位置、轨迹、图片和视频等信息。

9.3 软件高级应用

9.3.1 视频质量诊断

视频监控系统在不同领域得到越来越多的应用。在一些大型基础设施中，视频监控点数可能有成千上万个，而监视墙能够实时显示的画面数量有限（通常大型系统的监视墙实际显示 20～30 路视频），绝大多数摄像机通道处于后台录像状态，只有在发生告警或者有特殊需求时才会调出视频图像。这样，值班人员无法对所有前端通道进行实时观察，而当真正需要回放某些摄像机视频图像时，如果该通道早已因为视频信号丢失、聚焦模糊、位置移动、被遮挡等问题而使得视频资料变得没有意义，这将会是一个灾难。因此，系统应该能够对摄像机的此类故障进行自动监视、检测，出现问题及时告警。

视频质量诊断系统是一种智能化视频故障分析与预警系统，可以对视频图像中出现的雪能够针对如下故障或问题进行处理。

➤ 视频丢失检测：系统能自动发现由于网络摄像机故障、损坏、人为破坏或传输问题导致的间歇性或持续性视频丢失现象。

➤ 图像模糊检测：系统能自动识别因摄像机聚焦不准确导致的清晰度异常现象。

➤ 对比度异常检测：系统能自动检测因镜头脏污、水汽、遮挡或内部故障引起的图像对比度低现象。

➤ 图像过亮检测：系统能自动发现因曝光或增益控制问题或强光照射导致的过亮画面现象。

➤ 图像过暗检测：系统能自动检测因曝光或增益控制问题或光照不足导致的过暗画面现象。

➤ 图像偏色检测：系统能自动识别因色彩平衡故障、信息干扰或传输干扰导致的画面单一性偏色现象。

➤ 噪声干扰检测：系统能自动检测由信号干扰、接触不良或光照不足引起的点状或尖刺等图像质量问题。

➤ 条纹干扰检测：系统能自动发现因线路老化、接触不良或线路干扰导致的横条、波纹等噪声问题。

➤ 黑白图像检测：系统能自动检测因日夜模式切换异常或信号强度弱导致的黑白图像异常现象。

➤ 画面冻结检测：系统能自动发现因传输系统异常导致的画面冻结现象。

➤ 视频抖动检测：系统能自动识别因干扰或安装不稳导致的图像抖动问题。

➤ 视频剧变检测：系统能自动检测因信号异常或干扰导致的视频图像剧烈变化问题，如画面闪烁、跳变或扭曲等。

> 场景变更检测：系统能自动发现因人为或环境因素导致的场景变更问题，如摄像机偏转或遮挡等。
> 视频遮挡检测：系统能自动检测因镜头被遮挡导致的异常情况。
> 云台失控诊断：系统能自动检测因机械故障或安装不当导致的云台转动问题。

视频质量诊断系统使管理人员能够实时监控核心设备状态，及时发现并解决设备与网络故障，提供自动巡检、统计分析和报表生成功能。通过轮巡方式进行图像质量诊断，帮助维护人员快速响应异常，提高系统稳定性。系统分析视频流而不干扰监控运行，为运维提供数据支持，优化备件管理，降低成本，提升效率。通过持续跟踪设备，系统还能预测设备的平均无故障时间，为科学管理提供依据。

9.3.2 视频摘要与检索

视频摘要（video abstraction）技术，灵感来源于文本摘要，旨在从原始视频中提炼出核心信息，将数小时的视频内容压缩至十几分钟甚至更短，极大减少了观看时间。利用视频目标特征检索技术，跨越了视频底层特征与人类理解的高层语义之间的障碍，可以快速定位到用户感兴趣的内容。视频摘要与检索技术能够深入挖掘海量视频监控资料，显著提升监控视频分析的效率。

1. 视频摘要技术

视频摘要是对视频结构和内容进行深入分析，提取出关键片段，并将它们以合理的方式组合，形成一个简洁且能够充分表达视频核心语义的概要。视频本质上是由一系列连续的图像帧和相应的音频组成的集合，其中图像帧是构成视频的基本元素。视频数据的结构化处理，即对视频在时间轴上的层次分割，实现了从原始非结构化视频流到结构化视频实体的转变。通过将视频流划分为合理的结构单元，构建起视频内容的层次模型，并获取到视频内容对象的详细描述。

视频内容的提取采用模式识别或视频结构探测的方法，旨在获取计算机能够直接处理或人类能够直观感知的信息。视频被区分为背景（静止、不活动的物体）和前景（活动的物体）。系统将活动的物体提取出来，进行描述，并将其存储到数据库中。根据特定的选择标准，挑选前景和背景内容对象作为视频摘要的构成要素，这些内容对象以特定的方式组合，经过渲染处理后形成视频摘要，并通过可视化手段展示出来。

视频摘要技术已被广泛应用于如下依赖视频监控的行业。

> 公安行业：对关键道路和卡口的视频进行智能摘要。
> 交通行业：对重点路段和收费闸口的视频进行智能摘要。
> 监狱和看守所：对重点监舍和人员交接班的视频进行智能摘要。
> 大型展会：对场馆和出入口的视频进行智能摘要。
> 电力行业：对相关变电站和电力设备的视频进行智能摘要。

2. 视频检索技术

视频数据本质上是一种多媒体融合体，包含文本、视频、声音和图像等多种元素。这些元素在语义层面上相互关联，并非孤立存在。因此，视频检索技术需要综合分析这些元素在视频数据中蕴含的丰富语义信息，以检索出符合用户需求的视频片段。

基于内容的视频目标分类检索技术采用有效的运动分割方法，提取出视频中的运动目标。这些运动目标的基本特征，如人车类别、颜色、大小等，被作为元数据提取并保存。通过对这些目标进行特征分析，并结合监控人员的描述特征与特征库进行匹配，可以快速定位到类似视频搜索目标。这种方法实现了利用人类思维中的高层语义概念来处理视频内容。视频检索的工作原理如图 9-3 所示。

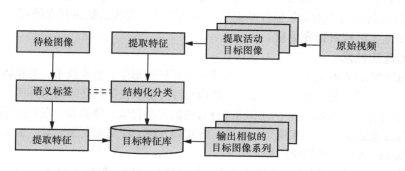

图 9-3　视频图像检索工作原理

例如，通过查看车牌图例，用户可以在几分钟内查找到目标车牌，并观看该车牌在整个视频中的所有出现片段。再如，利用车牌识别信息，系统可以追踪车辆的行驶轨迹，并通过车辆的行动规律，定位到车辆长时间停留的区域。

总之，视频摘要技术可以显著减少视频监控录像的倒查时间。视频目标特征搜索技术能够有效缩小搜索范围。视频摘要与视频检索技术的结合，能够充分挖掘海量视频监控录像中的信息，极大提升监控视频分析的效率。

9.3.3　AR / VR 应用

1. 增强现实技术

增强现实（Augmented Reality，AR）是一种创新技术，它实现了真实世界与虚拟世界信息的"无缝"集成。这项技术能够将人们在现实世界中难以体验到的实体信息（例如视觉、声音、味道、触觉等），通过计算机和其他科学技术进行模拟仿真，然后将这些虚拟信息叠加到真实世界中，供人类感官所感知，从而提供超越现实的感官体验。

AR 技术具备 3 个核心特征——虚拟现实融合、实时交互和三维注册。虚拟现实融合通过虚拟物体与现实环境的叠加来丰富现实场景；实时交互允许人们通过设备与增强后的现实环境进行即时操作；三维注册确保计算机生成的虚拟物体与现实环境精确对应，维持正确的定位和对准。在这三大特征中，三维注册尤为重要。

近年来，安防领域面临着如下挑战。

➢ 民警出警时携带的设备众多（如警务通手机、执法记录仪、对讲机等），这使得日常出警变得不便，执法现场的效率也受到影响。

➢ 大多数摄像机仅提供局部监控，容易产生盲区，无法满足大范围、全方位的监控需求，导致指挥人员难以实时掌握现场情况，影响应急指挥的效率。

➢ 公安业务系统众多且分散（如视频监控、人脸识别、车辆识别系统等），每次下达指令都需要在各个系统中查看数据，这严重降低了工作效率。

为了解决这些问题，AR 实景安防系统结合了 AR 智能眼镜、无人机、高位摄像机等设备，实现了实景指挥、人脸识别、车牌识别、案件智能回溯以及多视频源融合等功能。这些功能辅助指挥中心警员全局感知能力，增强了指挥调度和现场处置的综合能力。系统将高点与低点摄像机画面、无人机画面及案件态势全方位展示在"实景地图"上，并对建筑物、道路、警员信息等进行信息标注。指挥人员可以实时掌握现场态势信息，警务综合业务管理系统数据和周边队友的位置状态也能动态反映到 AR 地图中。在突发案件需要协调警力资源或下发指令时，指挥人员可以点击实景监控画面进行快速调看，为警员提供行动路线。一线警员可以在 AR 眼镜上实时查看指导信息。

2. 虚拟现实技术

虚拟现实（Virtual Reality，VR）技术融合了计算机图形学、仿真技术、多媒体技术等多种高科技技术，提供了一种以沉浸性、交互性和构想性为基本特征的高级人机界面。人们需要借助必要的外部设备，与虚拟环境中的事物进行自然的互动交流，体验身临其境的感觉。VR 技术为人们带来了全新的人机交互概念、内容、方式和方法，使交互更加形象、生动、和谐。

在安防领域，VR 技术的应用如下。

➤ 前端：VR 场景可以通过全景摄像机监控及拼接合成，然后通过 NVR/VMS 等平台或其他软件进行后期处理，使用户能够进行变倍、变焦操控和自由变换角度。

➤ 后端：通过 VR 设备，可以实现大屏与视频的直接互动。

VR 智能安防管控系统利用 VR 可视化技术，结合人工智能和大数据算法，实现 VR 三维建模、视频点位上图、人工智能人脸识别、警力预案、警力分布、人员热力图、特征采集、无人机反制、人车流监控等功能。这种虚实融合的技术，有助于应对各类突发事件，提高安防效率和响应速度。

第 10 章

安防安全

　　无论是 VSaaS（Video Surveillance as a Service，视频监控即服务）还是人工智能，都离不开网络的支持。虽然网络能让用户更便捷和高效地调用视频数据，但数据一旦"上网"，就不得不考虑安全问题。尤其是在视频监控行业，涉及的数据都是与人身份特征相关的隐私数据，一旦泄露，就会造成重大影响。

　　本章首先介绍安防安全现状，以及前端、传输和数据的安全策略，最后对网络安全等保测评的相关知识进行简要介绍。

10.1　安防安全现状

1. 视频监控安全事件频发，形势严峻

　　近年来，视频监控领域的安全事件频发，暴露出行业的脆弱性。

　　2016 年 6 月，发生了一起针对某公司客户的大规模 DDoS 攻击。这次攻击由僵尸网络发起，涉及约 25 513 台独立网络摄像机，导致大量客户数据泄露。

　　2017 年 5 月，全球爆发了 WannaCry 勒索软件事件，这个软件在短短 3 天内感染了 150 个国家的超过 30 万台计算机，造成了近 10 亿美元的损失。

　　2018 年 10 月，某公司的摄像机模组被发现存在高危漏洞，影响了约 30 万台设备，导致大量个人隐私信息泄露。据安全研究机构报告，近年来摄像机漏洞数量呈上升趋势，其中命令注入、授权问题和信息泄露漏洞占比最高。

　　2019 年 2 月，深圳一家人脸识别公司被指发生数据泄露，涉及 256 万人的个人信息，包括敏感的身份证号码、发行日期、性别、住址等。

2. 安全问题引起全球关注，安全标准不断完善

　　面对日益严峻的安全形势，各国开始重视并逐步完善相关的安全标准和法规，将安全问题作为视频监控产业的重要准入门槛。

　　2018 年 5 月，欧盟实施了统一数据保护法 GDPR，旨在加强个人隐私数据的保护，对数据的收集、使用、披露、存储和销毁等环节提出了严格的规定。

　　2018 年 11 月，中国国家标准《公共安全视频监控联网信息安全技术要求》（GB 35114—2017）正式实施。该标准根据安全保护的强弱，将前端设备的安全能力分为 A 级、B 级和 C 级 3 个等级。A 级要求设备与平台进行双向身份认证，确保设备身份的真实性；B 级在此基础上要求视频数据签名，确保视频内容的真实性和完整性；C 级则进一步要求视频数据加密，提供更高级别的安全保护。所有这些要求须符合国家密码算法标准。

　　随着视频技术的云化、大联网、人工智能化和大数据化，摄像机的接入规模和存储量不断增长，视频智能结构化使得数据价值日益提升。然而，这也给视频监控安全带来了更大的

挑战。因此，视频监控系统的安全需要从前端安全、传输安全、数据安全等多个方面进行综合考量和加强。

10.2 前端安全

通过分析近年来爆发的视频监控系统安全事件和总结视频监控系统面临的安全威胁可以发现，前端设备的安全主要体现在视频采集设备自身存在漏洞和视频信息的安全性未得到有效保护。

1. 前端设备安全威胁

针对前端设备的安全威胁主要包括设备劫持和替换、视频资源非法访问以及协议攻击3类。

1）设备劫持和替换

前端视频采集设备（主要是网络摄像机）均采用嵌入式操作系统，系统软件在启动及运行过程中未针对性地进行安全防护，无法确保基础运行环境可信，黑客可通过植入病毒、木马等手段入侵前端设备，造成设备被非法控制成为"肉鸡"。同时，前端设备不具备标识身份的唯一证明，设备容易被恶意替换。这不仅会导致视频监控系统无法正常运行，还存在将整个视频监控系统作为攻击源，对网络上的其他设备和服务器发起攻击的风险。

2）视频资源非法访问

大多数监控前端设备的登录方式采用用户名/口令的认证方法，容易遭受字典扫描和暴力破解攻击，安全性差，视频资源面临被非法访问的风险。

3）协议攻击

监控业务信令缺乏完整性保护机制，可通过仿造或篡改通信协议非法控制设备，扰乱正常业务流程。

2. 视频数据安全威胁

针对视频数据的安全威胁主要包括视频数据篡改和视频数据窃取两类。

1）视频数据篡改

由于视频数据采用明文传输且编码方式具有标准化特征，因此攻击者可通过伪造相同编码格式视频数据替换原有采集视频数据，导致视频数据被篡改。

2）视频数据窃取

视频在传输过程中采用网络旁路或通过非法途径从后台下载的方式截获视频数据。

3. 视频加密产品部署方案

针对视频监控领域暴露的安全威胁，需要综合运用密码技术、数字身份认证技术和可信计算技术，从系统层面制定安全解决方案，保障视频数据在采集、传输、存储、查看等各个环节的安全，从而构建安全的视频监控系统。

视频加密产品部署方案一：加密客户端+解密服务器，如图10-1所示。

该方案通过加密客户端对摄像机采集的音视频数据流进行加密，确保传输过程中的音视频数据为加密状态，然后在解密服务器中对音视频数据流进行解密，并将解密后的数据传送到NVR。

视频加密产品部署方案二：国密摄像机+国密NVR，如图10-2所示。

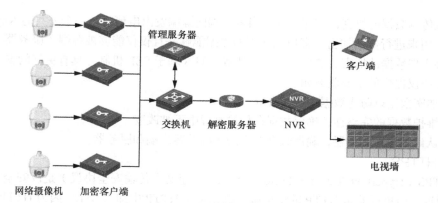

图 10-1　加密客户端 + 解密服务器

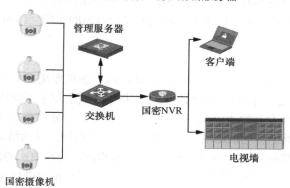

图 10-2　国密摄像机 + 国密 NVR

　　该方案通过专用的国密摄像机对音视频数据进行采集，这样就能确保采集的音视频数据及传输过程中的音视频数据均为加密数据，然后通过国密 NVR 在存储端对音视频数据流进行解密。

　　两个方案的对比如下。

　　方案一的优点是，对于现有监控系统，由于加密客户端和解密服务器都是"透明"的，因此对现有监控系统改动较小，适合比较稳定或者规模较大的监控系统。

　　方案二需要对现有监控设备进行更换，如摄像机和 NVR。因此，方案二比较适合新建或者规模较小的监控系统。

　　当然，在实际应用中，也可能会采用其他方案，如"加密摄像机 + 解密服务器"的搭配方式，但基本上都采用先加密后解密的模式，一切视客户的需求和实际应用场景而定。

10.3　传输安全

　　网络摄像机的数据安全保护通常有 3 种方式——IP 过滤方式、用户名/密码方式及数据加密方式。网络摄像机一般提供多级用户管理机制和 IP 过滤机制，不同级别的用户（IP 地址）拥有不同的访问权限。这种机制满足了分布式网络监控系统的安全和高效管理要求。网络摄像机的数据加密方式如下。

1. SSL/TLS

SSL（Secure Socket Layer，安全套接字层）采用加密源端（服务器）及客户端数据的方式以保证传输数据的机密性和完整性。当客户端向源端发出申请时，一个公共的 Key 发送到客户端，用来进行数据加密，客户端加密的数据能够并且仅仅能够被源端（服务器）解密。SSL 能够实现数据的加密、防篡改、防伪造等。TLS 基于 SSL 机制并具有更好的安全保证。

SSL 协议提供的主要服务如下。

➢ 加密数据以防止数据中途被窃取。

➢ 维护数据的完整性，确保数据在传输过程中不被改变。

➢ 认证用户和服务器，确保数据发送到正确的客户端和服务器。

2. HTTPS

HTTPS（Hypertext Transfer Protocol Secure，超文本传输安全协议）是以安全为目标的 HTTP 通道，简单说就是 HTTP 的安全版。也就是在 HTTP 中加入 SSL。因为 HTTPS 的安全基础是 SSL，所以加密内容时需要用到 SSL。这个最初由网景公司研发的系统提供了身份验证与加密通信方法，现在它被广泛用于互联网上安全敏感的通信，例如交易支付。HTTPS 的架构如图 10-3 所示。

3. IPSec VPN

顾名思义，可以将 VPN（Virtual Private Network，虚拟专用网络）理解成虚拟的企业内部专线。VPN 可以通过特殊加密的通信协议，连接互联网上位于不同地方的两个或多个企业内部网，从而建立一个专有的通信线路，这就好比架设了一条专线，但是并不需要真正去铺设光缆之类的物理线路。一句话总结，即 VPN 的核心是利用公共网络建立虚拟专用网。

需要说明的是，IPSec VPN 和 SSL VPN 是目前远程用户访问内网的两种主要 VPN 隧道加密技术。IPSec 和 SSL 是两种不同的加密协议，都可以对数据包进行加密保护，防止传输过程中黑客劫持数据。但是二者加密的位置不一样。

IPSec VPN 工作在网络层，即把原始数据包网络层及以上的内容进行封装；SSL VPN 工作在传输层，封装的是应用信息。通过图 10-4 中的对比可以看出，SSL VPN 能对应用做到精细化管控，可以保护具体的应用。

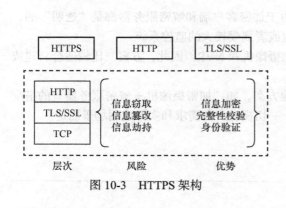

图 10-3　HTTPS 架构

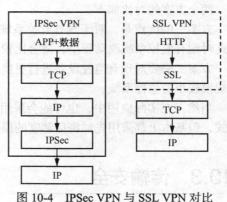

图 10-4　IPSec VPN 与 SSL VPN 对比

10.4　数据安全

数据安全管理是指依据国家、行业相关法规制度，制定合理、科学的数据安全分级标准，并通过数据授权访问机制规范数据的存储和使用。数据安全管理的工作目标是保证业务数据使用的安全性和合规性。

数据安全管理应用设计如图 10-5 所示。

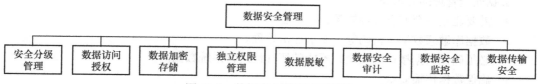

图 10-5　数据安全管理应用设计

1. 安全分级管理

根据一系列的数据安全分级标准和政策，定义数据安全级别，为数据应用以及数据管理中实施数据安全保护和访问提供数据安全控制的基础。

2. 数据访问授权

定义用户所属的角色或者功能，明确各类用户能够访问的数据范围，并按照角色或功能指定可以访问的数据对象。结合 LDAP（Lightweight Directory Access Protocol，轻量目录访问协议）和双因素等方式，建立统一认证体系，将所有用户认证取值交由统一认证体系完成。

3. 数据加密存储

1）数据完整性

数据完整性的基本要求如下。

➤ 能够检测到在传输过程中重要用户数据的完整性受到破坏。

➤ 能够检测到在传输过程中鉴别信息和重要业务数据的完整性受到破坏。

➤ 能够检测到在传输过程中系统管理数据、鉴别信息和重要业务数据的完整性受到破坏，并在检测到完整性错误时采取必要的恢复措施。

➤ 能够检测到在存储过程中系统管理数据、鉴别信息和重要业务数据的完整性受到破坏，并在检测到完整性错误时采取必要的恢复措施。

数据完整性的实现方式如下。

➤ 通过 Hash 校验方法确保数据的完整性。

➤ 若传输过程中的数据完整性受到破坏，则采取数据重传的机制。

➤ 对于存储的数据采取多备份的方式，防止单一数据损坏导致的潜在损失。

2）数据保密性

数据保密性的基本要求如下。

➤ 采用加密或其他保护措施实现鉴别信息的存储保密性。

➤ 采用加密或其他有效措施实现系统管理数据、鉴别信息和重要业务数据的传输保密性。

➤ 采用加密或其他保护措施实现系统管理数据、鉴别信息和重要业务数据的存储保密性。

数据保密性的实现方式如下。

➤ 无论在身份验证阶段还是数据传输阶段都使用加密的形式传输数据，通常使用 SSL 或 TLS 等方式，也可以使用 VPN 或专用协议传输。

➤ 对存储的重要数据需要采取加密手段进行保存。

➤ 对于本身就是加密方式存储和使用的数据，可以适当降低对传输过程中加密的要求。

数据保密性的部署方式如下。

➤ 通过依托用户的 CA、VPN 方式实现。

> 通过采用支持国密标准方式的本地存储实现。

3）安全管理

数据安全管理的要求如下。

> 需要建立一套安全管理体系、规章制度。
> 数据库敏感数据（密码等）要求加密处理。
> 必须确保数据接口的安全，不能破坏其他运营系统数据。
> 确保数据传输安全。

4. 独立权限管理

实现基于密文的增强访问权限控制，防止 DBA 及高权限用户对敏感数据进行访问。所有数据库用户想访问密文数据，必须经过密文授权。

5. 数据脱敏

为确保互联网服务区的数据安全和应用安全，系统支持数据脱敏处理。要求制定敏感数据范围，确定敏感数据使用规则，标识敏感数据表和字段，对数据表和字段设置加密、脱敏方法，执行脱敏操作，通过脱敏应用实现数据脱敏，并评估脱敏情况和效果。

1）脱敏原则

数据脱敏不但要执行数据漂白，而且在脱敏后需要保持数据特征，保证开发、测试、培训以及大数据利用类业务不会受到脱敏的影响，达成脱敏前后的一致性。

> 保持数据特征：数据脱敏前后必须保持数据特征，例如身份证号码由 17 位数字本体码和 1 位校验码组成，分别为区域地址码（6 位）、出生日期（8 位）、顺序码（3 位）和校验码（1 位）。身份证号码脱敏规则是，脱敏后保持身份证号码的特征信息。
> 保持数据之间的一致性：在不同业务中，数据和数据之间具有一定的关联性。例如出生年月字段或者年龄字段和出生日期之间的关系。身份证信息脱敏后需要保证出生年月字段和身份证出生日期之间的一致性。
> 保持业务规则的关联性：保持数据业务规则不变是指数据脱敏时数据关联性及业务语义等保持不变，其中数据关联性包括主外键关联性、关联字段的业务语义关联性等。特别是高度敏感的账户类主体数据往往会贯穿主体的所有关系和行为信息，需要保证所有相关主体信息的一致性。
> 保持多次脱敏之间的数据一致性：相同的数据进行多次脱敏，或者在不同的测试系统中进行脱敏，需要保证每次脱敏的数据保持一致性。保证多次脱敏的一致性方可保障业务系统数据变更的持续一致性及广义业务的持续一致性。

2）脱敏策略

设计多种数据脱敏策略，支持不同数据脱敏需求。

> 数据替换：以固定的虚构值替换真值，例如，手机号码统一变更为 13800000001。
> 无效化：通过截断、加密、隐藏等方式，使敏感数据脱敏，不再具有利用价值，例如，以******代替真值。
> 随机化：采用随机数据代替真值，保持替换值的随机性以支持样本的真实性。
> 偏移和取整：通过随机移位改变数字数据，例如，将日期 20221231 12：35：40 替换为 20221231 12：00：00，偏移取整在保持数据安全性的同时保证了范围的大致真实性，此项功能在大数据利用环境中具有重大价值。
> 掩码屏蔽：用于针对账户类数据的部分信息进行脱敏。
> 灵活编码：在需要特殊脱敏规则时，可执行灵活编码以满足所有可能的脱敏规则。

3）敏感数据标识

系统结合敏感数据范围，自动标识敏感数据表和字段，标识数据依据敏感数据使用规则限制数据表和字段的用户操作、查看、使用权限，提供全方位数据脱敏和用户行为审计应用安全能力。

4）脱敏情况和效果评估

系统支持对数据表、字段的脱敏情况进行评估，用户可根据评估情况对数据脱敏规则、方式进行调整校正，确保互联网服务区的数据安全和应用安全。

6. 数据安全审计

提供访问记录追踪处理，系统具有安全审计功能。通过安全审计员对分布在系统各个组成部分的安全审计机制进行集中管理，包括：根据安全审计策略对审计记录进行分类；提供按时间段开启和关闭相应类型的安全审计机制；对各类审计记录进行存储、管理和查询等；对安全审计员进行严格的身份鉴别，并只允许其通过特定的命令或界面进行安全审计操作。

集中审计具体的内容如下。

1）日志监视

实时监视接收到的事件的状况，如最近日志列表、系统风险状况等；监控事件状况的同时也可以监控设备运行参数，以配合确定设备及网络的状态；日志监视支持以图形化方式实时监控日志流量、系统风险等变化趋势。

2）日志管理

日志管理实现对多种日志格式的统一管理。通过 SNMP、SYSLOG 或者其他的日志接口采集管理对象的日志信息，转换为统一的日志格式，再统一管理、分析、告警；自动完成日志数据的格式解析和分类；提供日志数据的存储、备份、恢复、删除、导入和导出操作等功能。日志管理支持分布式日志级联管理，下级管理中心的日志数据可以发送给上级管理中心以便集中管理。

3）审计分析

集中审计可综合各种安全设备的安全事件，以统一的审计结果向用户提供可定制的报表，全面反映网络安全总体状况，重点突出，简单易懂。

系统支持对包过滤日志、代理日志、入侵攻击事件、病毒入侵事件等十几种日志进行统计分析并生成分析报表；支持按照设备运行状况、设备管理操作对安全设备管理信息进行统计分析；支持基于多种条件的统计分析，包括对访问流量、入侵攻击、邮件过滤日志、源地址、用户对网络访问控制日志等进行操作。对于入侵攻击日志，可按照入侵攻击事件、源地址、被攻击主机进行统计分析，生成各类趋势分析图表。

系统可以生成多种形式的审计报表，报表支持表格和多种图形表现形式；用户可以通过 Web 浏览器访问报表，导出审计结果。可设定定时生成日志统计报表，并自动保存以备审阅或自动通过电子邮件发送给指定收件人，实现对安全审计的流程化处理。

7. 数据安全监控

根据安全分级授权访问清单对执行情况进行严格监控，定期出具安全检查报告。

8. 数据传输安全

系统确保数据在传输阶段处于有效保护和合法利用的状态，以及具备保障持续安全状态的能力。这包括对数据进行加密，保护传输的数据安全；利用身份鉴别技术确认传输节点身份，保证传输的节点安全；使用成熟的安全传输协议，保证传输的通道安全。

10.5　网络安全等保测评

《中华人民共和国网络安全法》(以下简称《网络安全法》)的第二十一条明确了国家实行网络安全等级保护制度。《网络安全法》的正式实施标志着网络安全等级保护进入一个新的时期,俗称"网络安全等级保护2.0"时期。为了更好地推动新形势下的网络安全等级保护工作,需要进一步调整和完善等级保护的法律法规体系和技术标准体系。

2019年5月13日,国家标准化委员会正式发布了网络安全等级保护2.0国家标准体系中的3个标准,分别是《网络安全等级保护基本要求》(GB/T 22239—2019)、《网络安全等级保护测评要求》(GB/T 28448—2019)和《网络安全等级保护安全设计技术要求》(GB/T 25070—2019)。这3个标准是指导用户开展网络安全等级保护建设整改、等级测评等工作的核心标准。对这些标准的正确理解和使用,是顺利开展网络安全等级保护工作的前提。

10.5.1　等级保护工作流程

《网络安全等级保护基本要求》规定网络安全等级保护工作包括定级、备案、建设整改、等级测评和监督检查5个流程,如图10-6所示。

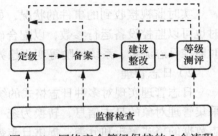

图 10-6　网络安全等级保护的 5 个流程

1. 定级

等级保护对象根据其在国家安全、经济建设、社会生活中的重要程度,遭到破坏后对国家安全、社会秩序、公共利益及公民、法人和其他组织的合法权益的危害程度等,由低到高被划分为 5 个安全保护等级,如表10-1所示。

表 10-1　安全保护等级

等级	对象	侵害客体	侵害程度	监管程度
一级	一般系统	合法权益	损害	自主保护级
二级	一般系统	合法权益	严重损害	指导保护级
		社会秩序和公共利益	损害	
三级	重要系统	社会秩序和公共利益	严重损害	监督保护级
		国家安全	损害	
四级	重要系统	社会秩序和公共利益	特别严重损害	强制保护级
		国家安全	严重损害	
五级	极端重要系统	国家安全	特别严重损害	专控保护级

简单来说,定级主要参考行业要求和业务的发展体量,例如,普通的门户网站定为二级已经足够,而存储较多敏感信息的系统,例如系统中保存了用户的身份信息、通信信息、住址信息等,则需要定为三级。对拟定为二级以上的网络,其运营者应当组织专家评审;有行业主管部门的,应当在评审后报请主管部门核准。跨省或者全国统一联网运行的网络由行业主管部门统一拟定安全保护等级,统一组织定级评审。总体来说,定级满足就高不就低的原则,如表10-2所示。

表 10-2　定级参考

等级	系统定级参考
一级	适用于小型私企、个体企业、中小学、乡镇所属信息系统、县级单位中一般的信息系统
二级	适用于县级某些单位中重要的信息系统；地市级以上国家机关、企事业单位内部一般的信息系统。例如非涉及工作秘密、商业秘密、敏感信息的办公系统和管理系统等
三级	一般适用于地市级以上国家机关、企事业单位内部重要的信息系统，例如省级门户网站和地市级及以上重要的业务网站需要定为三级，地市级及以上内部涉及工作秘密、敏感信息、重要信息的办公系统、管理系统需要定为三级，跨省用于生产、调度、管理、指挥等省、市的分支系统需要定为三级，跨省联接的网络系统需要定为三级（一般是指全国运营的专网系统）
四级	一般适用于国家重要领域、部门中涉及国计民生、国家利益、国家安全、影响社会稳定的核心系统。例如电力生产控制系统、银行核心业务系统、电信核心网络、铁路客票系统、列车指挥调度系统等
五级	一般适用于国家重要领域的信息系统，这类系统在受到破坏后，会对国家安全造成特别严重的损害

2. 备案

对拟定为二级及以上的网络，应当在网络的安全保护等级确定后 10 个工作日内，到县级以上公安机关备案。二级及以上需要提交的备案材料有定级报告、备案表等，三级及以上需要提供组织架构、拓扑、系统安全方案、系统设备列表及销售许可证等。因网络撤销或变更调整安全保护等级的，应当在 10 个工作日内向原受理备案公安机关办理备案撤销或变更手续。

3. 建设整改

在确定等级保护对象的安全保护等级后，应根据不同对象的安全保护等级完成安全建设或安全整改工作。对于建设整改，网络安全防护技术是其基础，提高管理水平、规范网络安全防护行为是其关键，良好的运维与监控也为其提供有力的支持保障。对于二级及以上级别要求，应定期进行等级测评，发现不符合相应等级保护标准要求的要及时整改。

4. 等级测评

等级测评主要涉及两方面的评估：一方面是技术上的评估，例如安全能力是否达标、网络架构是否合规；另一方面是管理上的评估，例如管理制度和人员的培训是否到位等。网络安全等级保护 2.0 要求二级及以上级别的企业应在发生重大变更或级别发生变化时进行等级测评，确保测评机构的选择符合国家有关规定。

5. 监督检查

监督检查贯穿等级保护的全部方面，从定级到备案，从备案到建设整改，从建设整改到等级测评，都离不开监督检查的贯彻与实施。对于二级及以上等级，应定期进行常规安全检查，检查内容包括系统日常运行、系统漏洞和数据备份等情况。

10.5.2　等级保护安全要求

《网络安全等级保护基本要求》规定了一级到四级等级保护对象的安全要求，每个级别的安全要求均由安全通用要求和安全扩展要求构成。

安全通用要求针对共性化保护需求提出，无论等级保护对象以何种形式出现，都需要根据安全保护等级实现相应级别的安全通用要求。安全扩展要求针对个性化保护需求提出，等级保护对象需要根据安全保护等级、使用的特定技术或特定的应用场景实现安全扩展要求。等级保护对象的安全保护需要同时落实安全通用要求和安全扩展要求提出的措施。

1. 安全通用要求

安全通用要求细分为技术要求和管理要求：技术要求包括安全物理环境、安全通信网络、安全区域边界、安全计算环境和安全管理中心；管理要求包括安全管理制度、安全管理机构、安全管理人员、安全建设管理和安全运维管理。两者合计 10 类，如图 10-7 所示。

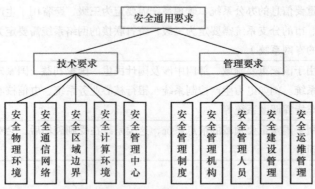

图 10-7　安全通用要求框架结构

1）安全物理环境

安全物理环境是针对物理机房提出的安全控制要求。主要对象为物理环境、物理设备和物理设施等，涉及的安全控制点如表 10-3 所示。

表 10-3　安全物理环境控制点/要求项的逐级变化

序号	控制点	一级	二级	三级	四级
1	物理位置的选择	0	2	2	2
2	物理访问控制	1	1	1	2
3	防盗窃和防破坏	1	2	3	3
4	防雷击	1	1	2	2
5	防火	1	2	3	3
6	防水和防潮	1	2	3	3
7	防静电	0	1	2	2
8	温湿度控制	1	1	1	1
9	电力供应	1	2	3	4
10	电磁防护	0	1	2	2

2）安全通信网络

安全通信网络是针对通信网络提出的安全控制要求。主要对象为广域网、城域网和局域网等，涉及的安全控制点包括网络架构、通信传输和可信验证。

3）安全区域边界

安全区域边界是针对网络边界提出的安全控制要求。主要对象为系统边界和区域边界等，涉及的安全控制点包括边界防护、访问控制、入侵防范、恶意代码防范、安全审计和可信验证。

4）安全计算环境

安全计算环境是针对边界内部提出的安全控制要求。主要对象为边界内部的所有对象，包括网络设备、安全设备、服务器设备、终端设备、应用系统、数据对象和其他设备等，涉及的安全控制点包括身份鉴别、访问控制、安全审计、入侵防范、恶意代码防范、可信验证、数据完整性、数据保密性、数据备份与恢复、剩余信息保护和个人信息保护。

5）安全管理中心

安全管理中心是针对整个系统提出的安全管理方面的技术控制要求。通过技术手段实现集中管理，涉及的安全控制点包括系统管理、审计管理、安全管理和集中管控。

6）安全管理制度

安全管理制度是针对整个管理制度体系提出的安全控制要求。涉及的安全控制点包括安全策略、管理制度的制定和发布以及评审和修订。

7）安全管理机构

安全管理机构是针对整个管理组织架构提出的安全控制要求。涉及的安全控制点包括岗位设置、人员配备、授权和审批、沟通和合作以及审核和检查。

8）安全管理人员

安全管理人员是针对人员管理提出的安全控制要求。涉及的安全控制点包括人员录用、人员离岗、安全意识教育和培训以及外部人员访问管理。

9）安全建设管理

安全建设管理是针对安全建设过程提出的安全控制要求。涉及的安全控制点包括定级和备案、安全方案设计、安全产品采购和使用、自行软件开发、外包软件开发、工程实施、测试验收、系统交付、等级测评和服务供应商管理。

10）安全运维管理

安全运维管理是针对安全运维过程提出的安全控制要求。涉及的安全控制点包括环境管理、资产管理、介质管理、设备维护管理、漏洞和风险管理、网络和系统安全管理、恶意代码防范管理、配置管理、密码管理、变更管理、备份与恢复管理、安全事件处置、应急预案管理和外包运维管理。

2. 安全扩展要求

安全扩展要求是采用特定技术或特定应用场景下的等级保护对象需要增加实现的安全要求。《网络安全等级保护基本要求》提出的安全扩展要求包括云计算安全扩展要求、移动互联安全扩展要求、物联网安全扩展要求和工业控制系统安全扩展要求。

1）云计算安全扩展要求

云计算安全扩展要求是针对云计算平台提出的安全通用要求之外需要实现的安全要求。云计算安全扩展要求涉及的控制点包括基础设施位置、网络架构、网络边界的访问控制、网络边界的入侵防范、网络边界的安全审计、集中管控、计算环境的身份鉴别、计算环境的访问控制、计算环境的入侵防范、镜像和快照保护、数据安全性、数据备份恢复、剩余信息保护、云服务提供商选择、供应链管理和云计算环境管理。

2）移动互联安全扩展要求

移动互联安全扩展要求是针对移动终端、移动应用和无线网络提出的特殊安全要求，它们与安全通用要求一起构成针对采用移动互联技术的等级保护对象的完整安全要求。移动互联安全扩展要求涉及的控制点如表10-4所示。

表 10-4　移动互联安全扩展要求控制点/要求项的逐级变化

序号	控制点	一级	二级	三级	四级
1	无线接入点的物理位置	1	1	1	1
2	无线和有线网络之间的边界防护	1	1	1	1
3	无线和有线网络之间的访问控制	1	1	1	1
4	无线和有线网络之间的入侵防范	0	5	6	6
5	移动终端管控	0	0	2	3
6	移动应用管控	1	2	3	4
7	移动应用软件采购	1	2	2	2
8	移动应用软件开发	0	2	2	2
9	配置管理	0	0	1	1

3）物联网安全扩展要求

对物联网的安全防护应包括感知层、网络传输层和应用层。由于网络传输层和应用层通常由计算机设备构成，因此这两部分按照安全通用要求提出的要求进行保护。物联网安全扩展要求是针对感知层提出的特殊安全要求，它们与安全通用要求一起构成针对物联网的完整安全要求。

物联网安全扩展要求涉及的控制点如表 10-5 所示。

表 10-5　物联网安全扩展要求控制点/要求项的逐级变化

序号	控制点	一级	二级	三级	四级
1	感知节点的物理防护	2	2	4	4
2	感知网的入侵防范	0	2	2	2
3	感知网的接入控制	1	1	1	1
4	感知节点设备安全	0	0	3	3
5	网关节点设备安全	0	0	4	4
6	抗数据重放	0	0	2	2
7	数据融合处理	0	0	1	2
8	感知节点的管理	1	2	3	3

4）工业控制系统安全扩展要求

工业控制系统通常是可用性要求较高的等级保护对象。工业控制系统是各种控制系统的总称，典型的如数据采集与监视控制系统、集散控制系统等。工业控制系统通常用于电力、水和污水处理、石油和天然气、化工、交通运输、制药、制浆和造纸、食品和饮料等行业。

工业控制系统从上到下一般分为 5 个层级，依次为企业资源层、生产管理层、过程监控层、现场控制层和现场设备层。不同层级的实时性要求有所不同，对工业控制系统的安全防护应包括各个层级。由于企业资源层、生产管理层和过程监控层通常由计算机设备构成，因此这些层级按照安全通用要求提出的要求进行保护。

工业控制系统安全扩展要求是针对现场控制层和现场设备层提出的特殊安全要求，它们与安全通用要求一起构成针对工业控制系统的完整安全要求。工业控制系统安全扩展要求涉及的控制点包括室外控制设备防护、网络架构、通信传输、访问控制、拨号使用控制、无线使用控制、控制设备安全、产品采购和使用以及外包软件开发。

第 11 章

物联网与安防监控

安防行业将安防监控系统与物联网技术结合起来，通过结合技防系统与人防手段，可以及时发现安全隐患、提升安全管理等级、节省人力和物力成本。新一代的智能安防系统已经开始把物联网及其产品与安防产品结合起来，从而达到安全防护的作用，使安防产品更加智能化。

本章主要对物联网技术与安防监控相结合的相关知识及应用场景进行简单介绍。

11.1 物联网相关政策法规

安防是物联网的重要应用领域，因为安全永远都是人们的基本需求。为此，我国发布的多部重要产业规划均鼓励、支持物联网在安防领域实现应用，使物联网在安防领域的应用层次逐步加深。

2016 年 12 月，《中国安防行业"十三五"（2016—2020 年）发展规划》提出，利用云计算、大数据、物联网等技术日渐成熟的契机，与安防"采传存显控"的技术融合，形成以云平台为方向的一体化技术体系，构建以多维感知集成与融合为基础的物联网应用技术，使物联网在安防系统得到广泛应用。2016 年 12 月，《关于印发"十三五"国家战略性新兴产业发展规划的通知》提出要发展多元化、个性化、定制化智能硬件和智能化系统，重点推进智能家居、智能汽车、智慧农业、智能安防、智慧健康、智能机器人、智能可穿戴设备等研发和产业化发展。

2017 年 12 月，《促进新一代人工智能产业发展三年行动计划（2018—2020 年）》提出，要支持智能传感、物联网、机器学习等技术在智能家居产品中的应用，发展智能安防、智能家具、智能照明、智能洁具等产品，建设一批智能家居测试评价、示范应用项目并推广。

2021 年 6 月 25 日，《中国安防行业"十四五"发展规划（2021—2025 年）》提出，通过"十四五"规划的编制和实施，推进行业更深层次的改革、更高水平的开放，努力实现安防产业更高质量、更有效率、更加公平、更可持续、更为安全的发展。

11.2 物联网技术特征

物联网（Internet of Things，IoT）是指通过各种信息传感器、RFID（Radio Frequency Identification，无线射频识别）技术、全球定位系统、红外感应器、激光扫描器等装置与技术，实时采集任何需要监控、连接、互动的物体或过程，采集其声、光、热、电、力学、化学、生物、位置等信息，通过各类可能的网络接入，实现物与物、物与人的泛在连接，实现对物品和过程的智能化感知、识别和管理。物联网是一个基于互联网、传统电信网等的信息承载体，它让所有能够被独立寻址的普通物理对象形成互联互通的网络。物联网具有感知技术应用广泛、信息互联、智能化处理、应用领域广泛等特点，如图11-1所示。

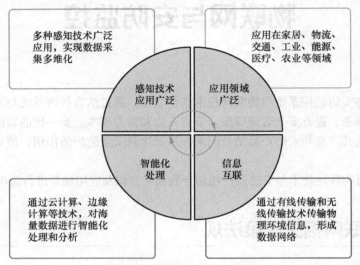

图11-1　物联网的特点

物联网大致可以分为感知层、网络层、平台层和应用层共4个层。物联网通用系统架构如图11-2所示。

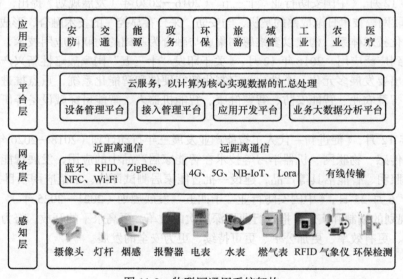

图11-2　物联网通用系统架构

物联网各层的具体内容如下。

➤ 感知层。感知层是物联网整体架构的基础，是物理世界和信息世界融合的重要一环。传感器、定位系统、RFID等感知技术在物联网感知层广泛应用，实现数据采集多维化。物联网按一定频率周期性地采集环境信息，不断更新数据，实现数据采集实时化。

> 网络层。网络层在整个物联网架构中起到承上启下的作用。通过有线传输和无线传输技术传输物理环境信息，形成数据网络，实现物与物、人与物之间的信息数据互联互通。

> 平台层。平台层是整个物联网架构的核心，它主要解决数据如何存储、如何检索、如何使用以及数据安全与隐私保护等问题。平台层负责把感知层收集的信息通过大数据、云计算等技术进行有效整合、智能化处理和分析，为人们应用到具体领域提供科学有效的指导。

> 应用层。物联网最终要应用到各个行业中，物体传输的信息在物联云平台处理后，挖掘出来的有价值的信息会被应用到实际生活和工作中，如智慧交通、智慧环保、智慧医疗、智慧农业等。

此外，物联网还需要信息安全、运维管理、服务质量管理等公共技术支撑，以采用现有标准为主。在各层之间，信息不是单向传递的，而是有交互、控制的，所传递的信息多种多样，其中最为关键的是围绕物品信息，完成海量数据采集、标识解析、传输、智能处理等环节，与各业务领域应用融合，完成各业务功能。因此，物联网的系统架构和标准体系是一个紧密关联的整体，引领了物联网的研究方向。

11.3 物联网与安防的应用场景

11.3.1 交通安防

交通安防是公共安全的重要组成部分，对车辆、行人、道路、路灯等交通要素进行有效监控是交通安防工作的关键点。物联网能通过 RFID、视频监控、有线传输、无线传输等技术，强化对交通环境的监控能力，当路面损坏、交通事故等情况发生时，物联网系统能快速将相关情况反馈至交通监管部门，有效降低突发情况对交通安全的负面影响。

RFID、视频监控等物联网技术在交通安防领域发挥着关键作用。

RFID 是一种可通过无线电信号识别特定目标并读写相关数据，而无须识别系统与特定目标之间建立机械或光学接触的通信技术。物联网系统可通过 RFID 技术实现电子车牌标识，加强对车辆的监控。在应用 RFID 技术的交通安防项目中，安装于车辆内的 RFID 电子车牌可作为车辆信息载体，当车辆经过装有 RFID 识读器的路段时，物联网系统通过 RFID 识读器与 RFID 电子车牌之间的射频信号传输快速获得车辆信息，车辆信息联通有助于强化车辆监管，当交通肇事、逃逸等情况发生时，物联网系统能帮助监管部门快速查找交通肇事人员，对其采取相应监管措施，如图 11-3 所示。

视频监控指利用各类摄像机对设防区域进行拍摄，并将图片、视频等数据进行存储和传输，实现实时监控设防区域。视频监控在交通安防领域具有高适用性，物联网系统通过各类摄像机对交通环境中的车辆、行人、道路、路灯进行拍摄和记录，并利用有线传输、无线传输技术将图片、视频等数据进一步传输，实现交通安防信息联通。现阶段，应用于视频监控的传输技术主要为有线传输技术，应用占比约为 80%。随着高速率、低时延、大连接量的 5G 技术逐步推广应用，无线传输技术在视频监控领域的应用占比将进一步提升。视频监控技术应用从以下两方面优化交通安防。

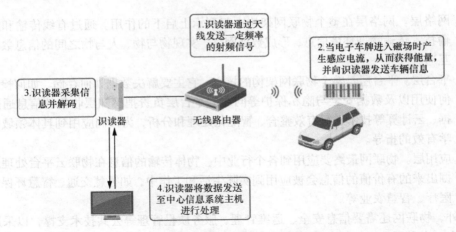

图 11-3　RFID 在交通安防领域的应用

> 提高交通事故处理效率。视频监控系统可通过安装于交通环境中的摄像机对道路上的车辆、行人进行实时监控，当交通事故发生时，视频监控系统可实时记录事故现场状况，包括车辆走向以及司机和行人样貌、动作等，交通监管部门可根据视频记录更快速、准确地判断事故归责，高效、及时地处理交通事故，有助于交通运输正常运行。

> 加强对危险因素的探测能力。对交通环境中的危险因素进行高效探测和排查是交通监管工作的重要环节，如危险化学品泄漏、货物超载、车辆超速等。

在视频监控系统帮助下，交通监管部门可实时监控交通状况，进一步加强对危险因素的探测，有效降低重大交通事故的发生概率。在计算机视觉、深度学习等人工智能技术赋能下，视频监控系统将逐步实现智能探测车辆内司机的面部表情，交通监管部门可根据系统的智能探测结果判断司机是否疲劳驾驶。视频监控系统智能化水平的日益提高有助于强化其对危险因素的探测能力，为交通安全提供更有力的保障。

11.3.2　家居安防

家居安防以维护家庭环境安全为核心，内容包括防范非法侵入、火灾警报等。物联网具有感知技术广泛应用以及物体信息互联互通的突出特点，可完成非法侵入探测、智能门锁与手机联通、烟感警报等家居安防任务，提升家居安防智能化水平，如图 11-4 所示。

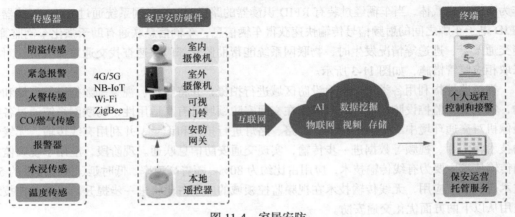

图 11-4　家居安防

智能门锁和智能烟感是物联网在家居安防领域的典型应用体现。

智能门锁指在传统机械锁基础上融合集成电路、计算机网络、生物识别等技术发展而成的智能化锁具。按识别载体的不同，智能门锁产品类型包括指纹锁、密码锁、感应锁。智能门锁对比如表 11-1 所示。

表 11-1　智能门锁对比

分类	简介	细分类型
指纹锁	以指纹为识别载体，指纹具有唯一性和不可复制性，指纹锁为安全级别最高的智能门锁	半导体指纹锁 光学指纹锁
密码锁	以密码为识别载体，输入方式为 12 位按键 6 位密码，通过输入密码控制电路或芯片工作，从而控制锁体机械部件的闭合	触屏键盘密码锁 物理键盘密码锁
感应锁	以感应卡为识别载体，由线路板上的单片机控制门锁电机的启闭	接触式感应锁 非接触式感应锁

相比传统机械锁，智能门锁能有效提高家居安防的安全性、智能性和便捷性。具体介绍如下。

➢ 安全性。智能门锁通过指纹、密码等验证才能开启，且锁体的中控部分处于门内，当外部信息采集部分被非法入侵者破坏时，智能门锁会发出警报，从而阻止非法入侵者对智能门锁中控部分继续进行破坏。此外，市面上的智能门锁产品多兼具指纹识别开启、密码开启等多验证开启功能。多重验证可进一步加强智能门锁的安全性。

➢ 智能性。智能门锁可通过 Wi-Fi、蓝牙、ZigBee、4G、NB-IoT 等通信技术与手机相连，当门锁被恶意破坏时，警报信息将自动发送至用户手机，警报信息的及时传达能有效降低非法入侵者对用户利益的侵害。

➢ 便捷性。使用智能门锁的用户无须携带钥匙，只须通过指纹、密码等验证即可开启房门，有效解决用户因忘带钥匙、丢失钥匙而无法开启房门的困扰。

智能门锁的用户包括家庭用户以及长租公寓运营商、民宿酒店等，其中，长租公寓为现阶段智能门锁的主要应用场景。在使用传统机械门锁的情况下，公寓管家面临诸多管理痛点，如需要携带多把钥匙进行房屋巡查、钥匙易丢失等，而智能门锁的应用可显著简化对海量分散房源的管理，公寓管家通过网络授权即可将房门开启密码传输至用户手机，无须亲自交付钥匙，进一步提升长租公寓的运营效率。

智能烟感指将物联网无线传输技术应用于烟感监测系统，实现远程火灾警报。在各类物联网无线传输技术中，NB-IoT 技术在智能烟感领域的应用推广步伐最快，其可有效改善传统烟感报警系统布线难、维护成本高、与多方责任主体交互能力差等问题，进一步提升智能烟感系统的智能化水平。相比传统烟感报警系统，NB-IoT 烟感报警系统在安装、维护、警情传送等方面实现优化，具体如下。

➢ 安装方面。传统烟感报警系统多为有线设计，布线难度大且工作量大，安装不方便；而 NB-IoT 烟感报警系统应用 NB-IoT 无线网络，无须布线，操作方便。

➢ 维护方面。传统烟感报警系统须通过人力检测设备故障，维护成本高；NB-IoT 烟感报警系统可自动上报设备故障、数据异常等状况，维护成本低。

➢ 警情传送方面。传统烟感报警系统常出现通知对象单一、报警处理不及时等问题；而 NB-IoT 烟感报警系统可通过探测器、移动端 APP、短信息、电话等多渠道报警，将报警、故障等信息及时传送至消防监督员、社区网格员、物业管理人员、微型消防站等消防安全责任主体，警情传送更及时、到位。

11.3.3　动环监控

通信基站动力与环境监控（简单动环）系统以物联网技术为基础，利用先进的计算机技术、控制技术、通信技术和传感器技术，将整个通信基站的各种动力、环境、安全设备子系统集成到一个统一的监控和管理平台上，通过一个统一的简单易用的图形用户界面，维护人员可以随时随地监控基站的任何一台设备，获取所需的实时和历史信息。

该系统为基站维护人员提供了先进的管理手段、实时的管理信息和丰富的历史记录，有效提升对基站系统设备的管理水平，实现科学管理，同时节省人力，减轻维护人员的劳动强度，增强对突发事件的快速反应能力，减少事故带来的危害和损失，从而使基站管理步入一个新的高度，也为基站无人或少人管理创造条件。

通信基站动力与环境监控系统采用二级架构模式，分为底端监控设备采集和中心数据处理，通过 IP 有线传输或者 4G/5G 无线传输实现中心监控系统和底端采集设备的通信，实现遥控、遥调、遥测、遥信、遥视"五遥"功能。通信基站动力与环境监控系统架构如图 11-5 所示。

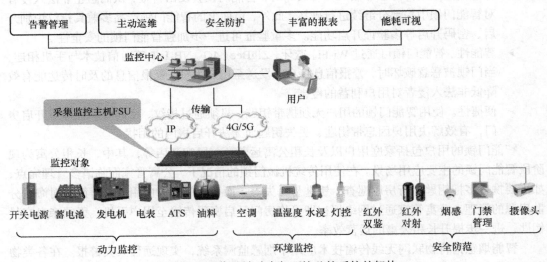

图 11-5　通信基站动力与环境监控系统的架构

通信基站动力与环境监控系统的功能如表 11-2 所示。

表 11-2　通信基站动力与环境监控系统的功能

监控类型	子系统及设备	功能
通信基站动力监控	三相电量仪	监测市电电压、电流、频率、功率、功率因数
	配电开关监测仪	监测配电开关状态
	UPS 监控	监测输入输出电压和电流，各部件运行状态
	蓄电池组监控	监测电池内阻、电压、温度、鼓包、充放电电流

监控类型	子系统及设备	功能
环境监控	温湿度监控	监测环境温度、湿度
	漏水检测	监测机房漏水情况
	普通空调监控	监测运行状态，包括回风温度、送风温度、空调模式、开关机状态、来电自启动等
	新风机监控	监测开关机运行状态及实现开关机启停控制
安防监控	门禁监控	监测基站人员进出记录
	消防监控	监测消防控制箱的干接点火警信号状态
	防雷监控	监测防雷器干接点报警状态
	视频监控	监测通过 Web 浏览器全面监测机房实时情况

11.3.4 地铁安防

轨道交通是城市公共交通系统的一个重要组成部分。近年来随着经济的发展，我国城市化和机动化步伐进入加速阶段，地铁迅速成为许多城市解决交通问题的首要选择。在地铁给市民带来交通便利的同时，对地铁运营安全也提出了更高的要求，作为流动性非常高、人员大量聚集的公共场所，各类设备机房巡检管理、机房环境管理、客流量激增、乘客乘车候车安全管理等问题随之而来。如何合理地组织地铁车站换乘客流、发挥地铁运输的潜力、提高站内人员的安全性、提高车站运营效率和运营管理的效益是地铁面临的新挑战。

地铁智能安防监控系统利用人工智能、大数据、视频分析、语音处理等多种新一代信息技术，提升传统车站管理系统的技术水平，全面降低人工服务强度和操作频次，部署智能服务设备，建设智慧车站管理系统，实现车站的自动化感知、智能化诊断、自动化运行、集成化展示、自主化服务、无人化作业等，增强城市地铁的优质服务能力、运营管理能力和提升系统的智能化水平，优化用户体验，减轻运营人员压力，如表 11-3 所示。

表 11-3　地铁智能安防监控系统的功能

分类	子类	功能
视频监控	客流统计	在出入口处的前端配置客流统计功能，并同步至平台端，可按秒、分、小时、日等为单位查询
	人脸布控	在站内的摄像机端配置人脸抓拍，平台端部署人脸布控功能，对不良行为人员、走失人员、逃票人员等进行查找
	人群密度分析	通过视频检测对自动购票机、安检等候区域、站台候车区域进行人数统计、人员密度图展示、人流报表生成和导出等，便于运营管理人员进行智慧管理
	扶梯异常行为监测	针对乘客乘坐扶梯摔倒、逆行等事件，通过视频分析技术进行分析，及时提醒站内管理人员，避免造成更大损失
	车站全景AR 监控	通过 180°全景画中画展示方式替代传统的多画面监控，让工作人员快速了解站内实时状况，便于工作人员进行客流管理
	视频巡检	通过在巡检点安装高清视频，及时掌握每个巡检点的状况，确定巡检人员的操作是否规范，提升巡检效率

续表

分类	子类	功能
动力与环境监控	动力与环境监测	针对机房场地的物理环境，配置相应的传感器，实现室内空气温湿度监测、漏水监测、机房烟雾监测、机房漏气监测，实现对机房场地影响设备运行的物理环境参数的全面实时监测与策略化告警
	设备监测	针对机房内的电机、蓄电池等设备进行监测，实现设备运行健康状态监测功能

1. 扶梯异常行为监测

通过前端高清网络摄像机，将视频信号传输到智能边缘网关，由智能边缘网关对视频中的人员行为进行实时算法分析。当扶梯上出现人员逆行、越界、跌倒、物体滞留、推婴儿车和拥挤行为等异常情况时，及时在地铁车控室的监控画面上给出弹窗和声光提示，提醒地铁相关工作人员前往处理，避免安全事故的发生。

2. 动力与环境监测异常

通过在环控电控室安装热成像摄像机，了解区域的正常工作温度以及周边材料的起火点温度，在起火点温度与正常工作温度之间取一个值作为热成像摄像机的报警阈值，监控区域内只要有温度超过阈值，热成像摄像机就会发送报警信号给软件平台，而软件平台则会将该报警信息通过联动声音、图像、短信息、电子邮件等方式第一时间发送给监管人员，以便监管人员尽早处理火情隐患。

第 12 章

安防监控工程规范

视频监控工程规范主要是系统的规划、安装、配置和维护工作过程中的操作准则。系统维护主要是发现并避免视频监控系统在运行过程中出现的隐患，满足用户在使用过程中提出的新功能要求和系统规模扩大带来的性能要求，最终目的是维护视频监控系统正常运行。本章主要介绍安防监控工程规范。

12.1　工程项目管理基础

项目是以某项独特的产品、服务或者成果进行的一次性努力，是用有限的资源和时间为特定用户完成特定目标的一次性工作。资源指完成项目所需要的人、财、物；时间指项目有明确的开始和结束时间；用户指提供资金、确定需求并拥有项目成果的组织和个人；目标指满足要求的产品、服务和成果。

视频监控工程项目管理的目标是运用现代化的管理技术，采用系统控制的方法，将各种资源经过管理由输入转换为输出，并排除各种干扰，实施动态管理，及时发现偏差、纠正偏差，从而达到项目限定的质量、时间（工期）、成本等要求，向用户提供质量优良的项目。

视频监控工程项目管理是一项难度较大的工作，它是高新技术在建筑领域应用的产物，主要特点是系统技术含量高、管理对象复杂，以及综合协调要求高。因此，项目管理要有一个系统的考虑和统筹安排，在时间和空间上对各种资源进行科学合理的综合利用，以保证项目的成功实施。

视频监控工程项目管理内容包括技术管理、施工管理、质量管理、系统测试和验收等多方面。

12.2　摄像机选型与部署

12.2.1　摄像机选项

围绕感知需求、布建场景和设备选型 3 个维度，按照"场景关联需求—需求确定设备—设备服务场景"的思路，构建以布建场景为基础、感知需求为核心、设备选型为支撑的前端感知设备布建规则。摄像机的布建逻辑关系如图 12-1 所示。

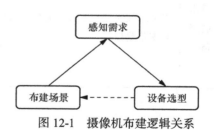

图 12-1　摄像机布建逻辑关系

参照《公共安全重点区域视频图像信息采集规范》（GB 37300—2018）等标准、规范文件的内容，并结合实际情况，前端监控点位摄像机选型建议如表 12-1 所示。

表 12-1　前端监控点位摄像机选型建议

监控区域	监控场景	监控需求及摄像机选型建议
重点单位出入口	党政机关驻地 民生重点单位，如电信、邮政、金融、大型旅游业单位、体育场馆、文体中心、学校、医院、自来水厂、供电企业、加油站、液化气站等 公共复杂场所，如汽车站、火车站、机场、码头、公交站场、大型停车场、大型商贸市场、大型专业市场、娱乐场所、宾（旅）馆、网吧等 重点社会单位，如事业单位、大中型企业、超市、便利店、餐饮店等 重点院落及小区、居住区	监控大门口大范围环境，一般采用高清网络球机。在夜晚光线不足的环境下，建议采用带红外功能的高清红外网络球机 大门口定点监控，一般采用高清网络枪机。在夜晚光线不足的环境下，推荐采用带低照度功能的高清网络枪机，或采用定点补光 建议在大门口大范围监控区域部署枪球联动智能跟踪系统。枪机负责全景拍摄，并对全景画面进行智能分析，识别运动的人、车、物；球机根据枪机识别的结果进行跟踪，并快速变焦，将人、车、物的细节拍摄清楚。这样可以覆盖非常广阔的区域，也不遗漏细节 另外，还可以部署人员卡口及车辆车口智能感知摄像机，识别运动的人、车、物
治安复杂区域	广场、景区、公园、步行街等治安复杂区域出入口	定点监控出入口进出的人员、车辆，一般采用高清网络枪机。在夜晚光线不足的环境下，推荐采用带低照度功能的高清网络枪机，或采用定点补光 建议在出入口大范围监控区域部署枪球联动智能跟踪系统。枪机负责全景拍摄，并对全景画面进行智能分析，识别运动的人、车、物；球机根据枪机识别的结果进行跟踪，并快速变焦，将人、车、物的细节拍摄清楚。这样可以覆盖非常广阔的区域，也不遗漏细节
	广场、景区、公园、步行街等治安复杂区域内部环境	监控内部大范围环境，一般采用高清网络球机。在夜晚光线不足的环境下，建议采用带红外功能的高清红外网络球机
城市道路路口	主干道交叉路口、次干道交叉路口、城区支路路口等	监控各个路口、人行道情况，一般采用高清网络球机。在夜晚光线不足的环境下，建议采用带红外功能的高清红外网络球机 路口定点监控，一般采用高清网络枪机。在夜晚光线不足的环境下，推荐采用带低照度功能的高清网络枪机（如星光级低照度），或采用定点补光

监控区域	监控场景	监控需求及摄像机选型建议
城市高架桥梁	高架桥、立交桥、过江（河）大桥等城市高架桥梁车道汇入处和上下桥处	监控桥上中间位置、车道汇入处的情况，一般采用高清网络球机。在夜晚光线不足的环境下，建议采用带红外功能的高清红外网络球机 定点监控上下桥处的情况，一般采用高清网络枪机。在夜晚光线不足的环境下，推荐采用带低照度功能的高清网络枪机，或采用定点补光
过街地下通道	过街地下通道出入口	定点监控过街地下通道出入口，一般采用高清网络枪机。在夜晚光线不足的环境下，推荐采用带低照度功能的高清网络枪机，或采用定点补光
	过街地下通道内部环境	定点监控过街地下通道内部，需要支持吊装方式的高清网络枪机或高清网络半球摄像机
过街人行天桥	过街人行天桥	定点监控天桥双向进出的人员，一般采用高清网络枪机。在夜晚光线不足的环境下，推荐采用带低照度功能的高清网络枪机，或采用定点补光
城市车辆通行隧道	城市车辆通行隧道出入口	定点监控隧道出入口（一般为逆光环境）情况，需要支持宽动态功能的高清网络枪机
	城市车辆通行隧道内部环境	定点监控隧道内部（一般属于强光环境）车辆，需要支持吊装方式的带强光抑制功能的高清网络枪机或高清网络半球摄像机
街道社区	街道社区出入口	监控出入口大范围环境，一般采用高清网络球机。在夜晚光线不足的环境下，建议采用带红外功能的高清红外网络球机
	街道社区内部交通路口	定点监控进出的人员、车辆，一般采用高清网络枪机。在夜晚光线不足的环境下，推荐采用带低照度功能的高清网络枪机，或采用定点补光
安防监控区域	安监部门重点监控区域（如加油站等）	生产区域大范围环境，监控安全生产情况，建议采用防爆高清红外网络球机

12.2.2 典型点位部署

1. "三站一场"主要区域

1）布设要求

前端感知设备布建应实现对"三站一场"（铁路车站、长途汽车站、地铁/公交站和民用机场）主要区域的视频全覆盖。

➢ 铁路车站主要区域：布建的前端感知设备应实现进出站出入口区域、重要通道、站前广场及站外周边区域人员聚集部位的视频全覆盖。

➤ 长途汽车站主要区域：布建的前端感知设备应实现进出站出入口区域、重要通道、车辆停放区域、站前广场及站外周边区域人员聚集部位的视频全覆盖。

➤ 地铁/公交站主要区域：布建的前端感知设备应实现进出站出入口区域/站台区域和周边一定范围公共区域的视频全覆盖。若单台前端感知设备无法完全对进出站出入口区域/站台区域进行覆盖，可增加多台设备以补充监控覆盖。

➤ 民用机场主要区域：布建的前端感知设备应实现出发层/到达层出入口区域、安检区以外开放区域、航站楼周边区域人员聚集部位的视频全覆盖。

2）前端设备推荐选型

推荐固定式多视角人像结构化摄像机、联动式多视角人像结构化摄像机、多向固定式人像结构化摄像机、固定式多视角目标结构化摄像机、全景双细节目标结构化摄像机、单目高清云台摄像机、多目拼接高清摄像机，以及电子围栏、ETC 天线等。

3）安装环境要求

人脸识别准确率受前端设备安装位置、现场光照（如过暗、过亮）等因素影响较大，为保证人脸抓拍单元采集效果，对环境要求的建议如下。

➤ 选择合适监控点的人员通道安装环境，以确保人员具有唯一的通行方向，抓拍到该方向上经过人员的正脸。

➤ 目标区域周围漫反射，无闪烁，光照不低于 100 lx，人脸区域光照均匀，无明显高光或反差，前端设备应避免强光直射或逆光安装，若须逆光安装，则应降低人脸区域对比度。如果现场的光线不满足上述任意一项要求，应通过遮挡光线或者补光的方法优化现场的光照条件。

人脸抓拍单元安装位置要求如下。

➤ 设备设在通道正前方，正面抓拍人脸，水平方向偏转角度应小于 10°，越小越好。

➤ 设备安装须具有一定俯视角度，避免一前一后人员经过通道时后方人脸被遮挡，垂直方向俯视角度为 10° ± 3°。

➤ 抓拍图像中要能辨清人脸细节，要求人脸覆盖的像素大于 120 像素。针对 200 像素的摄像机，要求人脸检测位置的实际宽度小于或等于 2.5 m；针对 600 万像素的摄像机，要求人脸检测位置的实际宽度小于或等于 4.2 m。

➤ 人脸抓拍单元镜头至人员通道出入口中间空旷、无遮挡。

2. 临山、临水域涉险公共区域

1）布设要求

布建的前端感知设备应实现临山、临水域涉险公共区域的视频全覆盖。

➤ 林区出入山口：在林区出入山口及周界布建前端感知设备，采集车辆、人员等相关信息，同时应在尽量排除动物及其他因素干扰的前提下，实现人形目标入侵事件的检测并告警。

➤ 临山林区周界：布建具有入侵事件检测能力的前端感知设备，及时检测入侵事件并告警。针对重要区域周界，宜相隔 100～200 m 安装一处，可结合实际地形地貌进行增补。

➤ 临山林区制高点：借助山体、铁塔或者周边高层建筑楼顶，在林区周边区域制高点布建摄像机，实现大范围视频覆盖。

➤ 临山空域（无人机采集）：采用无人机前端感知设备对林区快速巡查和视频回传，实现对林区范围大范围视频覆盖。

> 水域沿岸重要出入口：在进入水域沿岸的重要出入口部位布建前端感知设备，采集视频图像、车辆、人员等相关信息。
> 水域沿岸周界：布建具有入侵事件检测能力的前端感知设备，及时检测入侵事件并告警。针对重要区域周界，宜相隔100 m安装一处，可结合实际地形地貌进行增补。
> 水域周边制高点：借助山体、铁塔、高层建筑制高点，在水域沿岸周边和内河航道周边的制高点布建摄像机，实现大范围视频覆盖。

2）前端设备推荐选型

推荐固定式多视角人像结构化摄像机、联动式多视角人像结构化摄像机、多向固定式人像结构化摄像机、固定式多视角目标结构化摄像机、全景双细节目标结构化摄像机、高清球摄像机，以及热成像球摄像机、热成像云台摄像机、多目拼接高清摄像机、高清球摄像机和高清枪型摄像机。

3. 城市道路路口

1）主干道交叉路口点位部署

在主干道交叉路口部署高清网络球机，可控制云台镜头进行变焦和转动，查看路口附近人员、车辆的局部细节。同时针对每一条道路部署一台高清网络枪机，实现道路路口的定点监控。通过动静结合、合理部署，对路口起到全面监控的作用。

2）次干道交叉路口点位部署

在次干道交叉路口部署高清网络球机，可控制云台镜头进行变焦和转动，查看路口过往车辆及人行道过往行人的细节特征。

12.3　施工方案

12.3.1　室外摄像机安装质量规范

1. 球机摄像机支架安装质量规范

在安装球机摄像机支架时，采用3块条状圆弧钢板带，钢板与钢板用螺杆连接后固定于塔身，钢带上焊接槽钢水平支臂，支臂端部焊接钢板。将长壁状支架用螺栓固定在钢板上，将摄像机的电源线和其他数据线从支架安装调试口穿过，连接好球机后，将摄像机支架与摄像机连接处螺丝拧紧，固定好摄像机即可。

2. 云台摄像机支架安装质量规范

云台摄像机采用塔身加抱箍连接方式，将设备安装在支架顶部的法兰板上。

3. 云台、球机摄像机安装质量规范

1）云台摄像机安装要求

云台摄像机的安装要求如下。

> 云台安装使用过程中，必须严格遵守国家和使用地区的各项安全规定。
> 使用正规厂家提供的交、直流转换模块，具体要求要符合产品参数表。
> 在接线、拆装等操作时请一定要将云台电源断开，切勿带电操作。
> 在塔桅上安装时，将监控设备固定牢固。
> 为了避免热量积蓄，保持监控设备周边通风流畅。

> 摄像机加电后，如果出现冒烟现象，产生异味，或发出杂音，应立即关闭电源并将电源线拔掉，及时与设备厂家联系。
> 若摄像机带有激光功能，则严禁激光器近距离照射可燃性物体，否则可能会带来火灾隐患，安装时请务必保持一定的安全距离。
> 如果云台工作不正常，则联系设备厂家进行调试。
> 严禁未经建设单位认可，对设备进行私自拆卸或修改数据。

2）球机摄像机安装要求

球机摄像机的安装要求如下。

> 摄像机安装在监视目标附近不易受外界损伤的地方，安装位置不影响现场设备运行和人员正常活动。
> 室外环境下采用室外全天候防护罩，保证能在春夏秋冬、阴晴雨风各种天气下使用。
> 摄像机镜头应避免强光直射，保证摄像管靶面不受损伤。镜头视场内没有遮挡监视目标的物体。
> 摄像机镜头从光源方向对准监视目标，避免逆光安装；当需要逆光安装时，应降低监视区域的对比度。
> 摄像机的安装应牢靠、紧固。
> 在高压带电设备附近架设摄像机时，根据带电设备的要求，确定安全距离。
> 从摄像机引出的电缆宜留有 1 m 的余量，不得影响摄像机的转动。摄像机的电缆和电源线应固定，不用插头承受电缆的自重。
> 摄像机在安装时每个进线孔通过专业的防水胶或热熔胶做好防止水、水蒸气等流入的措施，以免对摄像机电路造成损坏。

12.3.2 杆塔安装质量规范

杆塔安装质量规范如下。

> 根据部位与要求选择摄像机安装方式。若采用立杆安装方式，除了特殊情况以外，摄像机离地面高度一般不低于 5000 mm，立杆下端管径应在（220±10）mm、上端管径应在（120±5）mm，管壁厚度应大于或等于 6 mm，挑臂长度应大于或等于 3000 mm，立杆应做灌注基础，基础深度应不小于 1500 mm，底部直径应不小于 1000 mm。
> 电源应有过流过压保护装置；重要监控点应配备备用电源，供电时间不低于 8 h；应具备接地防雷装置，防雷接地的电阻小于或等于 10 Ω。
> 现场开挖基座埋设坑时，应遵循尽量减小开挖面的原则。当基座坑挖好后，由施工单位进行现场浇筑。现场浇筑时，应严格按照混凝土（如 C20）的材料配比和配筋标准执行。安装（现浇）基座时应保证基座表面的水平，以利于杆体的安装。
> 混凝土基座应适当进行保养，保养期不得少于 15 天。
> 桅杆的垂直度不得大于 1/100。
> 横臂与主杆焊接牢固。主杆与箱体联结件焊接为一体，以固定箱体。
> 主杆内部预埋 PVC 管（如直径 16 mm），用于引入电源线，与底座预留出的子管相连。主杆出线孔到横臂之间预留一根穿线铁丝。
> 箱体与主杆之间应看不到任何引线，并有防渗水措施。维修孔上下共两个，方便穿线及维护。

- ➤ 表面处理：浸锌、喷塑。
- ➤ 杆体通过安装在基座内的螺栓（4根以上）固定在基座上，将杆体、接地体、基座完全安装固定以后，如果螺栓露出地面，使用混凝土将整个法兰盘和杆体底部的固定件完全包封。
- ➤ 立杆期间，现场施工人员应佩戴安全帽，并在杆长半径圆周范围内设定施工区域，设置警示装置，禁止旁观者进入施工区域。夜间施工时，现场施工人员除了佩戴安全帽以外更应穿戴反光衣，施工区域杆长半径圆周范围内拉设反光警示条带。

12.3.3 配电箱安装质量规范

配电箱安装质量规范如下。

- ➤ 电表箱安装于杆体，在杆体2.5 m处焊接电表箱固定支架，电表箱背部打孔，通过螺栓固定于支架上，安装位置应方便抄表人员抄表。
- ➤ 安装电能表时，应先压表尾上排螺丝，用手扯动表尾线无松动现象，再压下排螺丝。压线时用力不宜过大，以免伤线。
- ➤ 按线扒皮要适宜，以防螺丝压在线皮上并且金属线不应露出表尾，压坏的导线应更换。
- ➤ 三相电能表接地端按钮必须可靠接地线或接零线。必须安装尾盖，加装铅封。
- ➤ 电表箱进出线必须加装绝缘 PVC 套管。电表箱进线不应有破口或接头，套管上端应留有滴水弯，下端应进入电表箱内，以免雨水流入箱内。

12.4 安防行业国家标准规范

安防行业的国家标准比较多，主要包括《安全防范工程技术标准》（GB 50348—2018）、《公共安全视频监控联网信息安全技术要求》（GB 35114—2017）、《公共安全重点区域视频图像信息采集规范》（GB 37300—2018）、《公共安全视频监控联网系统信息传输、交换、控制技术要求》（GB/T 28181—2022）、《视频安防监控系统工程设计规范》（GB 50395—2007）、《安全防范系统验收规则》（GA 308—2001）、《综合布线系统工程设计规范》（GB 50311—2016）、《综合布线系统工程验收规范》（GB 50312—2016）等。这些国家标准严格规定了安防工程的设计、施工与验收规则，每个国家标准规范的内容都由一般性条款与强制性条款两部分组成，一般性条款可供施工参考，而强制性条款则必须严格执行，如有任何违反可作为监理否决的依据。

除了以上国家通用标准以外，某些重要行业还有单独的行业规范，如博物馆、银行业、地铁公交系统、民用机场等。相关的行业规范对人脸采集、人脸比对与识别、监控名单人脸库动态布控、常住静态人脸库检索服务、上下级的级联等要求做了相关定义。如果从事相关行业的安防工程建设，工程技术人员还必须熟悉相关行业的规范。

12.5 安防系统维护原则

视频监控系统需要全天候稳定运行并定期维护。如果摄像机出现故障，那么系统的使用人员可以通过现场无图像觉察到问题，但是，如果硬盘发生故障，若使用人员没有关注到告警信息，那么有可能在调取录像时发现重要的视频数据没有被记录。所以，科学地制定系统维护方案是保障视频监控系统长时间稳定运行的必要手段。

其中，日常维护是视频监控系统维护工作中最频繁、最基础的部分。日常维护要求维护人员按照既定的维护模板和方法，对视频监控系统的运行状态进行简单的检查。日常维护根据巡检时间可以分为以下3类。

- 每周检查。检查视频监控系统的运行情况，如实况点播、查询回放、数据存储等是否正常可用，并记录在案，如有问题及时联系相关技术人员。
- 每季检查。检查视频监控系统的管理平台设备，如视频管理服务器、数据管理服务器、媒体交换服务器等的参数是否正常。
- 每年检查。检查视频监控系统设备所处的环境，特别是室外终端设备的接地、防雷等是否完好，检查UPS是否正常工作，如有问题应及时修正。

除了例行检查以外，设备软件版本升级的目的是不仅解决视频监控系统运行过程中的隐患和故障，还能保证视频监控系统长时间稳定运行。因此，设备在升级时应严格遵循升级操作规范和步骤，以防止人为失误造成的故障。

视频监控系统的升级流程有如下要求。

- 检查软件版本。升级前按照版本配套表核对软件版本是否正确。
- 阅读升级说明。升级前仔细阅读软件附带的版本说明书，明确升级方法和升级注意事项。
- 检查升级环境。升级前复查升级环境，如网络连接、设备电源是否稳定，避免升级过程中出现断电或者断网导致升级失败。
- 数据和配置的备份。升级过程中最重要、必需的步骤是数据和配置的备份。升级前应进行异地备份系统的数据和配置，如在升级过程中发生意外，通过备份可以快速恢复系统环境。
- 软件版本升级。在完成上述操作后，应按相应方法升级设备软件版本，升级完成后检查系统各项业务是否正常可用。

第 13 章

智能物联行业案例

伴随着人工智能、物联网、4G/5G 通信技术的发展，尤其是高清网络摄像机的普及，视频监控在各行各业都得到了广泛应用，比较典型的行业应用包括智慧工地、智慧森林防火、智慧社区、雪亮工程等。

本章主要对智能物联的相关行业案例进行介绍。

13.1 智慧工地

13.1.1 项目背景

建筑业是我国国民经济的重要物质生产部门和支柱产业之一，在改善居住条件、完善基础设施、吸纳劳动力就业、推动经济增长等方面发挥着重要作用。与此同时，建筑业也是一个安全事故多发的高危行业。近年来，在国家、各级地方建委主管部门和行业主体的高度关注与共同努力下，建筑施工安全生产事故逐年减少，质量水平大幅提升，但不可否认，形势依然较为严峻，尤其是随着我国城市化进程的不断推进，建设工程规模也将继续扩大，建筑施工质量安全仍不可掉以轻心。如何加强施工现场安全管理、降低事故发生频率、杜绝各种违规操作和不文明施工、提高建筑工程质量，仍将是摆在各级建委部门、业界人士和广大学者面前的一项重要研究课题。

13.1.2 需求分析

1. 业务需求

针对目前安全监管和防范手段相对落后，全国建筑施工企业信息化水平仍较低，信息化尚未深度融入安全生产核心业务的现状，利用信息化对建筑施工安全生产进行"智能化"监管，帮助监管单位、开发商、业主、建筑企业获取工程现场人、机、料、法、环要素状态，促进工程实施安全、质量、成本、效率提升。

通过工地管理可视化系统，进一步落实企业安全监管责任，提高企业对工程现场的远程管理水平，加快企业对工程现场安全隐患处理的速度。以安全监管制度为核心，以物联网技术为手段，将智能科学技术与安全监管制度深度融合，成立综合性总公司—分公司—项目部/省—地市级管理机构，统一处置生产安全领域的各类事件，实现管理创新。

2. 职能部门的业务需求

职能部门的业务需求如下。

➤ 充分整合企业各个系统的数据信息，在大平台统一呈现，实现系统提升，提高职能部门监管范围。
➤ 提高管理效用，解决管理员配置不足和工地管理要求不断增多的问题。
➤ 实现实名制考勤，保障工人工资实签实发。
➤ GIS数字地图实时显示在建工程方位、在建工程的详细信息。
➤ 整合各类现场数据，并上报中心，对重要监测项目数据进行实时监控。
➤ 实现数据归档，在日常的监督和管理过程中，用计算机录入信息、保存日志并归档存储。

3. 施工单位的业务需求

施工单位的业务需求如下。
➤ 管理员远程统一管理分散的建筑工地，避免人力频繁到现场监管、检查，减少工地人员管理成本，提升工作效率。
➤ 通过视频监控系统及时了解工地现场施工实时情况、施工动态和进度，查看防范措施是否到位，特别是重点项目，应满足企业领导等多方实时了解项目大致情况的要求。
➤ 全面掌握工地现场人员分布状态信息，实现现场人员合理调度。随时查找人员位置并联络。
➤ 目前塔式起重机（简称塔吊）在安全监管上存在超载和违章作业等现象，企业对租赁的塔吊信息（如使用年限、维修状况等）缺乏了解；地面的风速与高处的差别很大，很难判断塔吊的合理使用时机。
➤ 监管建筑工地现场的建筑材料和建筑设备的财产安全，避免物品的丢失或失窃给企业造成损失。
➤ 实现劳务实名制管理，同时对出入工地的人员进行统计和权限控制。
➤ 防范外来人员的翻墙入侵、越界出逃、非法入侵危险区及仓库等场所，保证工地的财产和人身安全。
➤ 精细化管理作业人员的出勤情况和工作状态。

4. 系统需求

系统需求如下。
➤ 系统可用性。能通过监管平台实现工地集中化联网管理。
➤ 规范制度流程。能够实现工地现场的实时监控、数据回传、远程应急指挥等功能。
➤ 提升现场管理效率。早发现、早警示、早通知。
➤ 物料管理。获取物料数据，保障物料安全。
➤ 现场机械、车辆等管理。实现对塔吊等设备的状态监测和监督管理等功能。
➤ 环境管理。通过环境量监测监督管理工地环境。

13.1.3 系统架构

智慧工地的系统架构主要包括感知层、传输层、平台层、应用层和用户层，如图13-1所示。
➤ 感知层。将智能工地各类硬件设备与信息资源进行归纳抽象，屏蔽不同类产品的控制差别，并接入平台进行集成管理，用户可对系统中的设备及信息资源进行统一组织和调度，无须关注其具体位置和形态。感知层涉及的模块包括风速/温度传感器信息、摄像机监控信息、车辆信息、人员信息、告警信息、门禁接入、考勤信息、巡更信息等。

- ➢ 传输层。该层确保各类硬件设备与其他子系统之间能够保持稳定的信息交互关系，使采集信息可以快速传递到平台层，平台层所下达的操作指令也可以基于传输层进入感知层。另外，在传输层中也会设置临时备份系统，其作用是，如果网络传输内容出现了缺失或文件丢失，那么此时可以使用系统中的备份数据重新进行传输，从而提高传输数据的完整性与实用性。
- ➢ 平台层。进行多种应用接口的封装，包括 Web Service 接口、SIP 接口、HTTP 访问接口和 RTSP 访问接口等，便于应用层进行应用集成和用户定制配置，支持第三方业务应用系统的二次开发。为应用层提供基础服务、管理策略和方法手段，同时按照所需服务来管理、组织和调度各类设备和信息资源。
- ➢ 应用层。面向用户实际操作的客户端，是具体业务最终应用的展现窗口。通过组织业务模块可以支持不同的应用。
- ➢ 用户层。智慧工地各个子系统的现场视频数据、人员实名制考勤数据、人员/塔吊安全数据、车辆出入数据实时上传至系统。系统融合多方数据，告警联动抓拍、视频等信息并通知相关负责人。各级部门相关人员可以及时、准确地了解工地现场的状况，有效提升项目管理和现场管理的效率。

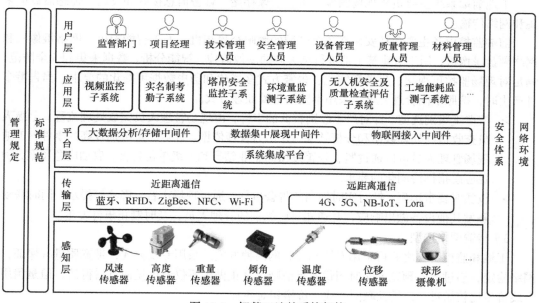

图 13-1　智慧工地的系统架构

13.1.4　功能介绍

1. 视频监控子系统

1）系统构成

智慧工地视频监控子系统的架构由前端施工现场、传输网络和监控中心 3 部分组成，如图 13-2 所示。

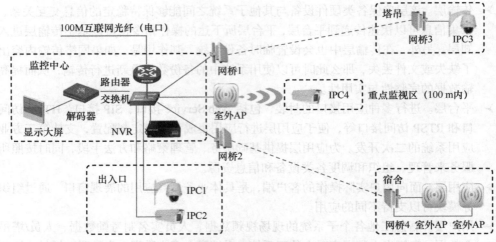

图 13-2　智慧工地视频监控子系统的架构

2）工地前端系统

工地前端系统主要负责现场图像采集、录像存储、告警信息接收和发送、传感器数据采集和网络传输。

前端监控设备主要包括安装在各个区域的鹰眼全景相机、人工智能相机、网络摄像机和网络硬盘录像机，用于对建筑工地进行全天候的图像监控、智能分析、数据采集和安全防范，满足对现场监控可视化、告警智能化、告警方式多样化和历史数据可查化的要求。当告警事件产生时，按照不同管理要求，采用不同的告警处理方式。

➢ 按严重级别选型。针对严重级别较低的事件，由现场管理人员完成处理流程。上级人员查收最终处理数据和分析结果，并作为管理依据。针对严重级别较高的事件，工地现场管理人员可以通过紧急告警按钮向企业领导和上级单位告警，启动应急预案，满足应急指挥协同化的要求。

➢ 按实时要求选型。针对实时性高的告警事件，通过现场声音、屏幕等提示，同时联动触发其他设备做出响应，并通知对应级别的管理人员，及时制止事件发生。

3）传输网络选型

工地和监控中心之间可采用专线和互联网两种方式。采用专线方式，带宽质量有保证，网络稳定，通过软件预览的实时图像效果清晰，真正做到不仅看得见而且看得清，但是租用专线价格比较昂贵；采用互联网方式，价格相对便宜。

工地现场的传输可以采用无线传输和有线传输两种方式。无线传输方式可以适应工地现场复杂的环境，这样可以避免因为网线的损坏而不能传输的问题。而有线传输方式的信号传输比较稳定，但是容易受现场环境限制，如塔吊的升级会对网线的长度有所要求。

4）监控中心

监控中心是视频监控子系统的核心所在，是执行日常监控、系统管理、应急指挥的场所。其内部署视频监控综合管理平台，包括数据库服务模块、管理服务模块、接入服务模块、告警服务模块、流媒体服务模块、存储管理服务模块、Web 服务模块等，它们共同形成数据运算处理中心，完成各种数据信息的交互，集管理、交换、处理、转发于一体，保障视频监控系统能稳定、可靠、安全运行。支持随时抽查全部视频监控资源，接收告警信息，查阅各类统计数据，实现管理的高度集中化，做到管控一体集中处理。

5）前端部署

前端网络摄像机是整个安全防范系统的原始信号源，主要负责各个监控点现场视频信号的采集，并将其传输给视频处理设备。可以结合实际监控需要，选择合适的产品和技术方法，保障视频监控的效果。

作为工地监控系统的视频源头，摄像机决定整套监控系统的效用。对摄像机的基本要求包括防水/防尘、易部署/易调试、图像满足不同光线不同视角选型、利用智能手段实现自动化监管。

按现场场景选用不同角度和清晰度的设备。如360°鹰眼设备兼顾工地全景和施工细节。全彩相机满足夜间监控要求。在四岔路口安装四目调节鹰眼。

利用智能分析技术提高监管效果。如出入口人车分离监管，材料区、危险区等特殊区域在特定时间自动告警。同时配合现场喊话附加功能，实现指挥调度。

2. 实名制考勤子系统

施工现场工人的实名制管理一直是施工企业的诉求。劳务实名制管理的优点包括：施工企业可以随时获取项目的总体用工数、每日用工数、相关工程单元的劳务班组数；结合实名考勤制度和实名企业管理制度，监督工人工资发放到位，杜绝劳务队伍拖欠工人工资的现象。实名制考勤实到实签，使总包对劳务分包人数、情况明细、人员对号，调配有序，实现劳务精细化管理。

实名制考勤看板包括实时考勤统计、考勤结果统计、人员出勤统计、工地出勤状况等模块。同时实名制考勤看板还可以支持工地视频预览、单位出勤人数实时统计、考勤在场人数趋势图统计等。

3. 塔吊安全监控子系统

塔吊对安全性能要求非常高，属于高处作业，在建筑施工中由塔吊引起的安全事故屡见不鲜。如何安全、高效地使用塔吊是行业内亟待解决的问题之一。塔吊运行的安全监控，无论是单塔吊的运行，还是大型工地多数量的塔吊群同步干涉作业，在施工中均需要注意防碰撞预警，这对于安全生产有着极其重要的意义。

塔吊安全监控子系统基于传感器技术、嵌入式技术、数据采集技术、数据融合处理、无线传感网络与远程数据通信技术，实现了开放式的实时监控，在对塔吊实现现场安全监控、运行记录和声光告警的同时，通过远程高速无线数据传输，将塔吊运行工况安全数据和告警信息实时发送到GIS可视化监控平台，并能在告警时自动触发手机短信息并向相关人员告警，从而实现实时动态的远程监控、远程告警和远程告知，使得塔吊安全监控成为开放的实时动态监控，从技术手段上保障对塔吊使用过程和行为的及时监管，切实防范、管控设备运行过程中的危险因素和安全隐患，有效地防范和减少了塔吊安全生产事故发生。

4. 环境量监测子系统

建筑工地遍地开花，扬尘和噪声得不到有效控制。在施工过程中，由于建筑材料逸散以及施工机械等造成的扬尘和噪声污染已经成为影响城市空气质量的主要原因之一，甚至影响周围居民的正常生活，这也是政府监管部门亟待解决的民生问题。

环境量监测子系统可以对建筑工地固定监测点的扬尘、噪声、气象参数等环境监测数据进行采集、存储、加工和统计分析，监测数据通过有线或无线（如4G/5G）方式传输到后端平台。该系统能够帮助监督部门及时准确地掌握建筑工地的环境质量状况和工程施工过程对环境的影响程度；满足建筑施工行业环保统计的要求，为建筑施工行业的污染控制、污染治理、生态保护提供环境信息支持和管理决策依据。

5. 工地能耗监测子系统

为了提高设备管理的效率和安全性，项目部特别设立了一个专用的机房间，用于集中存放网络设备、监控设备和广播设备等关键设施。机房间的具体规划和管理措施包括：所有设备均与强电分离，以防止电磁干扰，确保设备稳定运行；集中存放，便于对设备进行统一管理和维护；机房间内设置空调出风口，以保持恒温环境，保护机房内的敏感设备免受温度波动的影响；为每间工人宿舍安装电表参数采集模块，这些模块能够准确测量并记录交流电中的电压、电流和功率等关键参数；采集到的参数数据通过 RS-485 通信接口自动传输至监控终端，实现数据的实时监控和自动记录。

6. 无人机安全及质量检查评估子系统

无人机检查代替人工检查，减少了人员的安全风险。按照过去传统的检查方式，悬挑架结构外立面、大型设备尖端部危险区域都是检查的盲区，存在安全隐患。引入无人机后，可对施工现场进行空中巡检，辅助安全监管，通过控制无人机飞到"人到不了、看不到"的地方，并通过清晰的照片观察此处的状态是否正常。

13.2　智慧森林防火

13.2.1　项目背景

森林火灾突发性强、破坏性大、危险性高，是全球发生最频繁、处置最困难、危害最严重的自然灾害之一。它不仅威胁着生态文明建设的成果和自然保护区森林资源的安全，还可能引发生态灾难和社会危机。因此，我国高度重视森林防火工作并致力于构建森林火灾防治监测预警体系。

2016 年 12 月，国务院批准实施《全国森林防火规划（2016—2025 年）》。该规划提出森林防火发展的总体思路、发展目标、建设重点和长效机制建设。该规划不仅强调火险预警是预防工作的先导，林火监测是实现森林火灾"早发现"的关键环节，而且在重点建设任务中第一部分强调预警监测系统建设，为各地开展下一阶段的森林火灾防治监测预警工作指明了工作重点。

2018 年 12 月，应急管理部印发《关于加快地方应急管理信息化发展规划》。该规划提出应急管理业务中监督管理、监测预警、指挥救援、决策支持和政务管理 5 个业务领域的概念。

2019 年 4 月，应急管理部印发《应急管理信息化 2019 年第一批地方建设任务书》。该任务书明确地方应急管理部门根据自身职责，推动或自行开展自然灾害感知网络建设。同时该任务书对监测预警系统的全要素综合监测、综合风险评估、灾害预警、灾害态势智能分析与会商研判等功能模块提出详细建设要求。

13.2.2　需求分析

1. 森林火险预警监测子系统需求

综合利用全省森林监测站采集的重点林区温度、湿度、风向、风速、降雨量、土壤含水率和土壤温度等数据，结合气象部门提供的卫星云图、各类气象预报、干旱预报等数据，接入林业部门提供的全省森林分布数据，经过充分的数据挖掘、分析、处理，系统提供的森林火险预警及监测服务如下。

> 全省 24 小时逐小时森林火险气象预报及实况服务。
> 全省 24 小时干旱指数预报服务。
> 全省 24 小时、48 小时、72 小时降水及气温预报服务。
> 全省 24 小时历史降水、气温实况服务。
> 全省逐小时降水、气温、湿度、风速实况服务。
> 全省卫星云图查询服务。
> 森林分布情况查询服务。
> 全省各监测站点运行维护管理服务。

2. 森林火情"空天地"一体化监测子系统需求

综合利用天基、空基、地基监测手段，实现对火源的全方位监测的需求。可以将发现的监测告警信息逐级推送到市、县级防火部门，同时与省林业局的护林巡护网格化管理系统进行无缝对接，第一时间将热点推送到热点所在区域的护林员巡护终端，辅助核查反馈。系统的相关需求如下。

> 天基监测需求。综合利用应急管理部卫星监测热点服务、省气象局卫星热点服务提供的火点监测能力的需求。
> 空基监测需求。实现利用森林航空消防飞机和无人机，辅助卫星监测热点和其他火情告警信息，快速近距离侦察、确认火情。
> 地基监测需求。综合汇合地面人工报警、视频监控告警信息和护林员系统相关信息，增强地面监测能力的需求。
> 火情管理需求。根据"空天地"一体化监测网收集的火点信息，统一归集到数据中心，统一发布、统一推送到护林巡护移动客户端及各级防火值守人员移动客户端，进行核查、反馈及火情报送。

3. 智能视频监控子系统需求

首先应实现对现有林业部门建设的视频监控数据的集成展示，其次应实现对新部署的前端视频监控数据的全面展示（火点定位、视域控制及分析），以及对设备的控制（多级互联及调阅），实现远程管理，以提升视频监控的效率。对于新建视频监控摄像机，控制能力包括巡航监控、烟火的识别与告警、前端监控设备的手动控制、多路视频的实时显示、视频的存储与点播、火警的及时上报、多点联动响应、多级管理和权限管理等内容。

4. 森林防火指挥调度子系统需求

当森林火灾发生时，应实现后方指挥中心指挥调度的需求以及前方移动指挥部与后方指挥中心高效协同的需求。后方指挥中心指挥调度的需求主要包括基于二维、三维地理信息系统实现火场快速定位，助力有关人员掌握火场地形地貌、林业资源状况、扑救力量和设施等防火资源，实现火灾威胁分析、火灾态势标绘、火灾蔓延分析、接入火场视频等。前方移动指挥部与后方指挥中心高效协同的需求主要包括前方采集火场火情信息，标绘火场态势后并实现火情、态势信息与后方的双向同步。

5. 森林火灾态势综合展示子系统需求

在灾害发生后，为了实现森林火灾的早期发现、快速响应和有效控制，必须准确把握火灾各阶段的扑救重点，并分析火灾的发展态势。重点要素数据，包括火场信息、扑救人员的实时位置、周边资源等，需要在单一界面上进行综合展示。这将帮助相关领导直观地了解前线的火灾扑救进展，从而高效地进行指挥调度。因此，迫切需要构建系统或应用，整合全省森林火情火灾的综合信息，实现业务数据的汇聚、分析与可视化展示。

6. 森林防火移动终端应用需求

为方便各类森林火灾防治责任人和相关工作人员快速、便捷地获取当前森林火灾信息，同时在离开办公环境、前往森林火灾现场救援、执行热点核查等任务过程中，增强他们的移动办公支撑能力，满足森林防火工作开展过程中移动办公、交流、管理等多种需要，需要基于"数字政府"有关服务，提升应急管理部门工作人员在森林火灾防治中的移动办公能力。

7. 森林防火综合管理子系统需求

森林火灾扑救工作的高效开展离不开各类基础资源的保障支撑，对森林火灾相关预案信息、责任人信息、居民点信息和扑火队伍等信息的掌握越精确，扑火工作越能够高效开展。因此，急需提升对森林火灾防治相关基础数据的梳理、汇总、更新及管理能力，建设相关数据管理系统或应用，以满足省、市和县三级应急管理部门在森林防火日常管理和防火专题数据管理方面的需要，增强各级部门开展森林火灾防治业务的能力。

13.2.3 技术规范

经过全国森林消防标准化技术委员会和编制组及相关单位两年的不懈努力，《森林防火视频监控系统技术规范》（以下简称"规范"）于 2016 年 1 月 18 日由国家林业局（2018 年改为国家林业和草原局）发布，并于 2016 年 6 月 1 日正式实施。"规范"的实施对全国林业视频防火的信息化建设有着深远影响。本节简单介绍下"规范"中涉及的主要参数。

1. 巡航周期

监控区域的巡航周期不超过 30 min。

为了尽早发现森林火情，给火灾扑救争取时间，研究表明，能够及时发现火情的最长时间应不超过 30 min。如果发现火情的时间延迟，可能错过最佳扑救时机，从而会给森林资源造成更大的损失。从技术实现的角度来看，在森林防火应用中，以覆盖半径 15 km 为例，行业内部一些厂商的设备能在 20 min 内完成有效识别。

2. 火情识别率

漏报率不超过 1‰；每万公顷日误报次数不超过 3 次。

森林防火视频监控系统的主要功能是准确有效地识别烟雾和火焰并告警。识别能力指标应满足：在对比度大于或等于 10% 时，可见光条件下最小识别烟、火能力的指标不大于 10 像素 × 10 像素，红外热成像条件下最小识别烟、火能力的指标不大于 2 像素 × 2 像素。

鉴于目前智能识别技术尚未达到"完美"水平，在火情识别过程中可能存在漏报和误报现象，为兼顾现有技术水平，且能够满足森林防火业务需要，"规范"要求系统的漏报率不得超过 1‰。系统误报应控制在值班人员可接受的范围内，即每万公顷日误报次数不超过 3 次。

3. 定位精度

定位误差应控制在 100 m 以内。

在森林火灾扑救过程中，尤其是在森林覆盖面积较大的地区，准确判断火点位置对于指挥和扑救人员选择正确扑火路径、合理调配周边资源以及把握最佳扑火时机至关重要。理论上，火点定位的精度越高越好，但实际中，定位精度受到设备制造、安装工程、地理信息系统误差等因素的限制。因此，"规范"设定了定位精度优于 100 m 的指标，这一指标既考虑了实际应用效果，也兼顾了设备生产、实施难度和系统建设成本。

4. 可见光与红外

系统应具备可见光烟火自动识别能力，同时，系统也应具备红外烟火自动识别能力。

目前，森林防火视频监控系统普遍采用可见光与非制冷红外双镜头的监控方式。这种组合方式科学合理，因为两种技术各有所长。可见光系统的图像清晰、分辨率高、成本较低，且与人眼视觉一致。在白天，可见光系统的监测距离远，对烟雾敏感，有助于早期发现火情。然而，在浓雾或夜间条件下，其远距离识别烟雾的能力受限。在高光照条件下，识别强光和火光也存在困难。相比之下，非制冷红外热像仪对热源敏感，具有较好的透雾能力和夜间火情判断能力。但其对烟雾的识别不敏感，监测距离相对较近，在非通视条件下难以完成火点监测。

为确保森林防火视频监控系统能够全天候进行森林防火监测和预警，"规范"建议系统配备可见光和红外热像仪两种设备，以实现对烟火的全天候交叉确认识别。目前，一些设备制造商的产品已经实现这种融合技术，并且具备识别算法前置、多光谱融合识别等功能。

5. 前端监控设备防护安全

整体防护等级应达到 IP66 或更高；镜头和摄像机保护仓的防护等级应达到 IP67 或更高。

林区自然环境恶劣且复杂多变，经常面临雨、雪、风沙等自然因素的侵袭。因此，前端监控设备必须具备至少 IP66 的防护等级，以确保设备能够完全防止灰尘和雨水侵入，保证设备的正常运行不受影响。镜头和摄像机作为系统的关键视频采集组件，其保护仓的防护等级需要达到 IP67 或更高，这不仅能够解决因温差变化导致的可见光视窗结露问题，还能有效保护镜头和摄像机的工作环境，从而延长其使用寿命。

13.2.4 技术路线

1. 物联网技术

物联网技术在应急管理领域发挥着重要作用，特别是在生产安全感知、自然灾害感知、城市安全感知及应急处置现场感知等方面。通过智能化感知、识别和管理灾害现象、事故现场和承灾体，可以有效地进行防灾、减灾、救灾工作。在关键区域部署和维护地面火险监测站和视频监控摄像机，利用运营商的无线网络和专线资源，实现前端监控监测设备的联网，从而对重点区域火险和火情进行实时监控。

2. 人工智能技术

1）检测场景理解

在林火识别过程中，森林区域的复杂环境可能会产生许多干扰因素，影响火情判断，甚至导致误报。为此，在检测前，需要运用检测场景理解技术，对视频监控周边区域环境进行划分。利用计算机视觉和深度学习算法，自动识别并标记监控画面中的非重点监测区域，如村庄、湖泊、天空、山体、道路等，减少居民用火、水面反光、云层倒影等因素的影响，同时降低这些区域对计算资源的占用。重点对火光、烟雾等关键检测区域进行强化分析理解，以提高林区火灾警报的准确率。

2）烟火检测技术

烟火检测技术主要用于实时检测森林火情初期产生的烟雾和火光。白天主要识别烟雾，夜晚主要识别火光。可见光烟雾检测技术利用可见光视频监控摄像机，结合颜色、形状、运动、纹理、目标检测、帧间特征等多种特征分析方法，过滤掉雨、雾、人、车、树枝晃动、

汽车与建筑物灯光、物体反光、植物颜色、早晚霞光、阴影、云、动物、飞鸟、蚊虫和水滴
等原始干扰因素。同时，结合深度学习算法，对林火烟雾、火光特征进行分析识别，实现早
期森林火情告警，提前处置森林火情，将火情控制在萌芽阶段。

3. 卫星遥感技术

卫星遥感技术是一种通过高分辨率红外和可见光扫描辐射仪对大面积范围进行短间隔时
间遥感监测的技术。这种技术能够丰富监测预警网络，创新预测预警技术，增强监测预警能
力。由于其色彩丰富、定量客观、效果逼真，能够及时发现火情。目前，卫星遥感技术已逐
渐应用于森林防火工作，实现火灾监测预警、火灾救援与恢复重建监测、灾情评估等应用，
展现出广阔的应用前景。

13.2.5 系统架构

1. 总体架构

智慧森林防火的相应软件系统部署在政务云上，各级应急管理部门分级使用。开展相关
业务时，各级应急管理部门工作人员及有关队伍通过已授权相关信息访问政务云上的智慧森
林火灾防治监测预警系统。智慧森林火灾防治监测预警系统的总体架构涉及基础设施层、数
据支撑层、应用支撑层、业务应用层和门户层，如图 13-3 所示。

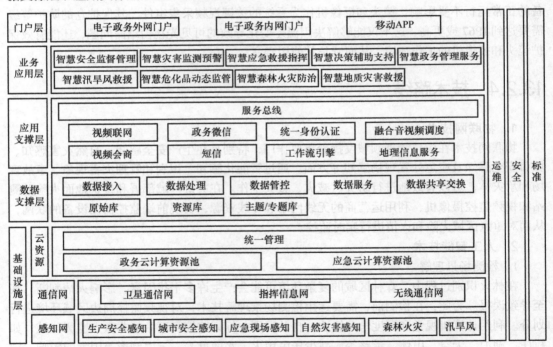

图 13-3 智慧森林火灾防治监测预警系统的总体架构

5 个层次的具体内容如下。

> 基础设施层。加密部署省重点林区火险监测站和森林生态监控监测站，加快部署具备
> 智能烟火识别的前端网络摄像机，增强省林区监控监测能力。
> 数据支撑层。接入感知设备产生的多源数据并对其进行加工处理，为应用支撑层提供
> 数据服务能力，建立森林火灾专题库。

> 应用支撑层。依托省应急管理综合应用平台，为业务应用层提供基础的应用支撑服务。
> 业务应用层。重点建设智慧森林火灾防治应用中的监测预警系统。
> 门户层。重点开发森林防火移动终端应用、扑火队员火场应用和移动前指平板应用等内容。

2. 业务架构

在森林火灾防治业务领域，建设内容贯彻森林火灾防治业务 4 方面的工作：一是森林火灾发生前（事前）火险监测预警工作；二是森林火灾刚发生时（事发）火情视频监控及一体化监测工作；三是森林火灾发生后（事中）应急指挥救援工作；四是森林火灾防治移动化办公及日常管理（涉及部分事后内容）工作。智慧森林火灾防治监测预警系统的业务架构如图 13-4 所示。

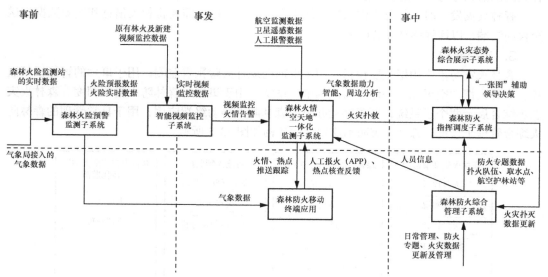

图 13-4　智慧森林火灾防治监测预警系统的业务架构

1）事前火险监测预警

森林火险预警监测业务的重点是掌握森林区域的温度、湿度、风向、风速、降雨等气象信息。结合森林火险预报模型，生成全省森林火险的预报和实况信息，为森林火灾的预防、火灾指挥扑救提供决策支持服务。业务数据主要来自气象局接入的气象数据和森林火险监测站的实时数据。

2）事发火情视频监控及一体化监测

智能视频监控的业务重点是实现对林区内重点区域的实时监控。一旦在摄像机有效监控范围内发生森林火灾，即产生林火火情，相关应急管理部门能够在第一时间掌握该信息，为高效、精准扑火工作奠定基础。业务数据主要来自在林区建设部署的各类视频监控视频摄像机，包括原来林业部门建设的远程林火视频监控摄像机及新建部署的智能烟火识别视频监控摄像机。

一体化监测的业务重点是通过接入各类"空天地"火情数据，为热点反馈、核查根据、热点审核等火情管理和扑火工作提供数据支撑，同时打通监测预警及指挥救援工作的中间环节。一体化监测的业务数据来自卫星监测数据、地面监测数据（护林员系统、人工报警、视频监控告警）和航空监测数据。

3）事中应急指挥救援

林区火灾发生后，森林防火指挥调度工作共涉及后方指挥中心、前方指挥部和灾害一线扑火队员 3 部分救援力量，森林火灾的扑救工作离不开三方的高效协同和密切配合，同时需要其他各系统数据的支撑，包括各类火险监测数据、实时视频监控数据、卫星遥感数据和扑火队伍、取水点等防火专题数据。

综合展示业务实现对扑火过程中重点数据和指挥调度动态的重点展示，帮助有关领导直观、快速、全面地掌握相关林火扑救动态，辅助有关领导快速做出相关决策。

4）移动办公及日常管理

日常管理的业务包括文献管理，应急机构、应急预案等的日常管理，以及居民点信息、扑火队伍信息等防火专题的信息管理。

森林火灾发生时，部分工作人员可能不在办公室，因此需要将相关信息和气象数据推送至移动终端，以增强移动办公能力。

3. 应用架构

森林火灾防治应用层主要包括：用于事前的森林火险预警监测；用于事发的智能视频监控、森林火情"空天地"一体化监测两个子系统；用于事中的森林防火指挥调度、森林火灾态势综合展示两个子系统；用于移动办公的森林防火移动终端应用；用于日常管理的森林防火综合管理子系统。森林火灾防治应用层的架构如图 13-5 所示。

图 13-5　森林火灾防治应用层的架构

森林火险预警监测子系统主要包括火险预报、火险实况、火险统计和监测站管理 4 个模块。其中，火险预报模块利用接入的气象局气象数据（1 天两次），结合森林火险模型运算，生成各类预报信息；火险实况模块利用火险监测站的监测数据，基于森林火险等级计算模型并综合其他各类数据生产火险实况数据；火险统计模块主要用于不同时间和地理空间火险信息比较，辅助用户分析高火险的规律和趋势；监测站管理模块主要协助用户对火险监测站的远程管理。森林火险预警监测子系统的火险预报、火险实况数据不仅能够在事前提醒应急管理部门做好相关预防工作，相关信息还能为森林防火指挥调度子系统中的智能分析、周边分析提供数据支撑，推动早日扑灭部分地区的森林火灾。

智能视频监控子系统主要包括多级互联及调阅、火点定位、视域控制及分析 3 个模块。多级互联及调阅模块主要用于实现对视频监控摄像机的多级管理；火点定位模块主要用于实现对本系统部署的具备烟火识别功能的前端网络摄像机的告警信息的接入及处理；视域控制及分析模块主要用于实现对前端网络摄像机的视域的控制，包括一定范围内的视频监控摄像机多点联动，全部指向某一起火点和在电子地图上展示当前前端网络摄像机可见的区域等内容。智能视频监控子系统的火警信息能够输出到森林火情"空天地"一体化监测子系统，共同构建"空天地"一体化监测能力。

森林火情"空天地"一体化监测子系统主要包括火情接入和火情管理两个模块。其中，火情接入模块用于接入卫星遥感监测、航空监测和地面监测等监测数据；火情管理模块主要用于热点信息的推送、跟踪和管理。从"空天地"等途径接入的火情信息能够根据森林防火综合管理子系统的人员信息推送至相关负责人及值班人员的森林防火移动终端应用，并跟进热点核查情况。

森林防火指挥调度子系统主要包括后方智能指挥调度、扑火队员火场应用和移动前指平板应用 3 个模块。其中，后方智能指挥调度模块主要用于增强对后方指挥部（基指）的智慧决策支撑能力；扑火队员火场应用模块主要用于为扑火队员提供必要的保障能力；移动前指平板应用模块主要用于增强森林火灾前方指挥部的辅助能力。3 个模块共同强化基指、前指和一线的协同作战能力，助力实现森林火灾的"打早、打小、打了"。

森林火灾态势综合展示子系统包括火灾切换、最新标绘成果、实时位置监控、火场周边资源、预案动态等模块，主要通过一屏展示前方火灾信息，为后方指挥部有关领导聚焦一线、快速决策提供帮助。后方领导在了解各类信息后，通过森林防火指挥调度子系统领导相关人员开展森林火灾扑灭工作。

森林防火移动终端应用主要包括实时火情、火情统计、监测图像、工作备忘录、内部电子邮件、互动交流等模块，能够大幅增强应急管理部门森林防火有关人员的移动办公能力。实时火情、火情统计模块的数据由森林火情"空天地"一体化监测子系统提供。在监测图像模块中，相关人员能够通过终端应用实现热点核查、人工报火等功能。此外，森林防火移动终端应用通过对接森林火险预警监测子系统的数据，能够实现快速获取气象信息。

森林防火综合管理子系统主要包括日常管理、防火专题和权限管理 3 个模块。日常管理、防火专题两个模块用于增强日常工作中相关人员的业务开展能力；权限管理模块主要用于实现对智慧森林火灾防治监测预警系统的权限管理，满足不同用户的系统权限需要。

4. 网络架构

1）系统部署

森林防火综合管理子系统部署于政务外网区的政务云平台上，各级应急管理部门用户借助政务外网实现对系统的访问。互联网用户借助互联网，通过相关安全设备、策略验证后实现对系统的访问。系统部署如图 13-6 所示。

2）采集数据回传

采集数据回传网络主要涉及两部分内容：一部分是视频监控有线网络；另一部分是综合监测站回传至省厅的 4G/5G 网络。

➢ 视频监控部分。新建部署的具备烟火识别功能的前端网络摄像机及森林生态监控监测站试点建设的警示摄像机等监控数据借助运营商 10 M 链路回传汇聚到市县监控中心，通过对接网关进入政务外网并实现与上级监控中心的互联互通和视频数据共享,同时支持上级部门对前端监控摄像机的实时调阅,保障前端视频监控数据回传至省厅。

➢ 传感监测部分。新建部署的综合监测站和森林生态监控监测站试点建设的环境监测设备、语音宣教设备采集的各类监测数据通过 4G/5G 信号回传,借助安全网关从互联网进入政务外网,最终回到省厅应急管理综合应用平台。

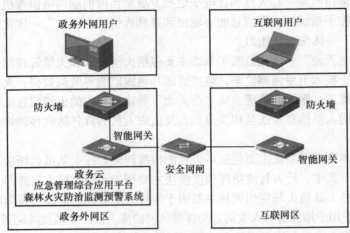

图 13-6　系统部署

13.3　智慧社区

13.3.1　项目背景

近年来,随着物联网、人工智能、移动互联网等技术的发展,智慧小区正在向智慧社区转型。政府部门对此高度重视,发布了相关指导意见,旨在积极推进智慧社区的建设进程。一些经济发达的地区已率先开展了智慧社区建设,在社区治理、便民服务等方面取得了显著的成效,因此在我国大规模开展智慧社区建设势在必行。

13.3.2　需求分析

目前,小区管理运营面临诸多挑战,例如,在安全管理方面存在诸多问题,导致业主体验不佳,物业管理难度增加且缺乏增值运营空间。具体问题表现如下。

➢ 系统分散。小区安防系统涵盖多个子系统,包括视频监控、智能门禁、可视对讲、访客管理、梯控管理、巡更管理、停车场管理、入侵告警等。传统的小区安防系统建设呈现出孤立的烟囱式结构,无法进行有效的联动。

➢ 传统视频监控管理效率低。传统的视频监控需要靠人盯牢屏幕或者发生告警后通过回放录像的方式来查找相关肇事者或者原因,管理效率低下。例如,针对高空抛物事件,传统监控只能通过回看的方式才能发现,而不能及时产生告警。

> 物业管理成本高。传统的小区人行出入口、车辆出入口都需要靠人工值守，导致物业管理成本不菲。

> 社区运营困难。随着生活水平的提高，人们对居住环境提出了更高的要求。以智慧化、节能、环保为主题的社区不断涌现。房地产企业和开发商正从传统的卖房模式向智慧社区运营模式转变。如何通过社区 APP 等工具养成居民的生活习惯，形成在线 APP 运营，最终实现运营有支撑，盈利有保障。

13.3.3 系统架构

智慧社区的系统架构自下而上分为 5 层，依次为物联感知层、传输网络层、数据层、业务应用层、用户层，如图 13-7 所示。

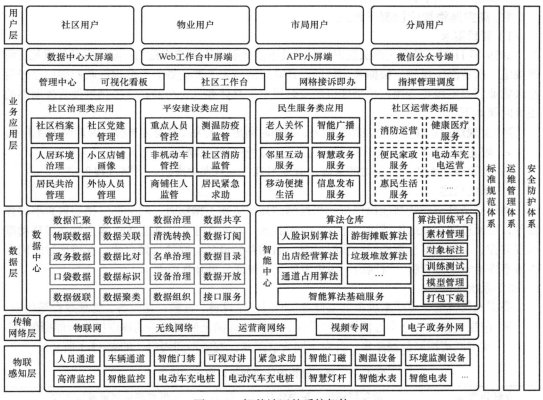

图 13-7 智慧社区的系统架构

智慧社区的系统架构各层的内容如下。

> 物联感知层。包含所有前端设备，采集前端视频、门禁、告警以及出入口车辆、人员、人脸图像等信息，为上层平台提供各类感知数据资源。

> 传输网络层。为数据的传输提供网络支持，由物联网、无线网络、运营商网络、视频专网、电子政务外网提供网络传输服务。

> 数据层。实现对各类数据的规范化处理，并进行分类存储。数据中心对人员信息、视频信息、车辆信息、物联网信息、房屋信息等数据进行汇聚、处理、治理和共享。智

能中心对社区常用算法任务调度和算法训练平台进行管理。经人工智能视频分析后所产生的异常告警信息上送至业务应用层处理。

> 业务应用层。面向用户提供各类综合业务应用功能，包括人口、车辆、房屋管理、APP数据采集、数据对接、告警触发、告警管理等功能，以及民生服务类、社区运营类等应用。

> 用户层。面向社区提供基于社区可视化管理的应用界面；面向派出所及分局、市局公安，实现对人、车、物的多维数据结构分析，进一步为各级公安机关提供可靠高效的技术手段。

13.3.4 主功能介绍

本节重点介绍下智慧社区的主功能。

1. 高空抛物智能检测子系统

1）背景需求

2019 年 11 月，最高人民法院发布的《关于依法妥善审理高空抛物、坠物案件的意见》明确规定，故意高空抛物，根据具体情形，最高以故意杀人罪论处。部分地区政府部门已经对小区物业就高空抛物专用监控摄像机的安装提出了具体要求。当前高空抛物事件管理面临的主要问题如下。

> 发现难：事件多发生在高空楼层，抛物时间短，人为故意隐去身影，少有现场目击者。
> 阻止难：居民安全意识薄弱，为图一时方便对外抛物。
> 处罚难：无法确认抛物的来源，取证困难，一旦发生事故，索赔过程艰难。

2）系统概述

通过安装高空抛物智能摄像机，当检测到高空坠物、抛物时，联动高空抛物告警事件弹窗等，可通过客户端远程喊话，进一步控制事态。物业公司可以通过 Web 客户端或者移动端远程监控，了解辖区所有楼层的实时情况。后端存储设备对视频录像存储，支持通过时间、告警事件检索录像资料，对纠纷、违规事件及时查证，提升管理效率。

3）系统架构

高空抛物智能检测子系统由前端设备、网络传输设备、视频存储设备、管理平台等构成。

> 前端设备：根据小区楼栋分布情况，分别选择满足使用场景的高空抛物智能摄像机，实现高清视频数据采集。针对不同安装距离，覆盖不同楼层，如表 13-1 所示。

表 13-1 高空抛物智能摄像机可覆盖的楼层

立杆距离/m	高层摄像机可覆盖楼层	低层摄像机可覆盖楼层
15	8～30	2～7
20	8～30	2～7
25	9～30	2～8
30	9～30	2～8

> 网络传输设备：针对一些无法部署有线网络或网络施工困难的点位，也可采用有线、无线灵活组网方式，将前端采集的高清视频图像传输到消控室或者机房。

> 视频存储设备：采用智能 NVR 对实时视频进行分布式存储，实现存储系统的高可靠、高可用性。

> 管理平台：管理软件采用功能模块化部署，具备视频监控系统管理模块，对前端网络摄像机、网络硬盘录像机等设备统一管理，可支持大量高清摄像机实时显示、云台控制、录像操作、回放等功能。

4）系统功能

采用的摄像机具备超强算力，能对视野中的抛物进行捕捉，并随着抛物移动形成轨迹，通过软件平台统一管理，对于高空抛物能及时在指挥室进行弹窗和语音提醒，实现高空抛物告警信息可视化管理。

高空抛物智能检测子系统具有轨迹追溯功能，抛物被捕捉到并产生告警信息后，系统可将抛物轨迹进行刻画，对快速定位肇事者、追查责任人起到关键作用。

2. 电动车入梯检测子系统

1）背景需求

公安部、应急指挥部等多个部门下发的《关于规范电动车停放充电加强火灾防范的通告》要求，电动车应在建筑外部的独立区域集中停放、充电，严禁在住宅建筑疏散通道、安全出口、楼梯间、楼层楼道、电梯前室等部位停放和充电。全国各地因电动车违规停放、充电导致的火灾事故频发，教训十分惨痛。电动车入户管理难题，主要表现在以下方面。

> 事故频发，危害大。居民经常将电动车放在楼道、家里充电，存在严重安全隐患。电动车长时间充电，经常由于电池故障、线路老化、过载短路等原因，造成火灾、人员伤亡事故。

> 人力有限，弱管理。尽管物业管理人员通过告示、宣传栏等方式提醒居民严禁电动车入户停放、充电，仍有很多市民习惯将电动车停放在住宅楼楼道、楼梯间等公共区域长时间充电。一方面，物业人员无法实现全天候管理，存在弱管理区域；另一方面，完全依赖人工管理，人力投入较大、难管控。

> 缺乏事中、事后管控机制。经常发生电动车入户、不听劝阻等现象，酿成纠纷事件，缺乏有效事中控制、事后追溯依据。

2）系统概述

通过在电梯轿厢内安装电动车识别网络摄像机，采用深度学习算法，能有效过滤自行车、婴儿车等干扰，准确检测到电动车进电梯后，发出声光告警并联动内置语音提醒："电动车禁止入内。"在电梯场景下，可输出开关量信号联动电梯门不会关闭，电梯暂时停止运行，直到电动车推出电梯后，电梯恢复正常运行。

3. 垃圾分类智能识别子系统

1）背景需求

随着我国城市化进程的加快和居民生活水平的提高，垃圾围城的现象越来越严重，将未分类垃圾进行填埋不仅占用大量空间，浪费其中可回收利用的资源，而且可能会造成环境的二次污染。当前垃圾分类管理面临的主要问题如下。

> 居民未养成垃圾分类的生活习惯，为图方便将垃圾混装，随手扔掉。尽管主流媒体、政府、企业都在积极地宣传，但居民垃圾分类投放意识不强，缺乏日常正向引导。

> 社区、企业联合志愿者公益机构的定时、定点、定人监督模式存在很多缺陷。一方面，人员无法实现全天候管理，存在管理漏洞；另一方面，人工管理成本较高、工作效率低。

> 引导垃圾分类过程中容易产生纠纷事件，带来"管不了，也难管"的尴尬局面。针对不听劝阻、不按规定分类投放现象，缺乏事后处罚取证依据。

➤ 垃圾投放点地域分散，无法全域监管。

2）系统架构

垃圾分类智能识别子系统的架构如图 13-8 所示。

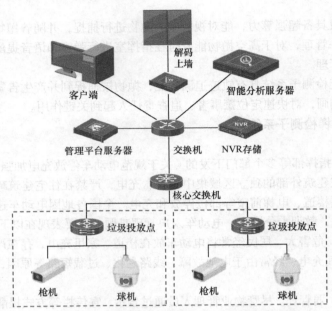

图 13-8　垃圾分类智能识别子系统的架构

3）系统功能

采用基于二次过滤的深度学习算法，相比传统周界告警系统，可以更加准确地识别人、非人目标，显著降低误报率。一旦检测到异常情况，系统可以联动客户端弹窗、声光报警等，并将告警信息快速传送到监控中心，以便及时处理。

通过软件设置布控区域，当居民进入垃圾投放区域时，摄像机利用智能检测算法识别到"人体"，随即通过室外音柱播放提示语音，引导居民进行垃圾分类，同时启动白光照明作为事中警示，以帮助居民养成垃圾分类投放的生活习惯。

4. 车辆违停检测子系统

通过软件设置布控区域，当车辆驶入布控区域并且停车时，系统自动识别车辆违停行为，自动发出声音告警，提醒该区域为消防通道区域，禁止停车等信息，提升管理效率。

13.4　雪亮工程

13.4.1　项目背景

"雪亮工程"之名源于"群众的眼睛是雪亮的"。随着我国乡村现代化进入快速发展期，乡镇和村庄的规模不断扩大，人口密集度和流动性增加。然而，社会治安防控和管理体系暂不完全成熟，区域治安及监管的压力与日俱增。在此背景下，增加县镇和乡村监控布点，扩大监控系统的覆盖面，成为"雪亮工程"的第一要务。深化视频监控应用，建立综合的视频监控图像研判系统，实现针对重点地区或具体事件的可视化实时管控，提升立体化治安防控体系的实战效能，是该工程的重要目标。

2015年9月，国家多个部委联合印发了《关于加强公共安全视频监控建设联网应用的若干意见》，标志着"雪亮工程"开始向全国范围推广。该工程的目标是实现"全域覆盖、全网共享、全时可用、全程可控"的公共安全视频监控建设联网应用，以强化治安防控、优化交通出行、服务城市管理、创新社会治理等方面。

> 全域覆盖。重点公共区域的视频监控覆盖率达到100%，新建、改建的高清摄像机比例达到100%；重点行业、领域的重要部位的视频监控覆盖率达到100%，逐步增加高清摄像机的数量。
> 全网共享。重点公共区域的视频监控联网率达到100%；重点行业、领域涉及公共区域的视频图像资源联网率达到100%。
> 全时可用。重点公共区域安装的视频监控摄像机完好率达到98%，重点行业、领域安装的涉及公共区域的视频监控摄像机完好率达到95%，实现视频图像信息的全天候应用。
> 全程可控。基本建成公共安全视频监控系统联网应用的分层安全体系，实现重要视频图像信息的可控性。

2016年10月，全国社会治安综合治理创新工作会议强调了完善社会治安防控体系的重要性，并将其核心定位为提高整体效能。我国已将公共安全视频监控系统建设纳入国家安全保障能力建设规划，部署开展"雪亮工程"建设。

2021年2月21日，《中共中央、国务院关于全面推进乡村振兴加快农业农村现代化的意见》正式发布，强调深入推进平安乡村建设的重要性，加强县乡村应急管理和消防安全体系的建设，对自然灾害、公共卫生、安全隐患等重大事件进行风险评估、监测预警和应急处置。

13.4.2 系统架构

公共安全视频监控建设联网应用平台围绕《公共安全视频监控建设联网应用"十三五"规划方案》及公安部相关文件要求，将以"加强社会公共安全管理，提高城市应急指挥能力，创建公共安全视频联网资源池和智能应用平台"为总体目标，构建服务于公共安全管理、社会综合治理、反恐维稳、治安防控、侦查破案、各委办局视频服务应用和便民信息共享等工作的公共安全视频联网应用体系。

公共安全视频监控建设联网应用平台重点为"打造一个视频共享云平台，构筑两个视频分中心，整合汇聚三网视频资源，适配4类用户场景，创新多个实战应用，落实四全建设保障"，推动形成中央要求的 $1+2+N$ 的视频共享和应用格局。

1. 总体架构

遵循国家标准《公共安全视频监控联网系统信息传输、交换、控制技术要求》，开展跨域联网，联网架构要在省、市、县三级分别建立综治系统视频交换共享分平台和公安系统视频交换共享分平台，分别接入相应级别的公共安全视频图像信息共享平台。"雪亮工程"总体架构如图13-9所示。

"联、管、用"三位一体的"雪亮工程"的系统架构如图13-10所示。

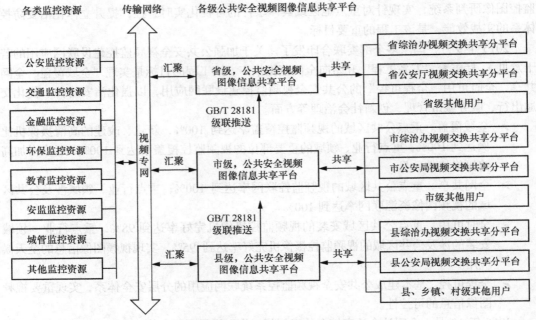

图 13-9 "雪亮工程"的总体架构

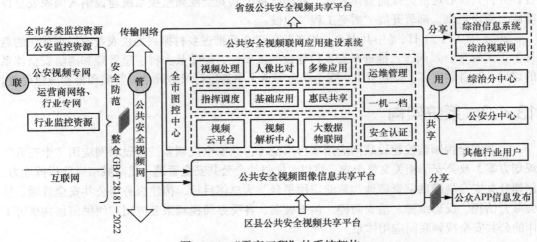

图 13-10 "雪亮工程"的系统架构

2. 一个平台

建设公共安全视频图像信息共享云平台，旨在整合公安、政府部门、行业及社会面的视频资源，形成全域覆盖的城市级政府视频联网共享平台。该平台将具备以下核心功能。

- ➢ 视频云平台。提供设备接入、平台接入、视频云存储、云解码/转码、集群流媒体转发等基础流媒体服务。采用统一的视频云分布式架构，支持百万路视频联网应用。
- ➢ 视频云解析。基于 GPU+CPU 混合架构，构建一个高效、标准、弹性的视频智能分析解析中心。对涉及综治业务、公安治安、公共安全重点场所、城市管理应用的视频进行实时和录像智能解析，提取视频场景行为事件、人脸和人体特征、车辆特征，完成视频的初步加工。
- ➢ 大数据、物联网。实现解析后视频内容信息流的汇聚以及视频大数据服务。支持

RFID、MAC 等公安/政府物联网设备产生的数据接入和融合碰撞。

➢ 视频基础应用。提供点播、地图、录像、轮询等基础视频业务。为公安、综治和其他行业平台提供视频共享服务支撑，支持城市级视频应急指挥应用，以及视频互联网发布、信息发布和视频惠民应用。

➢ 视频深度应用。提供视频增强处理编辑、视频场景中对象布控预警、人像分析比对、车辆分析比对、多维视频特征碰撞比对和统一视频检索等高级应用功能。

➢ 视频运维管理。实现视频运维管理中心，对全区视频在线情况和视频质量情况进行智能运维。"一机一档"管理库对视频监控资源信息实现分级分类的详细户籍化信息管理，通过建档有效统筹后续全市统一的管理、规划和建设。同时，实施安全认证，对全网用户进行身份认证、授权管理、行为审计等安全管理措施，确保系统和平台的运行安全。

3. 两个中心

1）综治视频分中心

依托于公共安全视频共享交换云平台，在综治分中心搭建视频分平台。该平台能够直接调取公共安全汇聚平台的实时视频和历史录像资源。基于此分平台，开发综治监控地图应用，实现一键报警、群防群治、重点人员管控、APP 问题上报、机顶盒应用、视频联动、网格化联动等综治应用。

通过视频平台与综治网内的网格化平台、视联网平台、大联动业务系统的融合对接，推动社会治安综治的统一视频联动和全程可视化。

综治视频分中心可依托于各级的综治中心进行统筹建设。

2）公安视频分中心

在公安视频专网内建设公安分中心视频平台。该平台可以在已有公安视频共享平台基础上进行扩展。核心应用包括公安图像综合应用平台及相关的车辆大数据应用、人像大数据应用、公安指挥调度应用、图侦实战应用等。

4. 3个网络

实现三类网络资源的高效汇聚。具体如下。

➢ 公共安全视频专网。这一专网致力于视频资源的集中汇聚和共享，确保了公共安全领域的视频信息能够被有效管理和利用。

➢ 政府/行业视频专网。该专网允许不同政府部门和行业之间实现视频资源的汇聚和共享，促进了跨部门和跨行业的协同与信息交流。

➢ 互联网。在互联网环境下，实现了社会面视频资源的整合，拓宽了视频监控的覆盖范围，增强了社会安全管理的广度和深度。

5. 4类场景

实现面向如下4类主要视频应用场景的全面覆盖。

➢ 综治场景。综治中心应用通过对接公共安全视频图像信息共享平台，获取基础视频管理部分的视频资源与鉴权等管理能力。利用该平台的实时视频和历史录像资源，实现统一联动、共建共享的综治视频应用和可视网格化应用。此外，还可提供城市管理、群防群治、指挥调度、视频会议等业务功能。

➢ 公安场景。公共安全视频图像信息共享平台是增强公安指挥决策、侦查破案、治安防控和执法监督能力的重要技术平台。通过整合各类图像信息资源，平台具有信息共享、存储查询、信息管理等多项功能。

➤ 政府职能部门场景。根据政府职能部门的业务需求和权限等级，公共安全视频图像信息共享平台提供定制化的视频数据资源服务和视频处理支撑能力服务。

➤ 企业和公众场景。依托互联网上的公有云或私有云等基础设施，建设视频惠民发布平台。该平台提供面向公众和企业的视频惠民开放服务，支持通过计算机客户端和移动端 APP 浏览。进一步利用公有云或私有云实现高并发的视频发布和访问，支持一键报警等功能，并能够被第三方移动端 APP 快速集成（如微信）。

13.4.3　设计方案

1．应用系统建设方案——公共视频联网共享平台

1）共享平台设计

视频监控管理及应用平台采用标准化的通用协议和接口。平台负责对整网的视频监控系统进行调度和管理；通过第三方 API 实现与其他应用系统的集成和管理。管理平台由平台管理服务器、数据库服务器、功能服务器、应用服务器等组成，它们共同支持全网业务的统一管理、业务统计、业务分析、数据备份、智能应用、运行维护、综合管理等功能。

平台采用全中文图形化界面，操作简单，符合用户的常规操作习惯，并能提供相关操作的联机帮助。

平台符合《公共安全视频监控联网系统信息传输、交换、控制技术要求》，实现全网视频信息共享和互联互控，综合利用各种图像监控资源和技术。

平台的设计应符合控制面和数据面分离的原则。平台不参与码流的转发、存储等工作，尽可能减轻管理服务器的负荷，提高系统可靠性。

2）视频服务设计

平台的设计旨在满足海量前端的接入需求，满足大路数并发码流处理能力。为达到设计性能标准，流媒体服务器采用集群化分布式架构。

平台是综合性、专业性的信息整合、业务管理与决策支持平台。整个平台综合运用通信、计算机、网络和信息处理等技术，实现信息资源管理、设备管理、用户管理、网络管理、安全管理、日志管理等业务功能。

（1）设备接入集群管理。

统一设备管理：考虑到前端设备的多样性以及系统需要管理不同厂商生产的各类前端设备，平台能够登录设备、获取码流、下发配置/命令，并订阅设备产生的告警和事件。不同厂商的设备可能需要特定的协议才能接入，因此平台还须支持标准的接入方式，如《公共安全视频监控联网系统信息传输、交换、控制技术要求》和 ONVIF，同时方便扩展，以适应新的厂商和设备类型。视频存储接入集群系统通过抽象层屏蔽了前端设备间的协议差异，创建逻辑设备，并提供统一的标准接口来管理这些逻辑设备，实现业务逻辑与设备协议的解耦。

（2）服务集群。

统一流媒体技术：接入服务集群面对众多的前端设备，不仅要解决不同协议所带来的统一接入问题，还需要能够支持前端设备采用的各种媒体打包格式。

视频存储接入服务集群提供对前端各种码流进行封装格式转换（非编码格式转换）的能力，将它们统一为标准流媒体格式。这样，其他集群（如存储集群）可以通过标准的 RTSP 方式从接入服务集群获取媒体流。

（3）转发服务集群。

转发服务集群：提供视频码流转发和录像下载功能，具有如下特点。

➢ 分布式架构，对外提供统一的访问入口。

➢ 弹性扩展、负载均衡、错误接管。

➢ 实时预览、录像回放、录像下载。

➢ 支持多种流协议（如 RTSP、FLV 和 HLS 等）。

➢ 支持一转多。

➢ 支持级联，可将单路视频并发转发能力提升至集群性能上限。

➢ 支持通过 GB 协议进行视频流的主动推流。

3）统一鉴权功能设计

随着公共安全视频联网业务和建设工作的开展，相关系统的数量会不断增加，这将会带来很多方面的开销。其一是管理上的开销，需要维护的系统越来越多。很多系统的数据是相互冗余和重复的，数据的不一致性会给管理工作带来很大的压力。

为此，公共安全视频图像信息共享平台在做顶层设计时，从业务角度出发设计了统一鉴权系统，支持与后续的各类视图业务系统做统一的单点登录和统一权限分配管理。系统的主要功能包括：单点登录＋统一鉴权。使用"单点登录"整合后，只需要登录一次就可以进入多个系统，而不需要重新登录，这不仅仅带来了更好的用户体验，更重要的是降低了安全的风险和管理的消耗。另外，使用"单点登录"还是 SOA 时代的需求之一。在面向服务的架构中，服务和服务之间、程序和程序之间的通信大量存在，服务之间的安全认证是 SOA 应用的难点之一，因此建立"单点登录"的系统体系能够大大简化 SOA 的安全问题，提高服务之间的合作效率。

4）基础视频应用

公共视频联网共享平台设计满足管理平台的监控管理、告警管理、存储管理、地理信息系统/电子地图管理、集成业务管理、网络与设备管理、用户管理、日志管理、人机交互、移动/无线监控业务，并针对项目建设需要部署解码上墙和图像管理相关服务，有效提升平台整体功能应用。

（1）管理服务。

实时监测、获取下属各注册单元的状态。当前端设备发起注册请求时，根据当前各注册单元状态动态分配注册单元给前端设备，均衡完成前端设备注册工作，保证各注册单元高效、有序工作。

管理服务负责管理流媒体服务器或集群，实时监测、获取下属各流转发单元状态。当视频资源管理及应用平台客户端发起视频连接请求时，根据当前各流转发单元状态动态分配流转发单元来转发所需视频，均衡完成视频转发工作，保证各流转发单元高效、有序工作。

在获取所有前端注册设备的实时状态后，根据项目需求，可以在管理单元中增加应用层管理功能，实现用户对设备访问的权限控制等。

设备管理服务负责设备管理，向设备执行查询配置命令，向设备发送操作命令，收集设备网管信息，收集告警信息并执行告警联动策略。

（2）流媒体服务。

流媒体服务实现多级流媒体之间的转发，分散访问压力，提高系统稳定性。在多用户并发访问同一个图像资源时，能提供视频分发服务。设定启动视频分发服务的触发条件（如并发连接数），当满足触发条件时，视频分发模块与视频编码设备建立单路连接，然后视频分发模块将图像分发给请求服务的设备（视频解码设备和客户端）。支持所有流媒体服务器组成集群在管理单元的统一分配下协同完成对前端设备的视频转发工作，并实时向管理单元反馈自身的工作状况信息。

（3）Web 应用服务。

Web 应用模块是基于 B/S 模式构建的视频业务系统的应用功能统一化的集合，通过动态化的插件技术和基于 ActiveX 的控件技术的结合，实现应用功能的动态扩展和部署，实现实时预览、录像回放视频基础功能的 Web 化集成。

（4）安全服务。

根据管理平台的安全设计，提供身份认证、密钥管理、证书管理等服务。支持用户密码加密，在数据库中保存为密文，提高用户密码安全性。

（5）地理信息系统服务。

在地理信息系统地图上，可以通过点选、线选、框选、圈选、多边形的方式，对一定区域上的摄像机进行选择，并可同时打开选择的摄像机监控视频。

（6）数据库服务。

存储用户信息、本地设备信息、历史视频数据目录和告警信息、地理信息系统数据、系统配置信息等，提供数据管理服务；当管理平台采用分级设置时，数据库服务器支持分布式数据的同步。

（7）存储服务。

通过流媒体转发服务向设备获取音视频数据，存储在第三方存储介质上，支持标准的 NFS、SAMBA、iSCSI 等文件协议，支持主流厂商存储。支持中心存储、回放，支持设备端录像的查询、回放、下载等操作。执行存储计划。支持标准的流媒体协议。

（8）解码上墙服务。

上墙解码，上墙配置。上墙功能可以单路上墙，也可以设置多路图像上同一面墙，并提供视频巡检预案功能。

（9）图片管理服务。

负责从前端设备接收来自卡口的抓拍图像及信息，同时将接收到的图像存储在第三方存储介质上，支持标准的 NFS、SAMBA、iSCSI 等文件协议，支持流行的 DAS、NAS、IP-SAN、FC SAN 存储方案，与图像相关的信息保存在数据库服务器上，以供客户端进行实时图像监控和查询使用。

2. 运行维护系统建设方案——"一机一档"管理系统

1）设计思路

系统采用智能分析、故障检测和工作流引擎等技术，通过对前端点位的"一机一档"建档，实现监控探头一体化管理应用，可视化展示，为每个监控点建立详细、完备的点位"全息档案库"。"一机一档"设计思路如下。

➢ 建立标准。通过户籍化管理实现对所有监控点位的规范化管理，避免点位建设、点位信息在使用过程中出现的随意变动。

➢ 夯实基础。通过循环不断地维护视频监控点位信息，夯实平台基础数据，为应用提供最稳定、最准确的基础数据。

➢ 帮助决策。通过对基础数据的统计分析为后续平安城市监控点位规划、点位分布、平台建设、业务应用提供决策依据。

2）设计目标

"一机一档"管理是指为每个监控点建立详细、完备的点位"户籍档案"，通过对点位"户籍档案"的管理,实现管理科学化、信息化、精细化、正规化。要求通过"一机一档"管理系统把视频监控点位全方位的信息录入系统中,管理平台根据上报的点位进行统计并作为后续考核依据。

3) 逻辑架构

通常,"一机一档"系统包含"一机一档"数据库、基本功能和接口服务。其中,基本功能包括设备管理、系统管理和统计分析;接口服务包括数据同步接口、数据查询接口等,如图 13-11 所示。

4) 功能设计

"一机一档"系统涉及的功能如下。

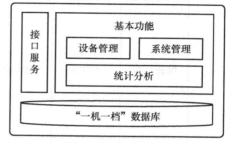

图 13-11　逻辑架构

➤ 设备信息录入。实现"一机一档"设备信息的录入功能,完成信息录入、校验、保存,并提交审核。可通过手工直接录入、批量数据导入和外部系统接口同步,也可通过移动端 APP 录入。

➤ 设备信息修改。实现设备信息的更新和维护,完成信息编辑、校验、保存,并提交审核。

➤ 设备信息审核。实现设备信息审核功能,确保录入信息的正确性和完整性,审核通过的设备信息进入待同步设备信息表中。

➤ 设备信息查询。实现本地"一机一档"数据库中设备信息的查询检索,可根据设备属性信息进行组合查询,并以列表形式返回查询结果。可查看单台设备的详细信息。

➤ 设备信息导入导出。实现设备信息的批量导入导出功能,可按固定模板实现 Excel 格式数据的批量导入并完成数据校验,能够将设备查询结果以 Excel 格式文件导出。

➤ 设备信息同步。实现定期将本地未同步设备信息表中的数据向上级或其他系统进行同步,同步完成的设备信息移动到已同步设备信息表中。

➤ 点位管理。点位管理子系统业务范围涵盖摄像机点位规划采集、工程建设、管理维护、改造报废,贯穿视频监控建设管理的全流程,能提供一套精细化、网络化、专业化的视频监控管理机制,帮客户解决点位基础信息建设不完善、管理工作难度大、工作机制不配套的问题,从而减少管理维护工作量。

➤ 流程配置。点位管理流程中的规划、建设、启用均涉及跨部门协作,系统为点位规划、点位开户、新增点位、修改点位、改造点位等各环节建立了审核管理机制。

➤ 单据查询。可以查看登录用户权限下的"待处理单据"和"已处理单据",同时对单据进行审核和查看审核记录。

➤ 开户建档。可以对新增设备和点位进行开户建档。对设备信息进行建档入库,包括设备名称、设备类型、网络运营商、用户名及密码、视频输入点位数、设备状态、所属分局、设备 IP、设备厂商等。对点位信息进行建档入库,包括摄像机 ID 号、点位名称、摄像机类型、录像保存的天数、经纬度信息、摄像机位置类型、安装朝向等。

5) 数据库表设计

"一机一档"摄像机属性如表 13-2 所示。

表 13-2　"一机一档"摄像机属性

属性	属性名称	标识符	类型	来源	必选	备注
基本属性	设备编码	SBBM	String(20)	GB/T 28181—2022	是	—
	设备名称	SBMC	String(100)	GB/T 28181—2022	是	—
	设备厂商	SBCS	String(2)	GB/T 28181—2022	是	1. 海康威视；2. 大华股份；3. 天地伟业；4. 科达；5. 安讯士；6. 博世；7. 亚安；8. 英飞拓；9. 宇视科技；10. 海信；11. 中星电子；12. 明景；13. 联想；14. 中兴；15. 华为；99. 其他
	行政区域	XZQY	String(6)	GB/T 28181—2022	是	—
	监控点位类型	JKDWLX	String(1)	—	是	1. 一类视频监控点；2. 二类视频监控点；3. 三类视频监控点；4. 公安内部视频监控点；9. 其他点位
	设备型号	SBXH	String(50)	GB/T 28181—2022	否	描述设备的具体型号
	点位俗称	DWSC	String(100)	—	否	监控定位附近如有标志性建筑、场所或者监控点位处于公众约定俗成的地点，可以填写标志性建筑名称和地点俗称
	IPv4 地址	IPv4	String(30)	GB/T 28181—2022	否	摄像机 IP 地址
	IPv6 地址	IPv6	String(64)	—	否	摄像机扩展 IP 地址
	MAC 地址	MACDZ	String(32)	—	否	摄像机 MAC 地址
	摄像机类型	SXJLX	String(2)	GB/T 28181—2022	否	1. 球机；2. 半球机；3. 固定枪机；4. 遥控枪机；5. 卡口枪机；99. 未知
	摄像机功能类型	SXJGNLX	String(30)	GB/T 28181—2022	否	—
	补光属性	BGSX	String(1)	GB/T 28181—2022	否	—
	摄像机编码格式	SXJBMGS	String(1)	GB/T 28181—2022	否	—

属性	属性名称	标识符	类型	来源	必选	备注
位置属性	安装地址	AZDZ	String(100)	GB/T 28181—2022	是	参照 GA/T 751—2008 标准，应相对细化准确。参考范式：街道＋门牌号码＋单位名称。高速公路、国道等点位可以参考"公路名称＋千米数"范式
	经度	JD	Double(10,6)	GB/T 28181—2022	是	—
	维度	WD	Double(10,6)	GB/T 28181—2022	是	
	摄像机位置类型	SXJWZLX	String(50)	GB/T 28181—2022	是	
	监视方位	JSFW	String(1)	GB/T 28181—2022	否	1. 东；2. 西；3 南；4. 北；5. 东南；6. 东北；7. 西南；8. 西北；9. 全向
管理属性	联网属性	LWSX	String(1)	GB/T 28181—2022	是	0：已联网；1：未联网
	所属辖区机关	SSXQGAJG	String(12)	填报	是	—
	安装时间	AZSJ		填报	是	摄像机安装使用时间
	管理单位	GLDW	String(100)	填报	是	摄像机所属管理单位名称
	管理单位联系方式	GLDWLXFS	String(30)	填报	是	一类视频监控点，必填；二类、三类可以选填
	录像保存天数	LXBCTS	Int	填报	是	一类视频监控点，必填；二类、三类可以选填
	设备状态	SBZT	String(1)	填报	是	1. 在用；2. 维修；3. 拆除
	所属部门/行业	SSBMHY	String(50)	填报	是	—

第 14 章

智能物联未来发展方向

安防的本质就是"安全防范"，无论是视频监控系统、防盗报警系统、楼宇对讲系统，甚至是一个简单的智能门锁，都需要通过物联网来实现。可以说，物联网对安防行业的发展起到了决定性作用。伴随着 5G、人工智能和物联网技术的发展，智能物联时代已经崛起。越来越多的传统安防企业通过数字化转型，以谋求更多元化的发展。安防从原来单一的视频安防监控系统到家居、公安、交通、教育、医疗等城市级的应用，逐步形成了包括智能家居安防、平安城市、智慧社区、视频云平台等形式的智慧城市安防产业。

本章主要对 5G、数字孪生、数据中台等新兴技术与安防视频监控的结合应用进行探讨，对发展趋势进行分析。

14.1　5G + 安防

14.1.1　5G 安防基础知识

5G 是新一代蜂窝移动通信技术，也是继 2G、3G 和 4G 之后无线网络的又一次演进。相比 4G 网络，5G 网络数据流量密度提高 100 倍，设备连接数量提高 10～100 倍，用户业务速率提高 10～100 倍，端到端时延降低为原来的 20%，可以为无线网络用户提供 1 Gbit/s 以上的业务带宽、毫秒级的超低时延以及每平方千米百量级的连接密度。5G 网络的典型特征是大带宽、高可靠、低时延、海量连接，这使人与人之间的通信转向人与物之间的通信、机器与机器之间的通信成为可能。

1. 大带宽与安防

5G 采用了大量新技术和新架构以提高用户带宽，可以实现单用户 1 Gbit/s 以上的业务带宽，实现"超级上行"，解决大容量、高分辨率视频信号的回传问题。

在安防行业，视频清晰度要求不断提高。摄像机从最开始的标清，发展到准高清 720P、高清 1080P，甚至 4K、8K 超高清。视频传输带宽也越来越高，对于采用 4096 像素 × 2160 像素分辨率、H.265 视频编码的单路 4K 视频，其带宽需求为 10～20 Mbit/s，而对于采用 8192 像素 × 4320 像素分辨率、H.265 视频编码的单路 8K 视频，其带宽需求约为 40～60 Mbit/s。对于一些 AR、VR、超高清视频等新型移动业务，4G 网络已经不能满足需求，必须采用更大带宽的 5G 网络来承载。清晰度更高的画面与更丰富的视频细节是 5G 给视频行业带来的新价值。

2. 高可靠、低时延与安防

5G 技术通过改良空口数据子帧长度、下沉用户面应用（MEC 和边缘计算）、优化组网路径等多种新技术和新架构，可实现业务的超低时延，低至 10 ms 以内，响应速度更快。时延对于 AR/VR 安防、移动巡检、机器视觉等场景意义重大。毫秒级的时延可以大大降低 AR/VR 使用者的眩晕感；可以实现无人机/机器人图像实时回传和远程操控，高效完成巡检任务，避免设备失控；可以支持机器视觉和工业控制等新型工业应用场景，通过回传的视频和图像，人工智能算法可以实时决策、反向控制生产流程。

3. 海量物联与安防

相关统计数据显示，广域物联网设备已达到 41 亿台，短程物联网设备已达到 157 亿台，物联网的应用和市场空间远超传统人与人的互联。5G 所具备的 mMTC（massive Machine Type Communication，大规模机器类型通信）特性将为物联网提供坚实的基础。物联网应用可以分为宽带物联和窄带物联两大范畴：宽带物联使得以视频为主的安防业务范围进一步扩大，超越空间的限制，获取更加丰富的内容；窄带物联为低功耗、高密度传感器的数据回传提供通道。5G 海量物联特性使业务平台获取更翔实的环境、身份、工况信息。物联信息汇聚到安防云端决策中心，可以极大拓展安防业务场景，不仅用于以人为主的监控场景，还用于人、物、环境的协同控制与处理。决策中心通过更广泛、更多维度的参考数据，能够更全面地分析和判断，进而做出更有效的决策。

14.1.2　5G 安防应用场景

5G 网络的大带宽、高可靠性、低时延、海量物联的能力融合人工智能、云计算、大数据和边缘计算等各类技术，可以应用到政府、环保、矿山、消防等多个行业的场景。5G 网络物理上是一张网，但逻辑上通过网络切片，可以为不同行业提供差异化的服务。5G 智能安防整体架构由物联感知层、传输网络层、平台层、应用层和用户层 5 部分构成，如图 14-1 所示。

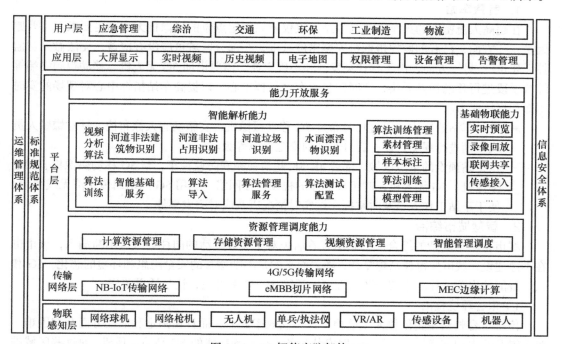

图 14-1　5G 智能安防架构

- 物联感知层。原有视频监控设备全面升级至全景、4K 及以上清晰度，通过海量的物联网终端接入提供多维度的信息采集，5G 网络加速无人机和机器人的商用普及，协助安防实现立体化的视频监控和信息监测，各类边缘计算能力也被部署至感知层。
- 传输网络层。依托 5G 的网络接入和承载，同时 5G 网络切片，可为客户建立专用可靠的虚拟通道，保障客户视频大数据传输的安全及效率。
- 平台层。统一平台、云端部署、数据融通。云端实现大数据的深度处理和深度分析，为政府各管理部门、各行各业提供内部数据共享并支撑决策。
- 应用层。依托统一的云端大数据，应用将更丰富、更智能化。
- 用户层。依托平台，可为应急管理、综治、交通、环保等领域提供统一服务。

根据对 5G 通信网络的需求，安防行业应用场景可以分为大带宽类、高可靠和低时延类、海量连接类，如图 14-2 所示。5G 落地的商业场景包括城市管理、环保、矿山、消防等。

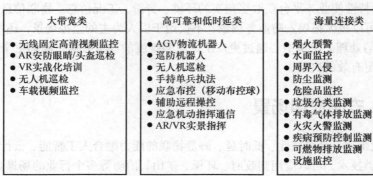

图 14-2　5G 安防应用场景

1. 智慧车站

在超高人流密度的火车站或高铁站，仅仅依靠固定点位的摄像机无法满足要求。主要原因是，一方面，已有的监控摄像机安装密度有限，在部分区域可能没有覆盖，无法做到"监控无死角"；另一方面，由于存在突发性和不确定性，需要借助 5G 无人机、移动视频终端等综合手段进行移动视频采集，实时回传给车站指挥中心，以提高车站指挥中心对现场的实时感知和指挥能力。

- 针对车站的周边，通过临时布置 5G 移动摄像机，实施动态人像布控，针对嫌疑人员或车辆进行现场拦截，提升车站的安全保障等级。
- 在车站预设的重点区域，部署 4K/8K 超清视频安防监控车，与 5G 移动摄像机、固定摄像机、5G 无人机一起组成立体的视频监控网络。利用 5G 网络回传超清无线视频，便于车站工作人员及时掌握车站实时情况以及应对突发事件。

2. 智慧城市综治

城市是一个复杂的综合体，它承载着居民对于美好生活的向往。人口不断涌入，城市也在不停建设，城市变得越来越复杂，随之而来的是不断增长的安全隐患和环境的恶化。5G 和人工智能的出现，让城市的安防治理更加智能化，效率更高，让生活更美好。

1）市容环境整治

传统市容整治主要依赖人工巡检，这不仅效率低下，而且在判定和取证方面存在困难。为了提升效率和准确性，在重点道路安装具备入侵检测功能的 5G 高清摄像机，对这些区域进行实时监控。通过分析摄像机捕捉到的入侵行为的持续时间，可以判断是否存在占道经营、出店经营或游摊小贩等违规行为。一旦检测到此类行为，系统将自动联动平台，调取实时监控视频进行确认。对于需要立即处理的事件，系统会根据道路所属的网格，向相应网格员发送处置工单，指示其前往现场进行处置。

2）隐患监测

城市是一个由众多复杂元素构成的综合体，城市中的各种设施都可能成为安全隐患的源头，例如违法施工、井盖丢失、水管破裂或渣土倾倒等问题。传统的管理方法主要依赖于网格员的巡检和群众的举报，这种方法效率不高，且存在较大的安全隐患。

5G 网络的引入，使得海量物联成为可能。通过部署大量传感器，可以将城市中的各种设施连接起来，实现多维数据的采集和全域覆盖。前端网络摄像机不仅能够作为物联网的数据收敛设备，还能结合其高清视频图像进行交互，执行边缘智能计算。此外，摄像机还集成了 5G 通信模块，能够将收集到的数据实时回传至城市治理管理平台，从而支持城市隐患的高效治理。

3. 智慧矿山

矿山按照开采方式的不同分为地下开采和露天开采两种。露天开采在开采规模和开采安全性方面具有绝对的优势。随着工程机械技术的发展，近一二十年，具备露天条件的矿山均优先采用露天开采方式，全球 80% 以上的矿山为露天矿山。

矿山地理位置偏僻，需要不断爆破式开采，地形变化快。大部分工程机械设备处于移动状态，只能依赖移动终端进行操作，所以有线网络无法满足需求。大部分设备价值高，远程操控需要有大量的实时高清视频，对上行带宽和传输时延要求比较高。传统的 Wi-Fi 传输距离短，性能不稳定；4G 网络的带宽和时延也无法满足需求。

但露天矿山也有其固有优势：现场比较空旷，信号传输的条件好；终端设备比较集中，流动性不大，便于建设局域网络，数据安全性好。

5G 网络的引入可以有效解决矿山对于实时操控的要求。在基站建设方面，因为露天矿山中间位置通常较深，不适合架设 5G 基站，所以基站需要在矿山周围进行建设，并确保中心区域的信号覆盖。

挖掘机配置 3 台高清 5G 摄像机（分别位于挖掘机小臂、驾驶舱上方和立杆上，用于全景监控）；无人矿卡配置 GPS 定位系统，同时利用毫米波雷达、车头摄像机、车尾摄像机，实现路面感知及故障识别。所有数据通过 5G 网络回传至远程操控室，实现对挖掘机及无人矿卡的运行情况的监控，并可人工启停调度。

4. 智慧环保

智慧环保通过物联网、云计算和 5G 通信技术，建设全面覆盖、统一规划的在线监测监控系统。这一系统能够实现环保事件及时预警，显著提高特大环境事故的应对与处置能力。

1）秸秆焚烧

我国现有 15 亿亩（1 亩约 667 m²）耕地，年产农作物秸秆量达 6 亿吨之多，其中，80%（约 5 亿吨）每年被焚烧，对环境造成了相当大的危害。具体表现在如下几个方面。

➤ 造成严重的大气污染，危害人体健康。

➤ 能见度下降，影响道路交通和航空安全。秸秆禁烧形成的烟雾会造成空气能见度下降，可见范围降低，直接影响民航、铁路、高速公路的正常运营，容易引发交通事故，影响人身安全。

➤ 引发火灾。秸秆禁烧，极易引燃周围的易燃物，一旦引发麦田、草丛大火，往往很难控制，造成经济损失，尤其是在山林附近，后果更是不堪设想。

秸秆焚烧智能监控平台利用中国铁塔公司的通信基站资源优势，通过在铁塔顶端架设高清球机，借助 5G 网络大带宽、易部署等特性，传输 4K/8K 高清视频，结合视频智能分析系统，实时分析秸秆燃烧可疑事件，并对值守人员进行火情告警推送。实现对农村大范围区域内 7×24 小时不间断的秸秆禁烧监管，为基层政府部门提供了有效监控手段。

2）多维环保监测

传统环保监测手段，人力资源成本大，快速响应相对困难，采样点缺乏控制，存在漏看、漏报等问题。中国移动推动 5G 多维环保监测应用，通过在排水口、河道、森林等关键位置安装 4K/8K 高清摄像机及各类环境检测传感器，结合无人机进行自动巡查，实现对空气污染、土壤污染、黑臭水体等的实时监测。5G 边缘计算就近处理分析实时视频及各类数据信息，对私自偷排、河道垃圾和水面漂浮物等情况自动识别并预警，汇总输出可视化分析结果，协助各级环保管理部门实现全方位、高效的多维环保监测。

5. 智慧消防

城市防火监督工作具有"点多面广"的特点。随着城市化进程的加速，重点单位的火灾隐患数量不断增加，消防通道违法占用现象层出不穷。消防隐患排查依赖现场督察，而城市消防监督员人少事多，防火监督工作超负荷。消防设施检测以人工现场巡检为主，效率低下。基于 5G +物联网 +视频监控技术，可以实现视频巡检、告警联动和视频指挥，满足对消防设备远程巡检、火灾隐患及时报警、火场情况实时掌握的需求。

1）视频巡检，提升防火监督效率

利用 5G 摄像机，对社区重要的消防设施和消防通道进行监控，通过监控中心实时视频监看，实现远程网络巡检，及时发现消防隐患，并生成巡检报告。系统还可以对失效和违规进行智能识别，主动告警，生成工单，推动维修和整改。这种基于视频的定期巡检方式相比传统的社区网格员实地巡检，极大地提高了巡检效率和巡检的实时性，真正实现了"防患于未然"。

2）视频告警联动，提高告警的即时性和准确度

在重点单位、商业综合体、高层住宅等消防复杂环境中，安装水压/水位传感器、火灾报警控制器、电气报警探测器、独立式感烟探测器、水泵房开关状态探测器、防火门开关状态探测器、易燃气体探测器等，构建消防物联网。

当消防设施出现火警、设备故障、设备掉线等异常告警信息时，系统自动调动就近的 5G 摄像机抓拍现场视频，抓取实时图像进行智能分析，快速进行告警二次确认，并上报监控中心的值班人员和片区消防责任人员，做到第一时间告警、第一时间处理。

3）移动视频指挥，实现抵近指挥、专业指导

利用 5G 网络，一线消防人员可通过头戴式 AR 眼镜将火情现场视频接入消防指挥中心。指挥中心的专家和领导可以视频会商，实时指导一线消防人员对被困人员、危化品进行及时、专业的处置。

14.1.3　5G 安防展望

5G 智能安防技术将为安防产业带来革命性的变化，不仅在行业覆盖、产业转型、业务拓展、视频采集升级、感知应用、防控能力等方面产生深远影响，还将推动安防产业进入一个全新的大安防时代。在这个时代，安防工作将从简单的"看见"转变为更深层次的"洞见"和"预见"。

大安防时代将实现安防覆盖的全面化、无缝化和便捷化，从过去的"零星分布"转变为"无处不在"。感知应用将从"事后察觉"进步到"全面感知"，彻底改变安防的作战模式，实现感知应用的多样化、层次化和一体化。智能安防的发展将使防控能力从"平面监控"迈向"立体防控"，实现立体化、协同化和机动化。

5G智能安防技术还将加速安防体系的重构。5G技术打破了时间和空间的限制，将安防空间从人力可及的场所扩展到人力难以到达的地方，例如5G排爆机器人的应用。同时，安防时间也从目标查验现场提前到目标到达现场之前，进行预先布控，如利用5G无人机进行前置布控。

随着5G技术、感知控制技术、视频渲染技术和智能设施装备的不断成熟和应用，安防业务的形式将变得更加灵活自由。它不仅可以将物理世界的情况投射到数字世界中，还能将数字世界的信息叠加渲染到物理世界，形成虚实结合的安防数字孪生体。这将重构一个全天候、全时空、全要素、全融合为特征的新型安防体系。

14.2 数字孪生

14.2.1 基础知识

2002年12月3日，Michael Grieves教授在密歇根大学举行的"PLM开发联盟"成立仪式上，首次展示了数字孪生的概念模型，如图14-3所示。

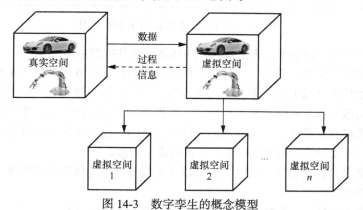

图 14-3　数字孪生的概念模型

2014年，他在撰写的"Digital Twin: Manufacturing Excellence through Virtual Factory Replication"（数字孪生：通过虚拟工厂复制实现卓越制造）文章中进行了较为详细的阐述，奠定了数字孪生的基本内涵。

在航天领域和工业界，"数字孪生"这一术语较早被采用。2009年，美国空军实验室提出了"机身数字孪生"（airframe digital twin）的概念。2010年，美国国家航空航天局开始在其技术路线图中使用"数字孪生"这一术语。

数字孪生这一术语由"数字"和"孪生"两个词组合而来，即数字化的孪生体。在"数字化一切可以数字化的事物"大背景下，数字孪生通过软件定义和数据驱动，在数字虚体空间中创建了一个虚拟事物。这个虚拟事物与其在物理实体空间中的现实事物在形态、质地、行为和发展规律上形成极为相似的精确映射关系。这种映射关系让物理孪生体与数字孪生体之间具有了多元化映射关系，具备了不同的保真度（逼真、抽象等）。

数字孪生系统的通用参考架构包括用户域、数字孪生体、测量与控制实体、现实物理域和跨域功能实体5个层次，如图14-4所示。

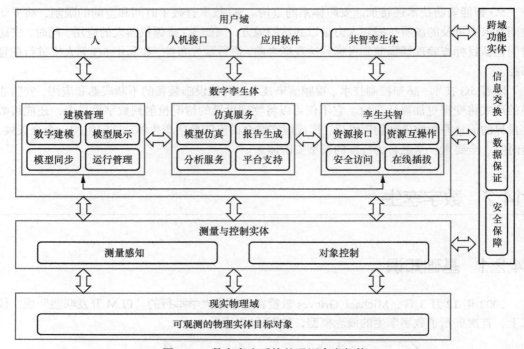

图 14-4 数字孪生系统的通用参考架构

第一层：用户域。包括人、人机接口、应用软件和共智孪生体。

第二层：数字孪生体。它是反映物理对象某一视角特征的数字模型，并提供建模管理、仿真服务和孪生共智3类功能。建模管理涉及物理对象的数字建模与模型展示、模型同步和运行管理；仿真服务包括模型仿真、分析服务、报告生成和平台支持；孪生共智涉及共智孪生体等资源的接口与互操作，以及在线插拔和安全访问。建模管理、仿真服务和孪生共智之间传递实现物理对象的状态感知、诊断和预测所需的信息。

第三层：测量与控制实体。测量控制域以及连接数字孪生体和物理实体。实现物理对象的状态感知和控制功能。

第四层：现实物理域。与数字孪生体对应的物理实体目标对象。

第五层：跨域功能实体。包括信息交换、数据保证和安全保障等跨域功能。

另外，数字孪生不仅仅是物理世界的镜像，也要接受物理世界的实时信息，更要反过来实时驱动物理世界，而且进化为物理世界的先知、先觉，甚至超体。这个演变过程称为成熟度进化，即一个数字孪生体的生长发育将经历数化、互动、先知、先觉和共智过程，如图14-5所示。

➤ 数化。"数化"是将物理世界转化为数字模型的过程，它使物理对象能够被计算机和网络识别。这一过程依赖于先进的建模技术，包括测绘扫描、几何建模、网格建模、系统建模、流程建模和组织建模等。物联网技术在"数化"中扮演着关键角色，它能够将物理世界的状态转化为计算机和网络可以感知、识别和分析的数据。

> 互动。"互动"指的是数字对象之间以及它们与物理对象之间的实时动态交流。物联网技术是实现虚实互动的核心，它不仅使数字世界能够根据优化结果来干预物理世界，而且确保物理世界的新状态能够实时反馈到数字世界，为数字世界提供新的初始值和边界条件。此外，数字对象之间的互动也依赖于数字线程来实现。

> 先知。"先知"是指利用仿真技术对物理世界的未来动态进行预测。这要求数字对象不仅要表达物理世界的几何形状，还要在数字模型中融入物理规律和机理。仿真技术通过当前状态，结合物理学规律和机理，计算、分析和预测物理对象的未来状态，实现全周期和全领域的动态仿真。

> 先觉。"先觉"是指在信息不完整和机理不明确的情况下，通过工业大数据和机器学习技术来感知未来。数字孪生体的智能化和智慧化不应局限于人类对物理世界的确定性知识，因为人类本身在理解世界时也不是完全依赖确定性知识。

> 共智。"共智"是指通过云计算技术实现不同数字孪生体之间的智慧交换和共享。单个数字孪生体内部各构件的智慧首先需要共享。多个数字孪生单体可以通过"共智"形成更大和更高层次的数字孪生体，这个数量和层次理论上是无限的。在"共智"过程中，由于数字资产的交易频繁发生，而区块链技术可以提供一种理想的交易机制。

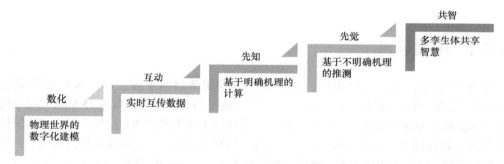

图 14-5　数字孪生体成熟度模型

14.2.2　行业应用

1. 智慧城市

建设智慧城市智能运营中心并构建数字孪生城市，可以高效整合政府各职能部门的数据资源。这支持从宏观到微观的多维度监测，涵盖资源环境、基础设施、交通运输、社会治理、人口民生、产业经济、社会舆情、公共安全等多个核心领域。通过态势监测与可视分析，实现对城市运行态势的全面感知与综合研判，助力城市管理者提升运营管理水平，推动城市管理向精细化发展。

例如，广州的"穗智管"城市运行管理中枢，通过数字化手段，将环境、建筑、道路、人群等城市元素一一映射到城市信息模型中，相当于在数字空间中重建了一座现实的广州城。这增强了城市治理的感知能力，实现了快速分析和迅捷处置。

2. 智慧交通

通过建立智慧交通可视化决策系统，可以整合交管部门的业务数据、实时交通数据和传感器数据等，对城市道路通行状况、交通事件、警力分布、路网布局和重点区域进行实时可视化监测。该系统实现了从微观路口到宏观城市交通的全面动态监控，满足了交通运行态势的实时监测监管需求，以及应急状态下的协同处置和指挥调度。

3．工业制造

在工业制造领域，数据可视化技术能够对工业厂房、生产线、设备等进行三维仿真展示。集成安防视频监控、设备运行监测、环境监测等传感器数据，实现全数据驱动的显示，对生产流程和设备运行状态进行实时监测。这不仅真实再现了生产流程和设备运转过程，还为设备的研制、改进、定型、维护和效能评估提供了精确的决策支持。

4．智慧警务

智慧警务可视化决策系统的建设，融合了安防视频监控、治安卡口、无人机、人工智能等技术，整合了社会信息资源和公安、交通、消防、医疗、市政等多部门的业务系统数据。该系统能够对人员、车辆、卡口、重点场所、街道、单位等要素进行全面立体化的治安态势监测，实现了对管辖区域内"人、车、地、事、物"的全面监控，显著增强了公安部门的社会治安防控能力。

14.3　数据中台

14.3.1　中台起源

2015 年中期，马云携阿里巴巴集团高层管理团队访问了芬兰的一家小型游戏公司Supercell。令他们惊讶的是，这家员工不足 200 人的公司竟能创造出高达 15 亿美元的年税前利润。Supercell 的开发模式极具特色，他们以小规模团队为单位独立运作，每个团队成员不超过 7 人。这些团队拥有自主权，能够决定开发何种游戏产品，并迅速推出公测版本。如果市场反馈不佳，他们便果断放弃，转而探索新的方向。Supercell 能够支持多个团队快速、灵活地推出高质量游戏作品，其背后强大的中台能力发挥了关键作用。所谓中台，指的是公司将游戏开发过程中的公共和通用资源、素材和算法进行整合，并建立了一套科学的开发工具和框架体系，形成了一个功能强大的支持平台。这样的中台使得小团队能够在短时间内高效开发出新游戏。

这次 Supercell 之行结束后，马云决定对阿里巴巴的组织架构和系统进行重大调整，构建起一个强大的产品技术和数据中台，形成"大中台，小前台"的组织和业务架构。这种架构通过统一而高效的后端系统来支撑前台的多样化应用场景，减少资源浪费，提升开发效率。随后，腾讯、美团、京东、百度、字节跳动等公司也相继推出了自己的中台产品，中台概念逐渐成为行业热点。特别是在 2019 年，大量"数据中台"企业如雨后春笋般涌现，这一年因此被誉为数据中台的元年。

14.3.2　安防中台特点

伴随安防业务的不断深化，安防领域所涉及的设备和系统种类越来越多，除了传统的监控摄像机以外，还包括智能化的视频采集终端、RFID 采集终端、数据采集终端、门禁闸机以及多种综合安防业务系统。相应地，数据种类、数据类型也迅速增加。与此同时，安防业务应用也在不断深化，对数据的应用越来越复杂，对业务场景分得也越来越细，精细化的应用使得不同数据的融合处理以及数据间的关联性分析需求得到不断提升。例如，要求系统尽可能利用更多的关联数据信息来多维度地定位目标，提升目标定位跟踪的准确性和及时性，或者通过针对多种历史数据间多维度的综合推理分析，得出更为准确的分析或预测结果。

在这样的发展诉求下，传统的安防数据应用模式难以满足需求。以公安行业为例，在传统视频实战应用过程中，民警通常需要用到卡口过车、电子地图、视频智能分析、人车智能分析和其他情报等相关联的信息。然而，这些信息分散在不同系统中，无法与实时视频图像信息有效关联。民警需要从多个系统中离线获取信息，并在获取后对这些信息进行整合。这一分析处理过程烦琐并且困难重重，难以快速提取有效信息并发现线索关联，更无法形成人车案件信息的关联分析、人车轨迹刻画以及信息合成作战的能力，从而让实际应用效率大打折扣。

因此，这些不断涌现的数据以及数据分析的需求，对原来安防信息系统的数据存储和应用模式提出了巨大的挑战。基于关系数据的业务数据库和数据仓库不仅难以实现海量数据的存储管理，在数据的加工和处理能力上更是非常有限，无法支撑大规模安防数据应用场景。如何保证数据质量、保证数据存储读写效率、发掘数据间更深层次的信息、提升数据在业务层面的应用效能等，成为安防行业发展的重大课题。海量数据对存储和计算能力提出了更高的要求。

面对这些课题，行业各厂商正不懈努力地探索解决方案。通过借鉴和学习当前先进的互联网理念和技术，构建安防数据中台逐步成为大家的共识。

安防数据中台通用架构如图 14-6 所示。

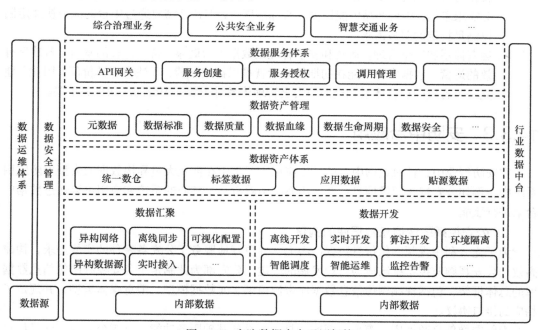

图 14-6 安防数据中台通用架构

从通用能力看，安防行业的数据中台具体体现在如下 6 个层次。

➢ 数据汇聚。作为数据中台数据接入的关键入口，数据汇聚负责将来自安防业务系统、日志、文件、网络等的分散数据集中起来。这些数据原本分布在不同的网络环境和存储平台中，难以有效利用，也难以转化为业务价值。数据汇聚是中台提供的一项核心工具，它能够方便地采集各种异构网络和结构化或非结构化的视频数据，为数据的集中存储和后续加工建模打下基础。

➢ 数据开发。汇聚到中台的原始数据，未经处理，通常难以直接应用于业务。数据开发是一套完整的数据加工及管控工具集，它利用数据加工模块的功能，能够迅速将原始数据转化为对业务有用的形式。数据开发模块主要面向开发和分析人员，提供离线和实时的数据处理工具、算法开发、任务管理、代码发布、运维、监控和告警等一系列集成工具，以提升使用效率。

➢ 数据资产体系。在数据汇聚和数据开发模块的支持下，中台具备了传统数据仓库平台的基本能力，能够进行数据汇聚和多样化的数据开发。在此基础上，可以构建安防企业的数据资产体系。在大数据时代，数据量巨大且增长迅速，业务对数据的依赖性日益增强，因此必须重视数据的一致性和可复用性。不同安防企业的业务需求不同，导致数据建设内容也不尽相同，但建设方法可以相似，建议按照贴源数据、统一数仓、标签数据、应用数据的标准进行统一建设。

➢ 数据资产管理。数据资产管理涉及数据资产目录、元数据、数据质量、数据血缘和数据生命周期等方面的管理和展示。通过这种直观的方式，可以更好地展现安防企业的数据资产，提高企业对数据价值的认识。

➢ 数据服务体系。通过数据汇聚和数据开发建立了安防企业的数据资产，并通过数据管理展现了这些资产。然而，要真正发挥数据的价值，需要建立数据服务体系，将数据转化为服务能力，使数据能够参与到业务中，激活整个数据中台。安防企业的数据服务需求多样，中台产品可能提供一些标准服务，但往往需要通过中台的能力快速定制以满足特定的服务需求。

➢ 运营体系和安全管理。运营和安全管理是数据中台健康、持续运转的基石。若缺乏有效的运营，数据中台可能在初期搭建后就难以持续运营，无法实现其价值。因此，建立一个有效的运营体系和全面的安全管理体系对于数据中台的成功至关重要。

14.3.3　安防中台应用

在安防行业中，针对数据中台的具体应用主要集中在涉及大量异构数据的大型安防应用系统中，例如公安视频图像信息综合应用系统中就有不少核心的系统和应用可以通过数据中台来进行赋能。

1. 公安视频图像信息数据库的构建

为了充分利用视频图像信息数据的潜力，并更好地服务于公安各警种的实战需求，构建高效的公安视频监控系统已成为行业发展的关键。公安部为此制定了公安视频图像信息数据库的总体框架，包括视频图像信息数据库资源模型、元数据模型、消息媒体类型，并规定了相应的接口协议。

视频图像信息数据库，简称视图库，是一个具备基础服务功能，支撑公安视频图像信息应用的数据库。它主要用于存储视频片段、图像以及与这些媒体相关的文件和描述信息。视图库的建设目标是实现数据存储、管理和服务的统一标准化，以促进数据融合和应用解耦。通过标准化的数据平台，可以支持多样化的视频图像业务，充分挖掘视频图像信息数据的潜在价值。

视图库与数据中台的建设理念高度一致，它们都旨在通过标准化和集成化的方法，提升数据的可用性和业务的灵活性。接口交互实体关系详见图 14-7。

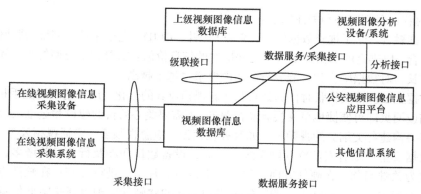

图 14-7 接口交互实体关系

通过数据中台的强大能力，视图库能够将人脸、人体、机动车、非机动车、案件等多种数据类型，按照统一的标准格式存储到数据湖中。此外，通过标准化的 API，数据中台能够向不同的业务系统提供一致且高效的数据服务。数据中台所提供的数据治理服务包括数据的转换、清洗和稽核等，确保了数据的准确性和可靠性。同时，数据中台的大数据平台服务能够对视频图像数据进行流程化处理，并提供各种算法模型，为视频图像应用的构建打下坚实基础。

2. 视频图像数据中台场景应用

数据中台利用大数据平台的流程化数据开发服务，能够迅速实现基于视频图像数据的高级场景应用，从而为业务提供强大的支持。其中，多维轨迹展示功能通过数据中台的关联融合能力，利用轨迹分析服务深入挖掘时间和空间的联系。

➢ 人员轨迹查询。用户只须输入嫌疑人的图像和查询时间段，数据中台即可自动展示该人员的行动轨迹。展示结果将按时间顺序排列，包括嫌疑人所住宾馆，访问过的网吧、银行，以及乘坐的火车、汽车等详细信息，全面呈现嫌疑人在查询时段内的活动情况。

➢ 车辆轨迹查询。输入嫌疑车辆的车牌号码，选择时间段和车牌颜色后，数据中台能够自动查询并动态展示车辆的行车轨迹。得益于地理信息系统地图数据库的路网信息，展示的轨迹真实反映了车辆的行驶路径，而非仅仅是卡口设备记录的直线轨迹。

➢ 案件轨迹查询。通过案件编号或名称在案件库中选择案件，数据中台将自动展示案件的完整轨迹。每个轨迹节点代表案件的一条线索，包含嫌疑目标出现的时间和关键图像。此外，根据取证时间，系统还会用不同颜色区分案发前后的轨迹，直观地呈现嫌疑目标的时间空间行为模式，为案情分析和侦查工作提供有力支持。

14.4 安防数字化

2022 年伊始，安防行业的领军企业如海康威视、大华股份、宇视科技等在年报中对业务定位进行了战略性调整。在海康威视的年报中，"安防"一词仅出现了 60 次，而"物联"则被提及了 176 次，强调了向"智能物联"的转型。同样，在大华股份的年报中，"物联"一词出现了 218 次，而"安防"仅被提及 56 次，其定位为"智慧物联"。宇视科技则采用了"AIoT"作为其业务定位，虽然同样聚焦于物联，但各有侧重点。

这些调整标志着安防行业正迅速步入智能物联时代，这本质上也是数字化转型的一部分。

在这一新时代，我们应特别关注以下 4 个方面。

➢ 数据融合。除了视频数据以外，Wi-Fi 探针、RFID、电子车牌等多维物联网信息也应整合，以丰富的数据类型激发更深层次的信息价值。随着数据类型的扩展和数据库的增长，对数据融合和智能分析应用的要求也越来越高。

➢ 数据上云。智能物联时代的到来意味着视频业务的云化，用户通过智能手机、平板电脑或网页即可便捷地享受视频监控服务，不需要关心后台的建设和运维。云化过程中，需要构建各类细分的视频云，如警务视频云、应急视频云、交通视频云等。

➢ 数据安全。随着安防物联网系统的扩展，设备数量和涉及行业日益增多，信息安全成为关键问题。在硬件方面，须对主板接口芯片信息进行加密；在软件方面，须定期检查漏洞并发布补丁。严密的编程和定期的软硬件维护更新是降低信息泄露风险的关键。

➢ 数据运维。数字化带来的运维挑战巨大，如智慧城市平台可能包含数百万物联网设备，及时发现和解决问题成为维护中的难点。

在行业变革中，集成商和工程商须发掘数据潜力并引导用户有效利用数据，设备制造商则应专注于数据融合和价值提取。未来方案的竞争力将取决于数据的丰富性、计算速度、对数据的深刻理解以及数据安全和隐私保护的能力。

总之，在智能物联时代，数据产生之地即业务发展之所。

参考文献

[1] 孙佳华. 人工智能安防[M]. 北京：清华大学出版社，2020.

[2] 潘国辉. 智能高清视频监控原理精解与最佳实践[M]. 北京：清华大学出版社，2021.

[3] 洪云，李锦，赵家兴. 视频监控原理与应用[M]. 北京：清华大学出版社，2021.

[4] 都伊林. 智能安防新发展与应用[M]. 武汉：华中科技大学出版社，2018.

[5] 张新房. 智能视频监控系统[M]. 北京：中国电力出版社，2018.

[6] 姚晨，苏志贤. 智能视频监控技术[M]. 北京：电子工业出版社，2021.

[7] 张竞宇. 人工智能产品经理 AI 时代 PM 修炼手册[M]. 北京：电子工业出版社，2018.

[8] 张俊林，王斌. 人工智能产品经理技术图谱[M]. 北京：机械工业出版社，2021.

[9] 盘和林. 从 AIOT 到元宇宙[M]. 杭州：浙江大学出版社，2022.

[10] 张广渊，周风余. 人工智能概论[M]. 北京：中国水利水电出版社，2019.

[11] 车马. 产品经理的 AI 实战[M]. 北京：电子工业出版社，2020.

[12] 马力，祝国邦，陆磊.《网络安全等级保护基本要求》（GB/T 22239—2019）标准解读[J]. 信息网络安全，2019，19（02）：77-84.

[13] 粟杰. 数据中台在安防行业的应用[J]. 中国安防，2020（12）：92-95.

[14] 中国移动通信集团有限公司，华为技术有限公司. 5G 时代智能安防十大应用场景白皮书（2019 年）[R]. 2019.

[15] 华为技术有限公司. 华为智能安防开放架构与生态白皮书（2019 年）[R]. 2019.

[16] 新华三技术有限公司. 全光园区网络技术与应用白皮书（2022 年）[R]. 2022.

[17] 华为技术有限公司. 华为智能安防技术精粹（2019 年）[R]. 2019.